Volumen 1

© Houghton Mifflin Harcourt Publishing Company • Cover Image Credits: (Grey Wolf pup) ©Don Johnson/All Canada Photos/Getty Images; (Rocky Mountains, Montana) ©Sankar Salvady/Flickr/Getty Images

Hecho en los Estados Unidos
Impreso en papel reciclado

Curious George by Margret and H.A. Rey. Copyright © 2010 by Houghton Mifflin Harcourt Publishing Company. All rights reserved. The character Curious George®, including without limitation the character's name and the character's likenesses, are registered trademarks of Houghton Mifflin Harcourt Publishing Company.

Copyright © 2015 by Houghton Mifflin Harcourt Publishing Company

All rights reserved. No part of this work may be reproduced or transmitted in any form or by any means, electronic or mechanical, including photocopying or recording, or by any information storage or retrieval system, without the prior written permission of the copyright owner unless such copying is expressly permitted by federal copyright law.

Permission is hereby granted to individuals using the corresponding student's textbook or kit as the major vehicle for regular classroom instruction to photocopy entire pages from this publication in classroom quantities for instructional use and not for resale. Requests for information on other matters regarding duplication of this work should be addressed to Houghton Mifflin Harcourt Publishing Company, Attn: Intellectual Property Licensing, 9400 Southpark Center Loop, Orlando, Florida 32819-8647.

Common Core State Standards © Copyright 2010. National Governors Association Center for Best Practices and Council of Chief State School Officers. All rights reserved.

This product is not sponsored or endorsed by the Common Core State Standards Initiative of the National Governors Association Center for Best Practices and the Council of Chief State School Officers.

Printed in the U.S.A

ISBN 978-0-544-67811-8

7 8 9 10 0877 24 23 22 21 20

4500794133 C D E F G

If you have received these materials as examination copies free of charge, Houghton Mifflin Harcourt Publishing Company retains title to the materials and they may not be resold. Resale of examination copies is strictly prohibited.

Possession of this publication in print format does not entitle users to convert this publication, or any portion of it, into electronic format.

Estimados estudiantes y familiares:

Bienvenidos a **Go Math! ¡Vivan las matemáticas!** para 1.er grado. En este estimulante programa de matemáticas, encontrarán actividades prácticas y problemas de la vida diaria que tendrán que resolver. Y lo mejor de todo es que podrán escribir sus ideas y respuestas directamente en el libro. El hecho de que puedan escribir y dibujar en las páginas, les ayudará a percibir más detalladamente lo que están aprendiendo y las matemáticas serán fáciles de entender.

También deseamos compartir con ustedes algo muy importante: se ha usado papel reciclado en la impresión de este libro. Queremos que sepan que al participar en el programa **Go Math! ¡Vivan las matemáticas!** ustedes estarán ayudando a proteger el medio ambiente.

Atentamente,
Los autores

Hecho en los Estados Unidos.
Impreso en papel reciclado.

© Houghton Mifflin Harcourt Publishing Company • Image Credits: (bg) ©Sankar Salvady/Flickr/Getty Images; (t) ©Blaine Harrington III/Alamy Images; (c) ©Don Johnston/All Canada Photos/Getty Images; (b) ©Erich Kuchling/Westend61/Corbis

Autores

Juli K. Dixon, Ph.D.
Professor, Mathematics Education
University of Central Florida
Orlando, Florida

Edward B. Burger, Ph.D.
President, Southwestern University
Georgetown, Texas

Steven J. Leinwand
Principal Research Analyst
American Institutes for Research (AIR)
Washington, D.C.

Matthew R. Larson, Ph.D.
K-12 Curriculum Specialist for Mathematics
Lincoln Public Schools
Lincoln, Nebraska

Martha E. Sandoval-Martinez
Math Instructor
El Camino College
Torrance, California

Colaboradora

Rena Petrello
Professor, Mathematics
Moorpark College
Moorpark, CA

Consultores de English Language Learners

Elizabeth Jiménez
CEO, GEMAS Consulting
Professional Expert on English Learner Education
Bilingual Education and Dual Language
Pomona, California

© Houghton Mifflin Harcourt Publishing Company • Image Credits: (bg) ©Russ Bishop/Alamy Images ; (t) ©Richard Wear/Design Pics/Corbis

VOLUMEN I

Operaciones y pensamiento algebraico

Área de atención Desarrollar la comprensión de la suma, la resta y de las estrategias para sumar y restar hasta el número 20

Conceptos de suma 9

Área Operaciones y pensamiento algebraico

ESTÁNDARES ESTATALES COMUNES 1.OA.A.1, 1.OA.B.3, 1.OA.C.6

Conceptos de resta 65

Área Operaciones y pensamiento algebraico

ESTÁNDARES ESTATALES COMUNES 1.OA.A.1, 1.OA.C.6, 1.OA.D.8

Área de atención

¡Aprende en línea! Tus lecciones de matemáticas son interactivas. Usa *i*Tools, Modelos matemáticos animados y el Glosario multimedia entre otros.

Presentación del Capítulo 1

En este capítulo, explorarás y descubrirás las respuestas a las siguientes **Preguntas esenciales:**

- ¿Cómo representas la suma con números hasta 10?
- ¿Cómo muestras cómo agregar cosas a un grupo?
- ¿Cómo representas lo que estás juntando?
- ¿Cómo muestras cómo sumar en cualquier orden?

Presentación del Capítulo 2

En este capítulo, explorarás y descubrirás las respuestas a las siguientes **Preguntas esenciales:**

- ¿Cómo puedes restar números hasta el 10 o menores?
- ¿Cómo Representas cómo separar?
- ¿Cómo muestras cómo quitar de un grupo?
- ¿Cómo restar para comparar?

Entrenador personal en matemáticas
Evaluación e intervención en línea

© Houghton Mifflin Harcourt Publishing Company

Presentación del Capítulo 3

En este capítulo, explorarás y descubrirás las respuestas a las siguientes **Preguntas esenciales:**

- ¿Cómo resuelves problemas de suma?
- ¿Qué estrategias puedes usar para las operaciones de suma?
- ¿Cómo puedes sumar en cualquier orden?
- ¿Cómo puedes sumar tres números?

Práctica y tarea

Repaso de la lección y Repaso en espiral en cada lección

Presentación del Capítulo 4

En este capítulo, explorarás y descubrirás las respuestas a las siguientes **Preguntas esenciales:**

- ¿Cómo resuelves problemas de resta?
- ¿Qué estrategias puedes usar para las operaciones de resta?
- ¿Cómo puede ayudarte una operación de suma a resolver una operación de resta relacionada?
- ¿Cómo puede ayudarte formar una decena a restar?

3 Estrategias de suma 127

Área Operaciones y pensamiento algebraico

ESTÁNDARES ESTATALES COMUNES 1.OA.A.2, 1.OA.B.3, 1.OA.C.5, 1.OA.C.6

4 Estrategias de resta 207

Área Operaciones y pensamiento algebraico

ESTÁNDARES ESTATALES COMUNES 1.OA.A.1, 1.OA.B.4, 1.OA.C.5, 1.OA.C.6

© Houghton Mifflin Harcourt Publishing Company

Relaciones de suma y resta 251

Área Operaciones y pensamiento algebraico

ESTÁNDARES ESTATALES COMUNES 1.OA.A.1, 1.OA.C.6, 1.OA.D.7, 1.OA.D.8

Presentación del Capítulo 5

En este capítulo, explorarás y descubrirás las respuestas a las siguientes **Preguntas esenciales:**

- ¿Cómo puede ayudarte la suma y la resta relacionadas a aprender y comprender las operaciones con números hasta el 20?
- ¿Cómo se anulan la suma y la resta una a la otra?
- ¿Cuál es la relación entre las operaciones relacionadas?
- ¿Cómo puedes hallar los números desconocidos en operaciones relacionadas?

© Houghton Mifflin Harcourt Publishing Company

Área de atención

¡Visítanos en Internet! Tus lecciones de matemáticas son interactivas. Usa *i*Tools, Modelos matemáticos animados y el Glosario multimedia entre otros.

Presentación del Capítulo 6

En este capítulo, explorarás y descubrirás las respuestas a las siguientes **Preguntas esenciales:**

- ¿Cómo usas el valor posicional para hacer un modelo, leer y escribir números hasta el 120?
- ¿De qué maneras puedes usar las decenas y las unidades para hacer modelos de los números hasta el 120?
- ¿Cómo cambian los números a medida que cuentas de diez en diez hasta 120?

Entrenador personal en matemáticas
Evaluación e intervención en línea

VOLUMEN 2

Números y operaciones en base diez

Área de atención Desarrollan la comprensión de las relaciones de los números enteros y el valor posicional, incluyendo la agrupación en decenas y unidades.

© Houghton Mifflin Harcourt Publishing Company

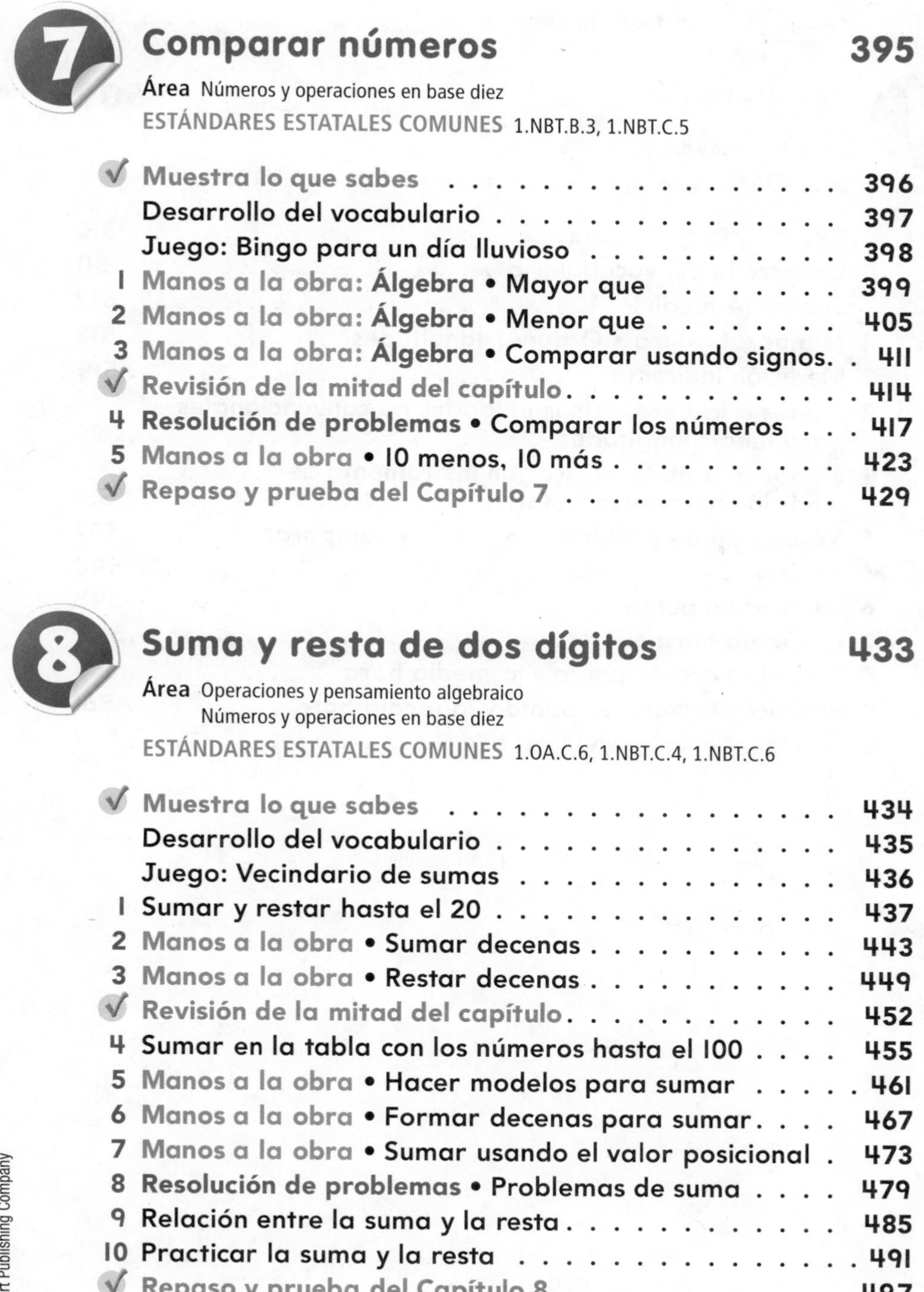

7 Comparar números 395

Área Números y operaciones en base diez

ESTÁNDARES ESTATALES COMUNES 1.NBT.B.3, 1.NBT.C.5

8 Suma y resta de dos dígitos 433

Área Operaciones y pensamiento algebraico
Números y operaciones en base diez

ESTÁNDARES ESTATALES COMUNES 1.OA.C.6, 1.NBT.C.4, 1.NBT.C.6

Presentación del Capítulo 7

En este capítulo, explorarás y descubrirás las respuestas a las siguientes **Preguntas esenciales:**

- ¿Cómo usas el valor posicional para comparar números?
- ¿De qué forma puedes usar las decenas y las unidades para comparar números de 2 dígitos?
- ¿Cómo puedes hallar 10 más y 10 menos que un número?

Práctica y tarea

Repaso de la lección y Repaso en espiral en cada lección

Presentación del Capítulo 8

En este capítulo, explorarás y descubrirás las respuestas a las siguientes **Preguntas esenciales:**

- ¿Cómo usas el valor posicional para comparar números?
- ¿De qué forma puedes usar las decenas y las unidades para comparar números de 2 dígitos?
- ¿Cómo puedes hallar 10 más y 10 menos que un número?

© Houghton Mifflin Harcourt Publishing Company

Área de atención

¡Visítanos en Internet! Tus lecciones de matemáticas son interactivas. Usa *i*Tools, Modelos matemáticos animados y el Glosario multimedia entre otros.

Presentación del Capítulo 9

En este capítulo, explorarás y descubrirás las respuestas a las siguientes **Preguntas esenciales**:

- ¿Cómo puedes medir una longitud y saber la hora?
- ¿Cómo puedes describir cómo usar clips para medir la longitud de un objeto?
- ¿Cómo puedes usar el horario y el minutero de un reloj para saber si es la hora y la media hora?

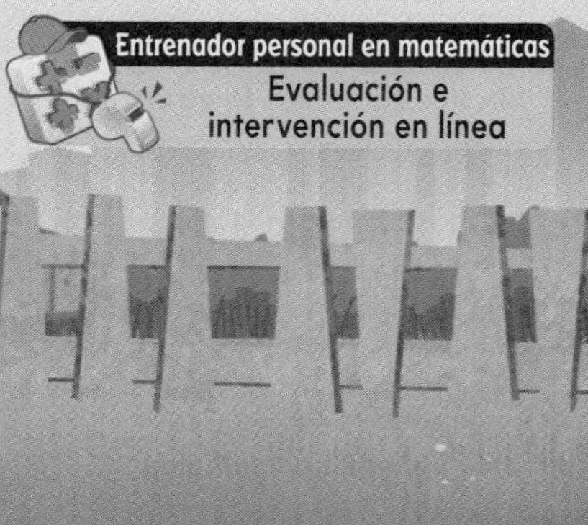

Medición y datos

Estándares comunes **Área de atención** Desarrollan la comprensión de la medida lineal y la medición de longitudes como el iterar unidades de longitud.

© Houghton Mifflin Harcourt Publishing Company

10 Representar datos 571

Área Medición y datos

ESTÁNDARES ESTATALES COMUNES 1.MD.C.4

Presentación del Capítulo 10

En este capítulo, explorarás y descubrirás las respuestas a las siguientes **Preguntas esenciales:**

- ¿Cómo te pueden ayudar las gráficas y las tablas a organizar, representar e interpretar datos?
- ¿Cómo puedes observar una gráfica o tabla para decir cuál es el elemento más o menos popular sin contar?
- ¿En qué se parecen las tablas de conteo, las gráficas con dibujos y las gráficas de barras? ¿En qué se diferencian?
- ¿Cómo puedes comparar la información anotada en una gráfica?

Práctica y tarea

Repaso de la lección y Repaso en espiral en cada lección

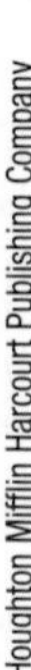

© Houghton Mifflin Harcourt Publishing Company

Área de atención

¡Visítanos en Internet! Tus lecciones de matemáticas son interactivas. Usa iTools, Modelos matemáticos animados y el Glosario multimedia entre otros.

Presentación del Capítulo 11

En este capítulo, explorarás y descubrirás las respuestas a las siguientes **Preguntas esenciales:**

- ¿Cómo puedes identificar y describir figuras tridimensionales?
- ¿Cómo puedes combinar figuras tridimensionales para formar figuras nuevas?
- ¿Cómo puedes usar una figura combinada para formar una figura nueva?
- ¿Qué figuras bidimensionales hay en las figuras tridimensionales?

Presentación del Capítulo 12

En este capítulo, explorarás y descubrirás las respuestas a las siguientes **Preguntas esenciales:**

- ¿Cómo clasificas y describes figuras bidimensionales?
- ¿Cómo puedes describir figuras bidimensionales?
- ¿Cómo puedes identificar partes iguales y desiguales en figuras bidimensionales?

Geometría

Estándares comunes

Área de atención Razonar sobre los atributos, composición y descomposición de las figuras geométricas

© Houghton Mifflin Harcourt Publishing Company

Animales de nuestro mundo

escrito por Martha Sibert

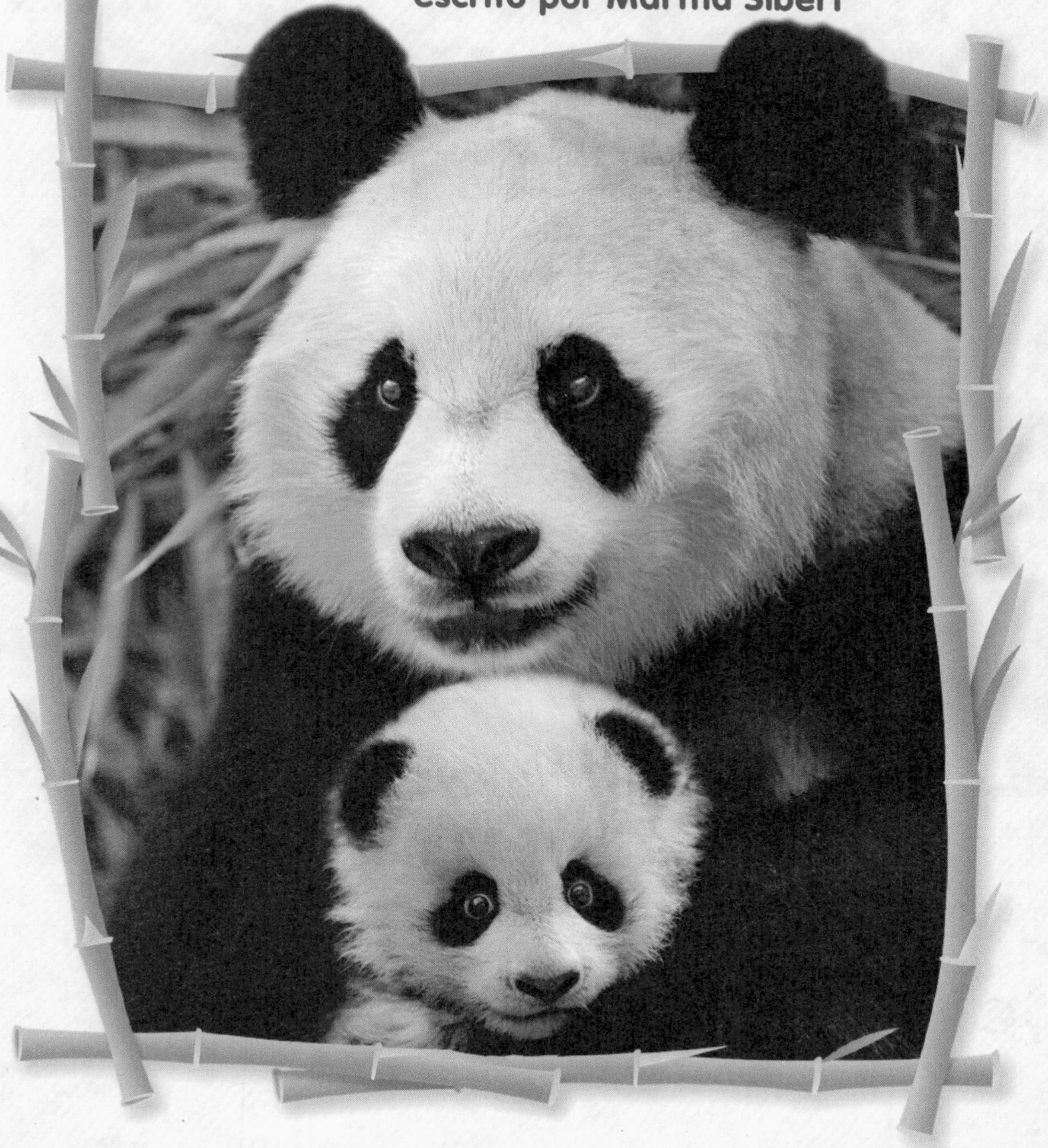

ÁREA DE ATENCIÓN Desarrollar la comprensión de la suma, la resta y de las estrategias para sumar y restar hasta el número 20

© Houghton Mifflin Harcourt Publishing Company • Image Credits: ©Steve Bloom Images/Alamy

Los dos loritos están posados en la rama.

¿Cuántos picos ves? ____

© Houghton Mifflin Harcourt Publishing Company • Image Credits: ©Eric and David Hosking/Terra/Corbis

© Houghton Mifflin Harcourt Publishing Company • Image Credits: ©Gallo Images/Terra/Corbis

Cuatro elefantes caminan.

Todos son de la misma especie.

¿Cuántas trompas ves? ____

Hay tres pingüinos de pie. Uno es pequeñito. Cada uno tiene dos patas. ¿Cuántas patas hay en total? ____

Ciencias

¿Dónde viven los pingüinos?

© Houghton Mifflin Harcourt Publishing Company • Image Credits: ©Tim Davis/Davis Lynn Wildlife/Corbis

© Houghton Mifflin Harcourt Publishing Company • Image Credits: ©Steve Bloom Images/Alamy

Cuatro leones descansan felices.

Mírales las orejas. ¿Cuántas ves? ____

Ciencias

¿Dónde viven los leones?

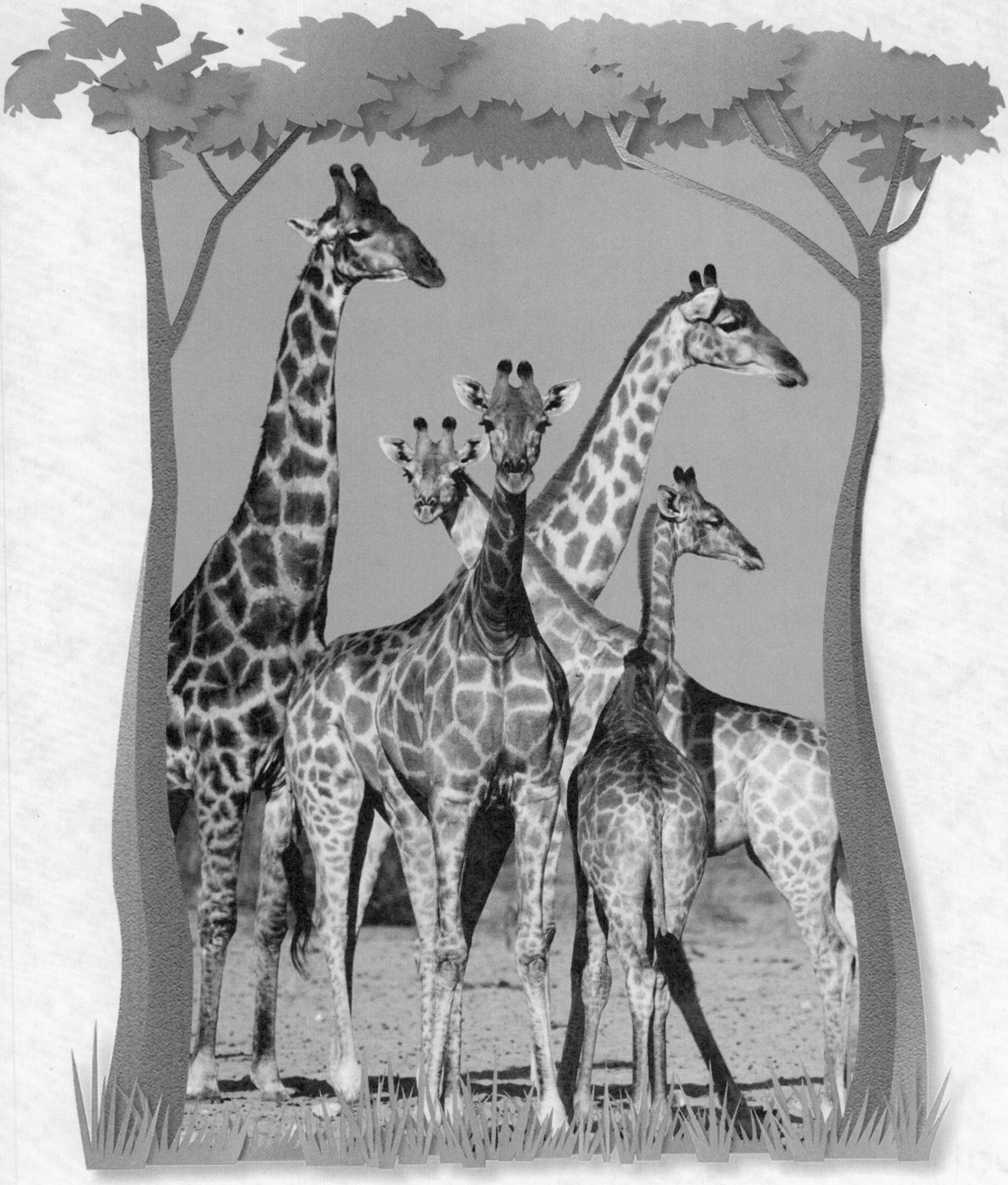

Hay cinco jirafas paradas, muy altas.

¿Cuántos cuernitos tienen en total? ____

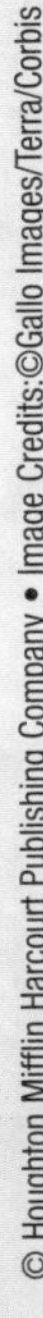
© Houghton Mifflin Harcourt Publishing Company • Image Credits: ©Gallo Images/Terra/Corbis

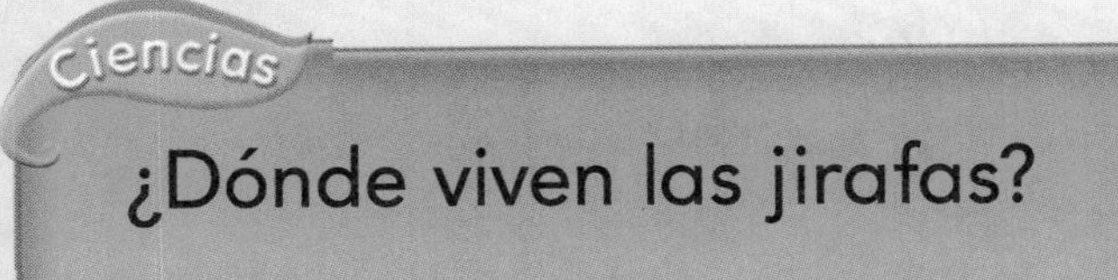

Nombre ____________________

Escribe sobre el cuento

ESCRIBE **Matemáticas** Dibuja más osos. Luego escribe un problema de suma o un problema de resta.

Repaso del vocabulario

más + menos –

____

____

____

Escribe el enunciado de suma o de resta.

© Houghton Mifflin Harcourt Publishing Company • Image Credits: ©John Conrad/Corbis

¿Cuántas orejas hay?

Observa la ilustración de los pandas.
¿Qué pasaría si hubiera cinco pandas?
¿Cuántas orejas habría?

Haz un dibujo para explicarlo.

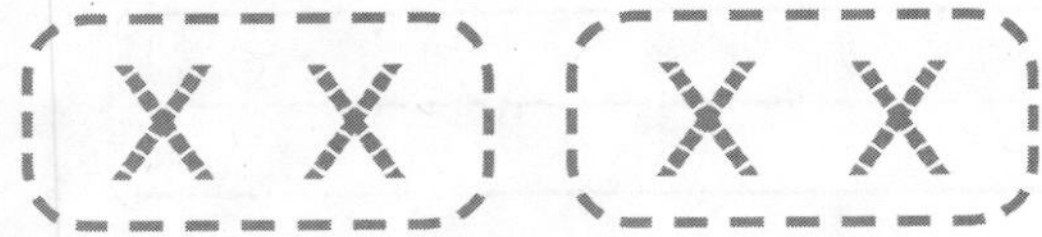

Cinco pandas tendrían ____ orejas.

Haz una pregunta sobre otro animal del cuento. Pide a un compañero que haga un dibujo para responder tu pregunta.

© Houghton Mifflin Harcourt Publishing Company • Image Credits: ©Steve Bloom Images/Alamy

Conceptos de suma

© Houghton Mifflin Harcourt Publishing Company • Image Credits: ©Junku/Getty Images
Curious George by Margret and H.A. Rey. Copyright © 2010 by Houghton Mifflin Harcourt Publishing Company.
All rights reserved. The character Curious George®, including without limitation the character's name and the character's likenesses, are registered trademarks of Houghton Mifflin Harcourt Publishing Company.

Aprendo más con Jorge el Curioso

¿Cuántos gatitos puedes sumarle al grupo para que haya 10 gatitos? Explica.

Nombre ______________________________

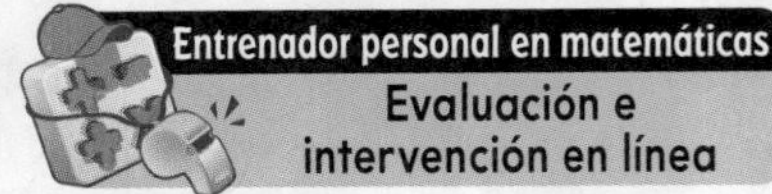

Explora números del 1 al 4

Usa ● para mostrar el número.
Dibuja las ●. (K.CC.A.3)

1. 1 [ ]

2. 3 [ ]

Números del 1 al 10

¿Cuántos objetos hay en cada grupo? (K.CC.A.3)

3. 

____ pollitos

4. 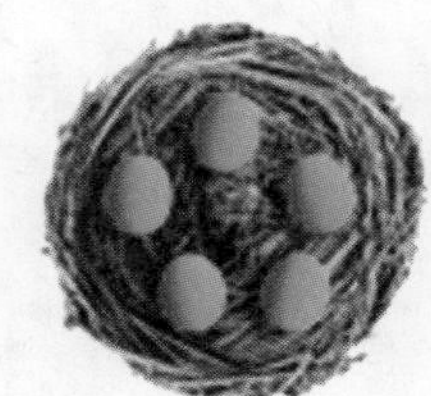

____ huevos

5. 

____ flores

Números del 0 al 10

¿Cuántos puntos tienen las mariquitas? (K.CC.B.4)

6. 

____

7. 

____

8. 

____

9. 

____

Esta página es para verificar la comprensión de las destrezas importantes que se necesitan para tener éxito en el Capítulo 1.

© Houghton Mifflin Harcourt Publishing Company

Nombre ____________________

Desarrollo del vocabulario

Palabras de repaso
agregar
sumar
1 más

Visualízalo

Haz un dibujo para mostrar 1 más.
Haz un dibujo para mostrar cómo agregar.

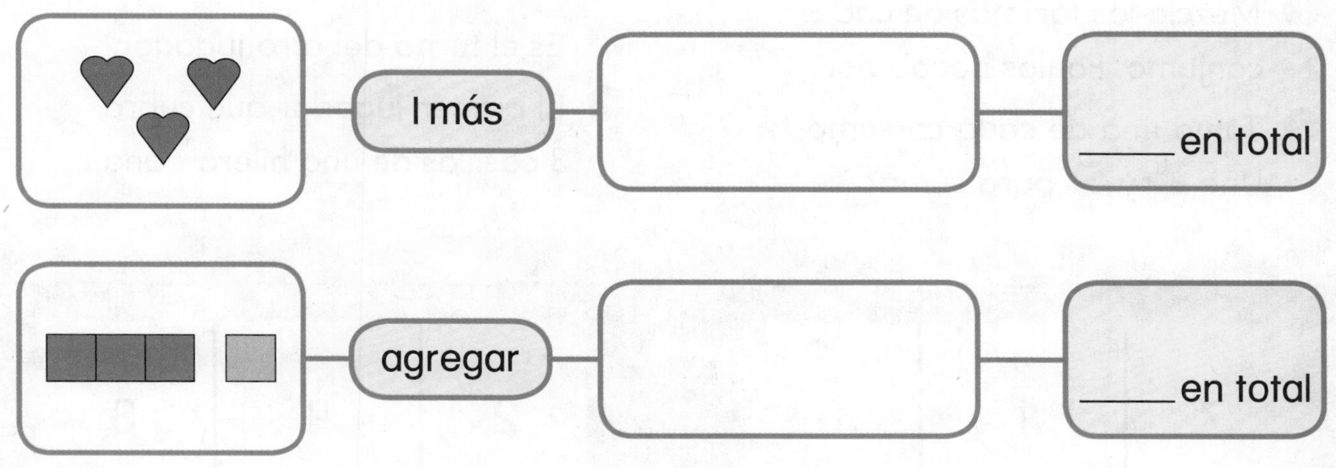

Comprende el vocabulario

Completa los enunciados con las palabras de repaso.

1. Sue quiere saber cuántas fichas hay en dos grupos. Puede ____________ para descubrirlo.

2. Peter tiene 2 manzanas. May tiene 3 manzanas. May tiene ____________ que Peter.

© Houghton Mifflin Harcourt Publishing Company

APRENDE EN LÍNEA
• Libro interactivo del estudiante
• Glosario multimedia

Juego Bingo de suma

Materiales

- 2 conjuntos de tarjetas con números del 0 al 4.
- 18
- 4
- 4

Juega con un compañero.

1. Mezcla las tarjetas de cada conjunto. Ponlos bocabajo.
2. Toma una de cada conjunto. Une y para sumar.
3. El otro jugador comprueba tu resultado.
4. Si es correcto, cubre el número con una .
5. Es el turno del otro jugador.
6. El primer jugador que cubra 3 casillas de una hilera gana.

7	1	8
3	6	5
0	2	4

Jugador 1

2	4	3
7	5	0
1	8	6

Jugador 2

© Houghton Mifflin Harcourt Publishing Company

Vocabulario del Capítulo 1

cero
zero
0
2

enunciado de suma
addition sentence
24

es igual a
is equal to (=)
25

más
plus (+)
37

orden
order
46

suma
sum
53

sumando
addend
54

sumar
add
55

$4 + 2 = 6$

es un **enunciado de suma.**

© Houghton Mifflin Harcourt Publishing Company

Cuando le sumas **cero** a cualquier número, la suma es la misma.

$6 + 0 = 6$

© Houghton Mifflin Harcourt Publishing Company

2 más 1 es igual a 3

$2 + 1 = 3$

© Houghton Mifflin Harcourt Publishing Company

2 más 1 **es igual a** 3

$2 + 1 = 3$

© Houghton Mifflin Harcourt Publishing Company

2 más 1 es igual a 3.

La **suma** es 3.

© Houghton Mifflin Harcourt Publishing Company

Puedes cambiar el **orden** de los sumandos.

$1 + 3 = 4$ $3 + 1 = 4$

© Houghton Mifflin Harcourt Publishing Company

$3 + 2 = 5$

© Houghton Mifflin Harcourt Publishing Company
Image Credits: ©Artville/Getty Images

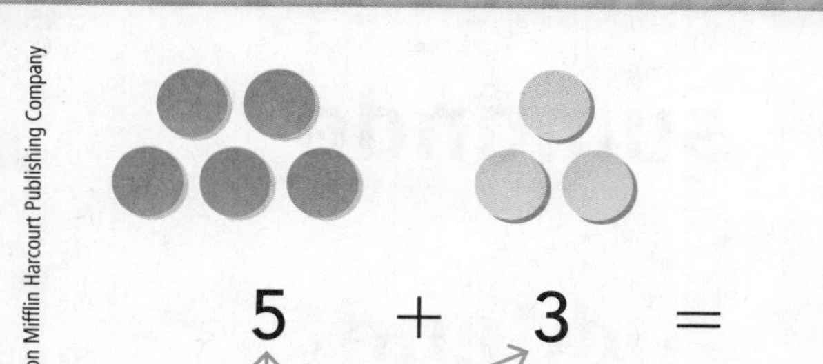

$5 + 3 = 8$

sumandos

© Houghton Mifflin Harcourt Publishing Company

De visita en el zoológico

Recuadro de palabras
sumar
sumandos
enunciado de suma
es igual a (=)
orden
más (+)
suma
cero

Materiales

- 1
- 1
- 1

Instrucciones

1. Cada jugador coloca un en SALIDA.
2. Lanza el para tomar un turno. Mueve tu el número de espacios que te indica.
3. Si caes en estos espacios:
   Espacio blanco Lee la palabra o símbolo de matemáticas. Di su significado. Si estás en lo correcto, avanza al siguiente espacio. Si no, quédate en donde estás.
   Espacio verde Sigue las instrucciones. Si no las hay, quédate en donde estás.
4. Gana el primer jugador en llegar a la META.

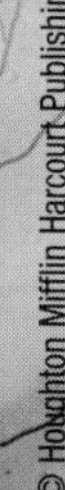
© Houghton Mifflin Harcourt Publishing Company

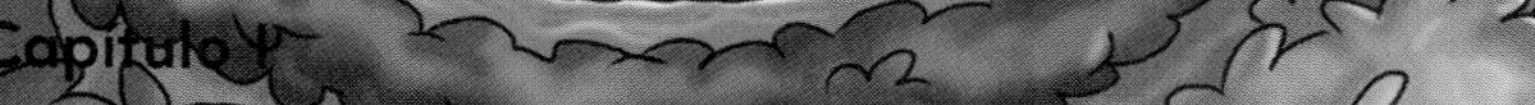

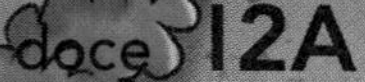

INSTRUCCIONES

1. Pon tu ▪ en SALIDA.
2. Lanza el ▪ y mueve tu ▪ ese número de espacios.
3. Si caes en alguno de estos espacios.

Espacio blanco Explica la palabra de matemáticas o úsala en una oración. Si tu respuesta es correcta, pasa al siguiente espacio que tenga esa palabra.

Espacio verde Sigue las instrucciones. Si no las hay, quédate en donde estás.

4. Gana el primer jugador en llegar a la META.

MATERIALES

• 1 ▪ • 1 ▪ • 1 ▪

=

sumandos

más

Regresa a

suma

sumar

es igual a

orden

Regresa a

\+

enunciado de suma

SALIDA

cero

orden

© Houghton Mifflin Harcourt Publishing Company

Regresa a

enunciado de suma

META

+

es igual a

Regresa a

sumandos

cero

=

sumar

suma

más

© Houghton Mifflin Harcourt Publishing Company • Image Credits: (all) ©sellingpix/Shutterstock

Escríbelo

Reflexiona

Selecciona una idea. Dibuja y escribe sobre ella.

- Di qué pasa cuando sumas un cero a otro número.
- Haz un problema de suma. Usa 3 y 4. Luego pide a un compañero que lo resuelva.

© Houghton Mifflin Harcourt Publishing Company

Nombre ______________________________

Álgebra • Agregar con los dibujos

Pregunta esencial ¿Cómo muestran los dibujos lo que estamos agregando?

Estándares comunes **Operaciones y pensamiento algebraico—1.OA.A.1** *También 1.OA.D.7*

PRÁCTICAS MATEMÁTICAS **MP.1, MP.4, MP.5**

Escucha y dibuja En el mundo

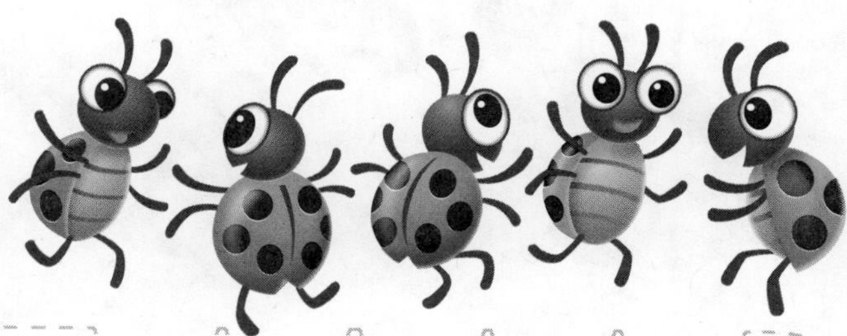

Haz un dibujo para mostrar lo que agregas. Escribe cuántos hay.

_______ mariquitas

PRÁCTICAS MATEMÁTICAS 4

Representa Explica cómo el dibujo muestra el problema.

PARA EL MAESTRO • Lea el siguiente problema. Pida a los niños que hagan un dibujo que muestre el problema. Hay 3 mariquitas en una hoja. Llegan 2 mariquitas más. ¿Cuántas mariquitas hay ahora?

© Houghton Mifflin Harcourt Publishing Company

Representa y dibuja

2 gatos y 1 gato más 3 gatos en total

Comparte y muestra

Escribe cuántos hay.

1.

3 peces y 1 pez más ____ peces

2.

4 abejas y 4 abejas más ____ abejas

© Houghton Mifflin Harcourt Publishing Company

Nombre ______________________________

Por tu cuenta

PRÁCTICA MATEMÁTICA 4 **Haz un modelo de matemáticas**

Escribe cuántos hay.

3. 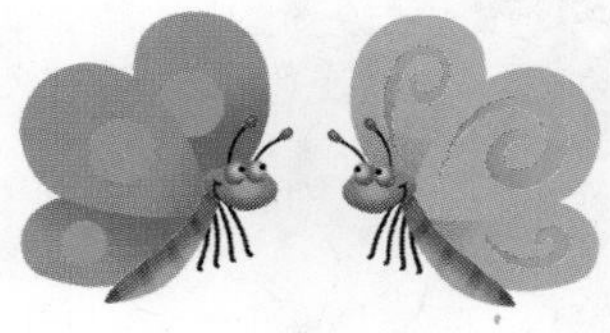

2 mariposas y 4 mariposas más ____ mariposas

4. 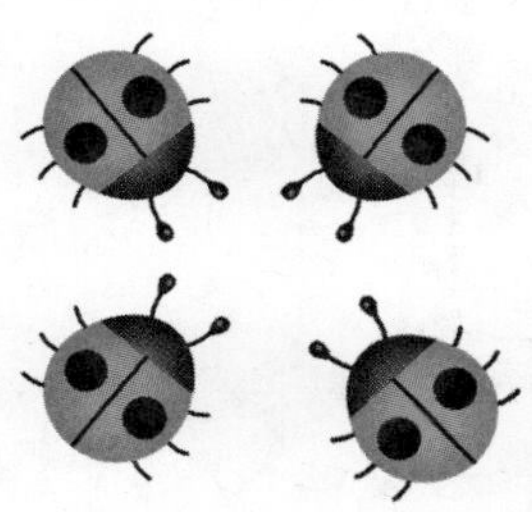 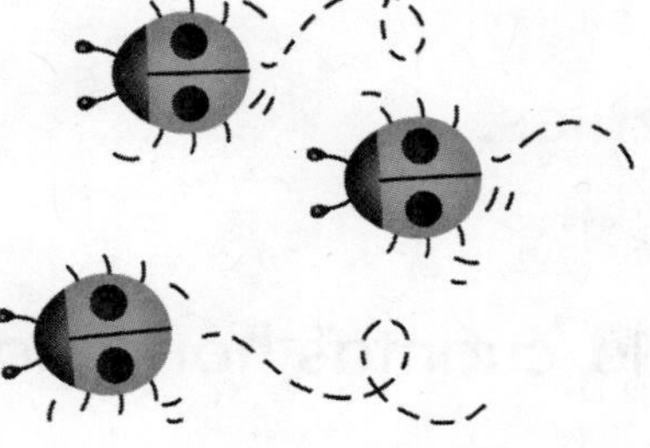

4 mariquitas y 3 mariquitas más ____ mariquitas

5. PIENSA MÁS Evan y Luke ven 8 gusanitos en el sendero. Luke ve 2 gusanitos más que Evan. Evan ve 3 gusanitos. ¿Cuántos gusanitos ve Luke?

____ gusanitos

© Houghton Mifflin Harcourt Publishing Company

Resolución de problemas • Aplicaciones

6. PIENSA MÁS Colorea las aves para mostrar cómo resolver.

Hay 3 aves rojas. Llegan otras aves azules.
¿Cuántas aves azules hay?

Hay _____ aves azules.

7. PIENSA MÁS Señala cuántas hormigas hay.

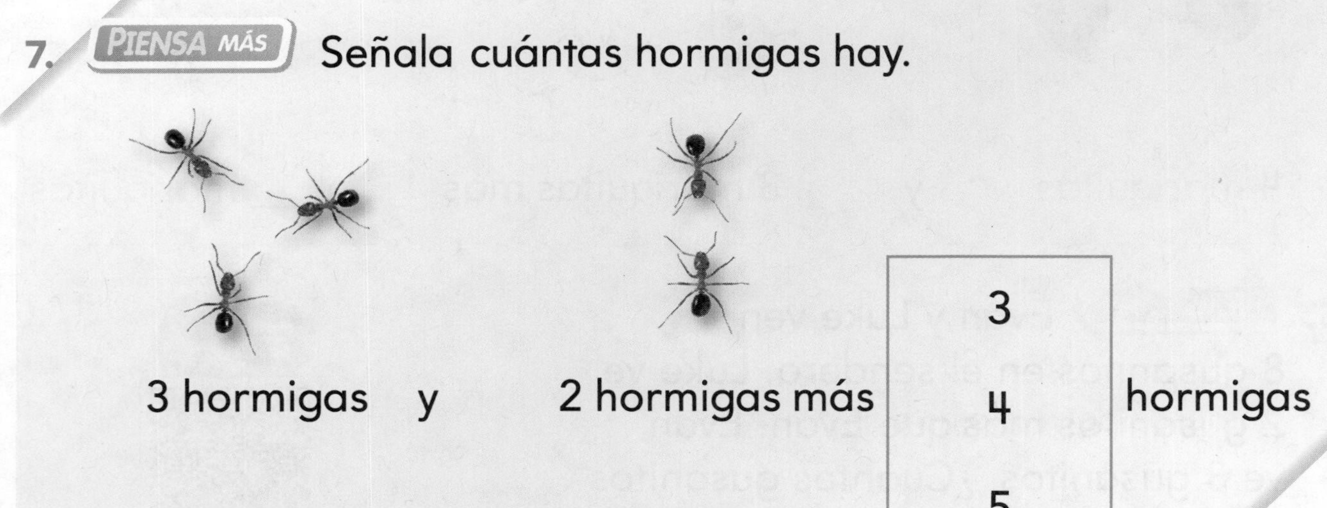

3 hormigas y 2 hormigas más

3
4
5

hormigas

© Houghton Mifflin Harcourt Publishing Company • Image Credits: (b) ©Don Farrall/PhotoDisc/Getty Images

ACTIVIDAD PARA LA CASA • Pida a su niño que use animales de peluche u otros juguetes para mostrar 3 animales. Luego agregue al grupo 2 animales más. Pregunte cuántos animales hay. Repita la actividad con otras combinaciones de animales con totales de hasta 10.

Nombre ______________________________

Álgebra • Agregar con las ilustraciones

Estándares comunes **ESTÁNDAR COMÚN—1.OA.1** *Representan y resuelven problemas relacionados a la suma y a la resta.*

Escribe cuántos hay.

1. 

5 caballos y 3 caballos más ____ caballos

2.  

3 perros y 2 perros más ____ perros

Resolución de problemas

3. Hay 2 conejos. Llegan 5 conejos. ¿Cuántos conejos hay ahora?

Hay ____ conejos.

4. ESCRIBE Matemáticas Usa dibujos y números para mostrar 4 perros y 1 perro más. Luego escribe cuántos perros hay.

© Houghton Mifflin Harcourt Publishing Company

Repaso de la lección (1.OA.A.1)

1. ¿Cuántas aves hay?

Escribe el número.

2 aves y 6 aves más ____ aves

Repaso en espiral (1.OA.A.1)

2. ¿Cuántos caballos hay?

Escribe el número.

____ caballos

3. ¿Cuántos conejos hay?

Escribe el número.

____ conejos

4. ¿Cuántos perros hay?

Escribe el número.

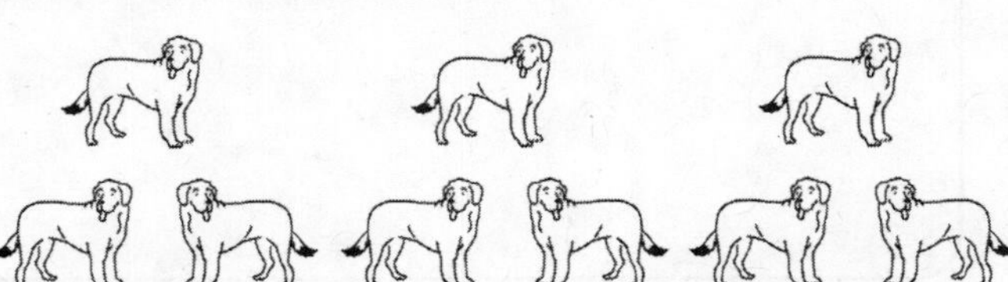

____ perros

PRACTICA MÁS CON EL Entrenador personal en matemáticas

© Houghton Mifflin Harcourt Publishing Company

Nombre ___________________________

Hacer un modelo de lo que agregas

Pregunta esencial ¿Cómo haces un modelo de cuando agregas cosas a un grupo?

Operaciones y pensamiento algebraico—1.OA.A.1
También 1.OA.D.7

PRÁCTICAS MATEMÁTICAS
MP1, MP4, MP5, MP6

Escucha y dibuja En el mundo

Usa ▪ para mostrar lo que agregas.
Haz un dibujo de tu trabajo.

PARA EL MAESTRO • Lea el siguiente problema. Pida a los niños que usen cubos interconectables para representar el problema y que hagan un dibujo que muestre su trabajo. Hay 6 niños en el patio de juegos. Llegan 2 niños más. ¿Cuántos niños hay en el patio de juegos?

Charla matemática PRÁCTICAS MATEMÁTICAS 6

Explica cómo usas cubos para encontrar la respuesta.

© Houghton Mifflin Harcourt Publishing Company

Representa y dibuja

5 tortugas y 2 tortugas más

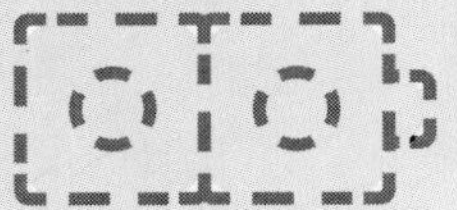

5	+	2	=	7
	más		**es igual a**	**suma**

$5 + 2 = 7$ es un **enunciado de suma.**

Comparte y muestra

MATH BOARD

Usa  para mostrar lo que agregas.
Dibuja los ▪. Escribe la suma.

1. 3 gatos y 1 gato más

$3 + 1 =$ ____

2. 2 aves y 3 aves más

$2 + 3 =$ ____

✓3. 4 insectos y 4 insectos más

$4 + 4 =$ ____

✓4. 4 peces y 2 peces más

$4 + 2 =$ ____

© Houghton Mifflin Harcourt Publishing Company

Nombre ______________________________

Por tu cuenta

PRÁCTICA MATEMÁTICA 5 **Usa las herramientas adecuadas**

Usa ▪ para mostrar lo que agregas. Dibuja los ▪. Escribe la suma.

5. 5 perros y 4 perros más

$5 + 4 =$ ____

6. 4 abejas y 3 abejas más

$4 + 3 =$ ____

7. PIENSA MÁS Julia tiene 4 libros sobre la mesa. Pone uno más. Luego pone 2 libros más sobre la mesa. ¿Cuántos libros hay sobre la mesa?

____ libros

8. MÁS AL DETALLE Diego dibujó cubos para mostrar lo que estaba agregando. Haz un dibujo que muestre cómo debería Diego ajustar su dibujo. Escribe la suma.

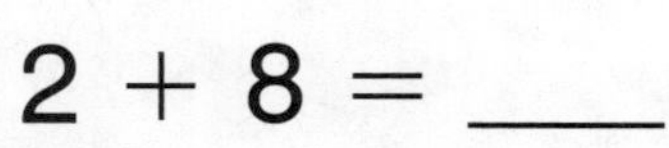

$2 + 8 =$ ____

© Houghton Mifflin Harcourt Publishing Company

Resolución de problemas • Aplicaciones

ESCRIBE Matemáticas

PIENSA MÁS Usa la ilustración como ayuda para completar los enunciados de suma. Escribe la suma.

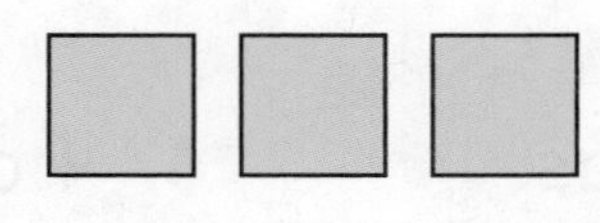

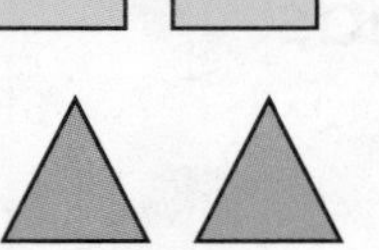

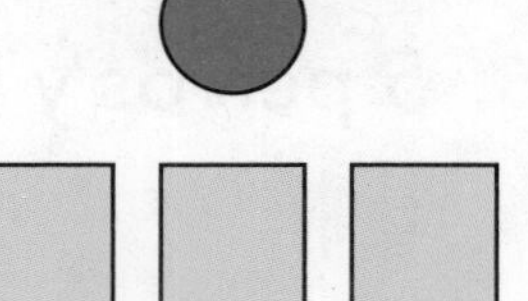

9. ____ ▲ + ____ ▲ = ____ ▲ en total

10. ____ ● + ____ ● = ____ ● en total

11. ____ ■ + ____ ■ = ____ ■ en total

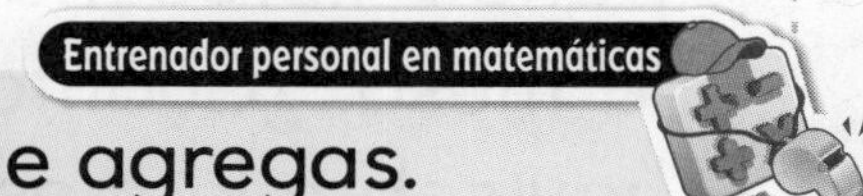

12. PIENSA MÁS + Utiliza ▪ para mostrar lo que agregas. Dibuja los ▪. Escribe la suma.

3 conejos y 5 conejos más

$3 + 5 = \square$

ACTIVIDAD PARA LA CASA • Coloque 3 objetos pequeños en un grupo y 2 objetos pequeños en otro grupo. Pida a su niño que escriba un enunciado de suma sobre los objetos pequeños. Repita la actividad con otras combinaciones de objetos pequeños con sumas de hasta 10.

© Houghton Mifflin Harcourt Publishing Company

Nombre ______________________

Hacer un modelo de lo que agregas

Estándares comunes **ESTÁNDAR COMÚN 1.OA.A.1** *Representan y resuelven problemas relacionados a la suma y a la resta.*

Usa ▢ para mostrar cómo agregar. Dibuja el ▢. Escribe la suma.

1. 5 hormigas y 1 hormiga más

5 + 1 = ____

2. 3 gatos y 4 gatos más

3 + 4 = ____

Resolución de problemas En el mundo

Usa el dibujo como ayuda para completar los enunciados de suma. Escribe cada suma.

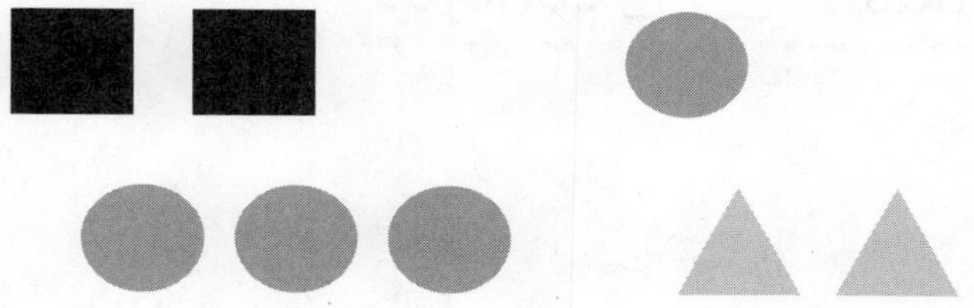

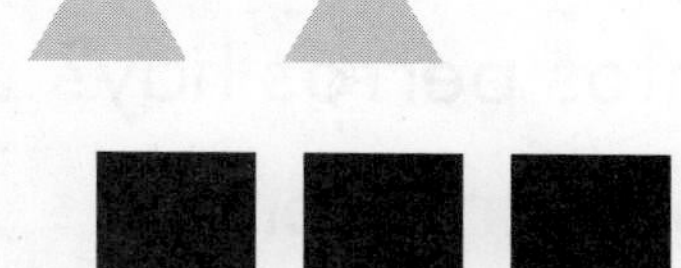

3. ____ ■ + ____ ■ = ____ ■ en total

4. ____ ● + ____ ● = ____ ● en total

5. ESCRIBE **Matemáticas** Usa cubos para mostrar cómo sumar 1 tortuga a 5 tortugas. Dibuja los cubos.

© Houghton Mifflin Harcourt Publishing Company

Repaso de la lección (1.OA.A.1)

1. Dibuja el [icono]. Escribe la suma. ¿Cuál es la suma de 4 y 2?

$4 + 2 =$ ____

Repaso en espiral (1.OA.A.1)

2. ¿Cuántos conejos hay?

Escribe el número.

5 conejos y 2 conejos más ____ conejos

3. ¿Cuántos perros hay?

Escribe el número.

5 perros y 2 perros más ____ perros

4. ¿Cuántas aves hay?

Escribe el número.

6 aves y 1 ave más ____ aves

© Houghton Mifflin Harcourt Publishing Company

PRACTICA MÁS CON EL
Entrenador personal en matemáticas

Nombre ______________________________

MANOS A LA OBRA
Lección 1.3

Hacer un modelo de lo que juntas

Pregunta esencial ¿Cómo haces un modelo de lo que estás juntando?

Estándares comunes **Operaciones y pensamiento algebraico—1.OA.A.1**
PRÁCTICAS MATEMÁTICAS
MP1, MP4, MP5

Usa ● o un *i*Tool para representar el problema. Haz un dibujo de tu modelo. Escribe los números y el enunciado de suma.

____ crayones rojos ____ crayones amarillos

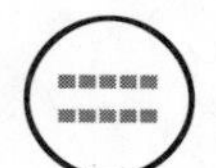

____

Hay ____ crayones.

PRÁCTICAS MATEMÁTICAS 1

Describe cómo te ayuda el dibujo a escribir el enunciado de suma.

PARA EL MAESTRO • Lea el siguiente problema. Hay 2 crayones rojos y 3 crayones amarillos. ¿Cuántos crayones hay?

© Houghton Mifflin Harcourt Publishing Company

Representa y dibuja

Suma para hallar cuántos libros hay.

Hay 2 libros pequeños y 1 libro grande. ¿Cuántos libros hay?

____ libros

2 + 1 = ____

Comparte y muestra

Usa ● para resolver. Haz un dibujo que muestre tu trabajo. Escribe el enunciado numérico y cuántos hay.

1. Hay 4 lápices rojos y 2 lápices verdes. ¿Cuántos lápices hay?

____ lápices

____ ◯ ____ ◯ ____

2. Hay 5 tazas azules y 3 tazas amarillas. ¿Cuántas tazas hay?

____ tazas

© Houghton Mifflin Harcourt Publishing Company

Nombre ____________________

Por tu cuenta

PRÁCTICA MATEMÁTICA 4 **Escribe una ecuación** Usa ● para resolver. Haz un dibujo que muestre tu trabajo. Escribe el enunciado numérico y cuántos hay.

3. Hay 3 gatos pequeños y 4 gatos grandes. ¿Cuántos gatos hay?

____ gatos

___ ◯ ___ ◯ ___

4. Hay 6 cubos rojos y 3 cubos azules. ¿Cuántos cubos hay?

____ cubos

5. Hay 2 flores rojas y 8 flores amarillas. ¿Cuántas flores hay?

____ flores

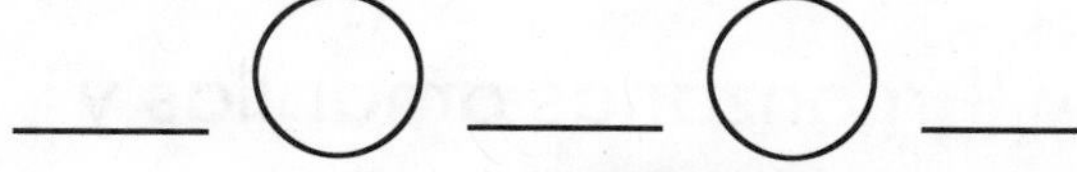

6. PIENSA MÁS Hay 4 niños y 4 niñas corriendo. Luego llegan dos personas más. Hay el mismo número de niños y niñas. ¿Cuántos niños y niñas están corriendo?

____ niñas y ____ niños

© Houghton Mifflin Harcourt Publishing Company

Resolución de problemas • Aplicaciones

ESCRIBE Matemáticas

7. PIENSA MÁS Escribe tu propio problema de suma.

8. Usa ● para resolver tu problema. Haz un dibujo que muestre tu trabajo. Escribe el enunciado numérico.

9. PIENSA MÁS Dibuja ● para resolver. Escribe el enunciado numérico y cuántos hay.

Hay 4 manzanas amarillas y 4 manzanas rojas. ¿Cuántas manzanas hay?

____ manzanas

ACTIVIDAD PARA LA CASA • Pida a su niño que reúna un grupo de hasta 10 objetos y los use para inventar problemas de suma.

© Houghton Mifflin Harcourt Publishing Company

Nombre ____________________

Hacer un modelo de lo que juntas

Estándares comunes **ESTÁNDAR COMÚN—1.OA.A.1** *Representan y resuelven problemas relacionados a la suma y a la resta.*

Usa ◯ para resolver. Haz un dibujo que muestre tu trabajo. Escribe el enunciado numérico y cuántos hay.

1. Hay 2 perros grandes y 4 perros pequeños. ¿Cuántos perros hay?

   ____ perros

   ____ ◯ ____ ◯ ____

2. Hay 3 crayones rojos y 2 crayones verdes. ¿Cuántos crayones hay?

   ____ crayones

   ____ ◯ ____ ◯ ____

Resolución de problemas

3. Escribe tu propio problema de suma.

   ____

   ____

4. ESCRIBE Matemáticas Escribe tu propio problema de suma. Dibuja fichas para ayudarte a resolver.

   ____

   ____

© Houghton Mifflin Harcourt Publishing Company

Repaso de la lección (1.OA.A.1)

1. Usa ⬤ para resolver. Dibuja para mostrar tu trabajo. Escribe el enunciado numérico y cuántos hay. Hay 3 gatos negros y 2 gatos marrones. ¿Cuántos gatos hay?

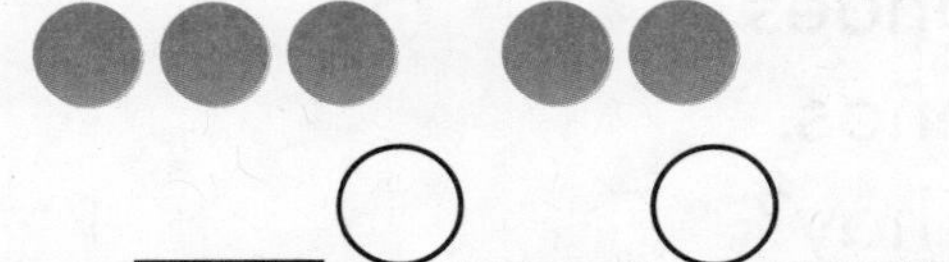

___ gatos ___ ◯ ___ ◯ ___

2. Usa ⬤ para resolver. Dibuja para mostrar tu trabajo. Hay 4 flores rojas y 3 flores amarillas. ¿Cuántas flores hay?

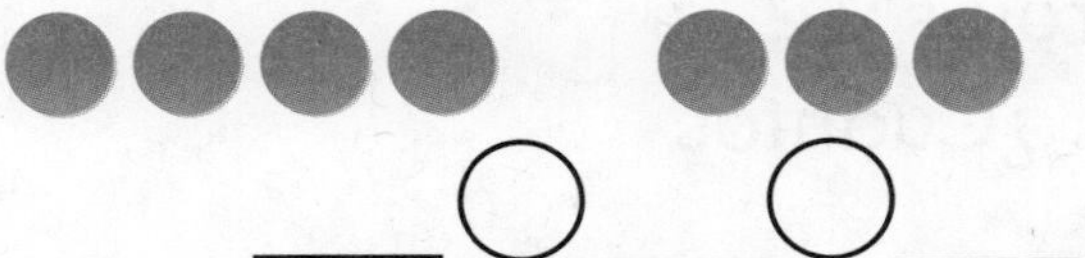

___ flores ___ ◯ ___ ◯ ___

Repaso en espiral (1.OA.A.1)

3. Usa ▭ para mostrar lo que agregas. Dibuja los ▭. Escribe la suma. 6 tortugas y 3 tortugas más.

$6 + 3 =$ ___

4. Dibuja el ▭. Escribe la suma. 2 peces y 1 pez más.

$2 + 1 =$ ___

© Houghton Mifflin Harcourt Publishing Company

PRACTICA MÁS CON EL Entrenador personal en matemáticas

Nombre ______________________________

Resolución de problemas • Hacer un modelo de la suma

Pregunta esencial ¿Cómo resuelves problemas de suma haciendo un modelo?

Estándares comunes **Operaciones y pensamiento algebraico— 1.OA.A.1**

PRÁCTICAS MATEMÁTICAS
MP.1, MP.4, MP.5

Hanna tiene 4 flores rojas en un .
Pone 2 flores más en el.
¿Cuántas flores hay en el?
¿Cómo harías un modelo para saberlo?

Soluciona el problema En el mundo

¿Qué debo hallar?

Las flores que tiene Hanna.

¿Qué información debo usar?

4 flores rojas
2 flores más

Muestra cómo resolver el problema.

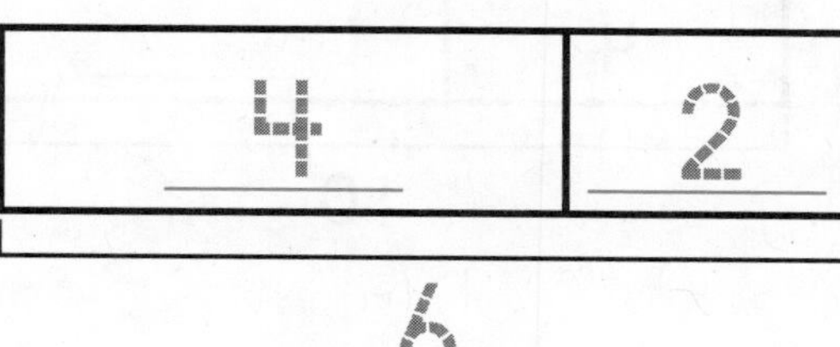

$4 + 2 =$ ____

NOTA A LA FAMILIA • Su niño puede hacer modelos de los conceptos de agregar y juntar. Use un modelo de barras para mostrar los problemas y la solución.

© Houghton Mifflin Harcourt Publishing Company

Haz otro problema

- ¿Qué debo hallar?
- ¿Qué información debo usar?

Lee el problema. Usa el modelo de barra para resolver. Completa el modelo y el enunciado numérico.

1. Hay 7 perros en el parque. Luego llega 1 perro más. ¿Cuántos perros hay en el parque ahora?

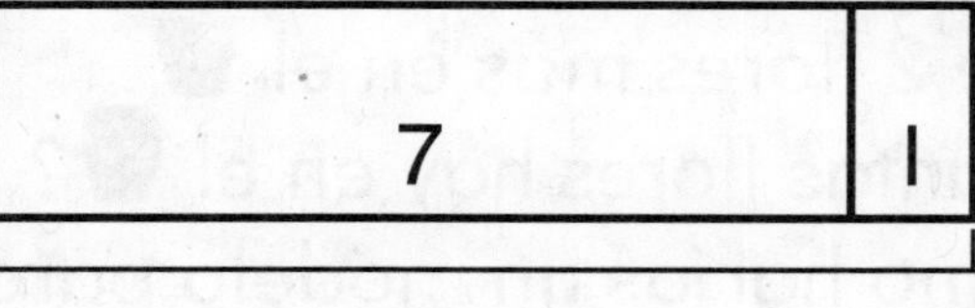

7 + 1 = ____

2. Unos pajaritos están en el árbol. Cuatro pajaritos más llegan al árbol. ¿Cuántos pajaritos hay ahora en el árbol?

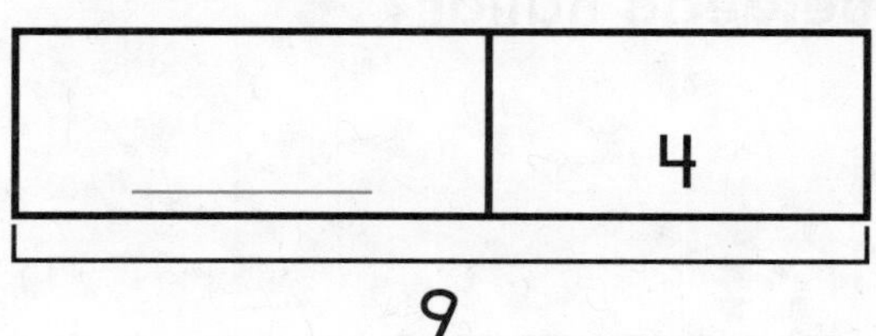

____ + 4 = 9

3. Había 4 caballos en la pradera. Llegaron otros caballos corriendo. Ahora hay 10 caballos en la pradera. ¿Cuántos caballos llegaron corriendo a la pradera?

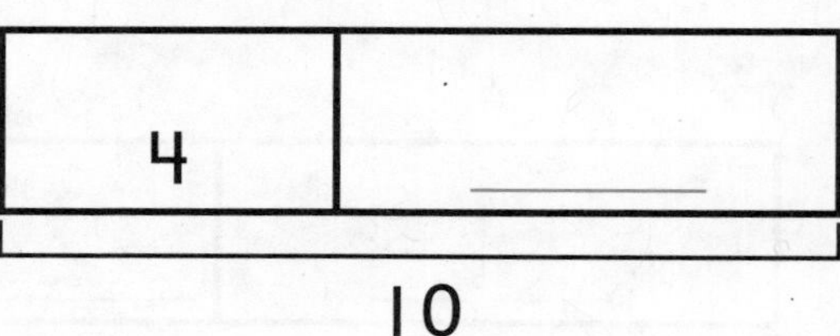

4 + ____ = 10

Analiza En el Ejercicio 1, ¿cómo cambiará el modelo si hay 5 perros y llegan 3?

© Houghton Mifflin Harcourt Publishing Company

Nombre ______________________

Comparte y muestra

PRÁCTICA MATEMÁTICA 4 **Usa diagramas** Lee el problema. Usa el modelo de barra para resolver. Completa el modelo y el enunciado numérico.

4. PIENSA MÁS Luis tiene 12 crayones. Tiene 5 crayones rojos. El resto son azules. ¿Cuántos crayones son azules?

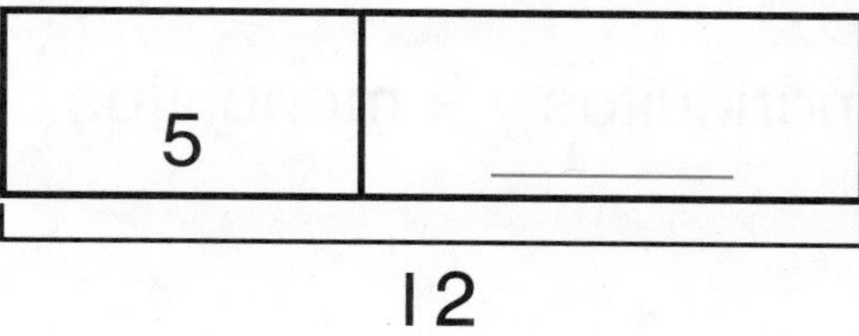

$5 + \_\_\_ = 12$

5. Hay 8 insectos volando. Llegan volando 2 insectos más. ¿Cuántos insectos vuelan ahora?

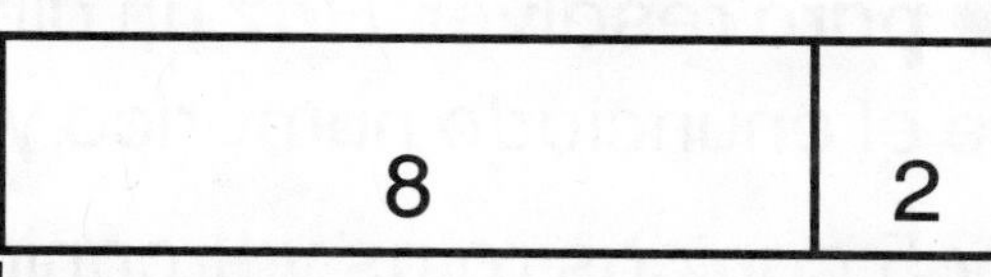

$8 + 2 = \_\_\_$

6. PIENSA MÁS Hay unos patos nadando en el estanque. Llegan 3 patos más a nadar en el estanque. Ahora hay 6 patos en el estanque. ¿Cuántos patos había en el estanque antes?

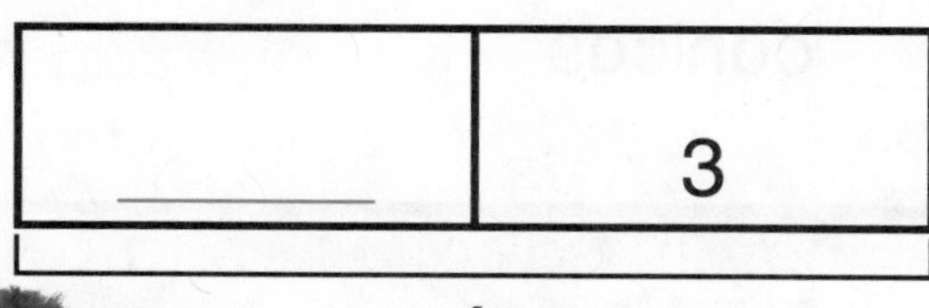

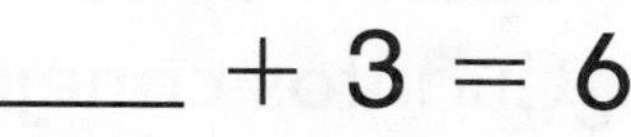

$\_\_\_ + 3 = 6$

ACTIVIDAD PARA LA CASA • Pida a su niño que describa cada una de las partes del modelo de barra usando el enunciado numérico 7 + 3 = 10.

© Houghton Mifflin Harcourt Publishing Company

Nombre ______________________

 Revisión de la mitad del capítulo

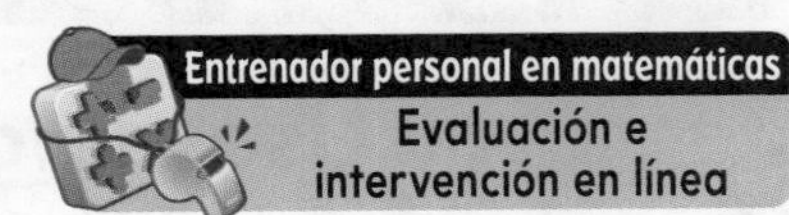

Conceptos y destrezas

Usa ▪ para mostrar cómo sumar.
Dibuja los ▪. Escribe la suma. (1.OA.A.1)

1. 3 mariquitas y 4 mariquitas más

$3 + 4 =$ ____

2. 4 focas y 2 focas más

$4 + 2 =$ ____

Usa ● para resolver. Haz un dibujo que muestre tu trabajo.
Escribe el enunciado numérico y cuántos hay. (1.OA.A.1)

3. Hay 5 canicas rojas y 4 canicas azules. ¿Cuántas canicas hay?

____ canicas

____ ◯ ____ ◯ ____

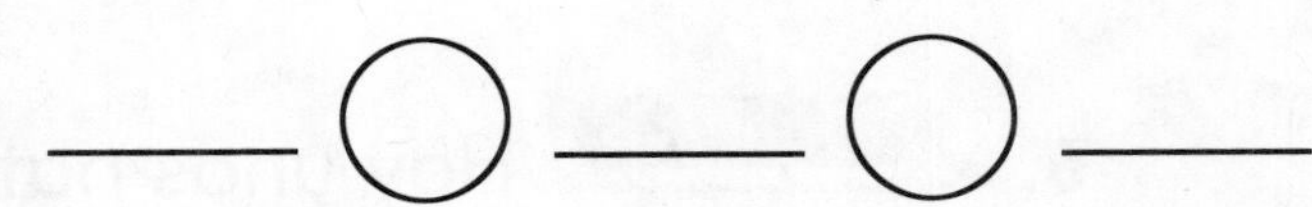

4. PIENSA MÁS + Hay 6 conejos en el jardín. Luego llegan más conejos. Ahora hay 8 conejos en el jardín. ¿Cuántos conejos llegaron? (1.OA.A.1)

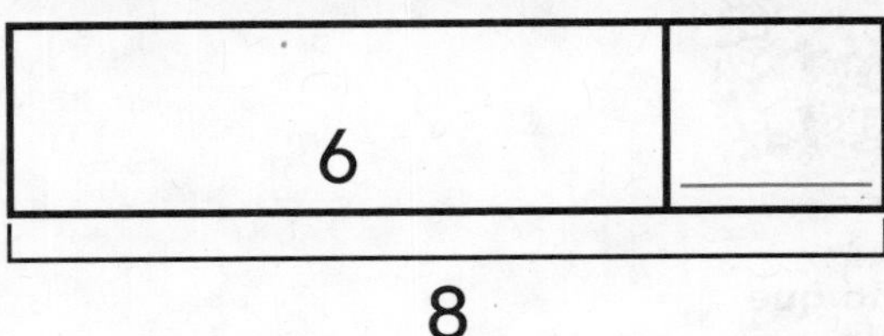

$6 +$ ____ $= 8$

© Houghton Mifflin Harcourt Publishing Company

Nombre ______________________________

Resolución de problemas • Hacer un modelo de la suma

Estándares comunes — **ESTÁNDAR COMÚN—1.OA.A.1**
Representan y resuelven problemas relacionados a la suma y a la resta.

Lee el problema. Usa el modelo de barras para resolver. Completa el modelo y el enunciado numérico.

1. Dylan tiene 7 flores.
4 flores son rojas.
El resto son amarillas.
¿Cuántas flores amarillas tiene?

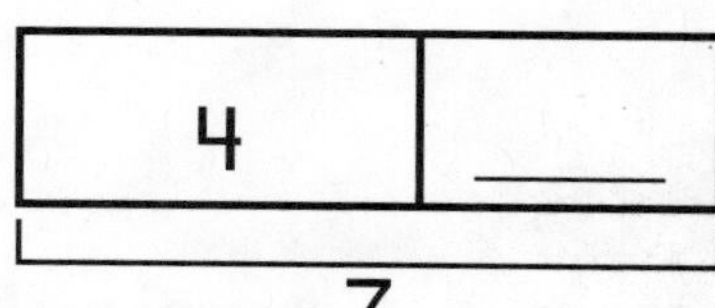

$4 + \_\_\_ = 7$

2. Cinco aves vuelan en grupo.
Llegan 4 aves más al grupo.
¿Cuántas aves hay ahora en el grupo?

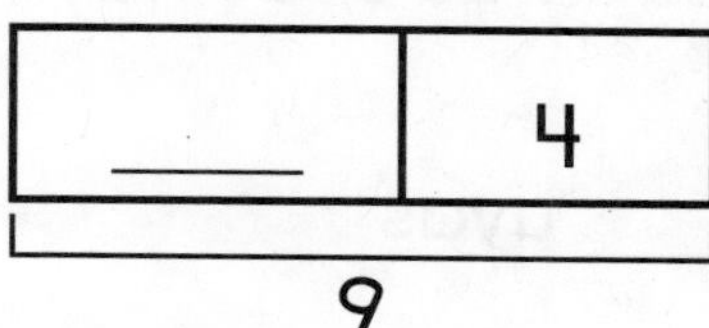

$\_\_\_ + 4 = 9$

3. Hay 6 gatos caminando.
Llega 1 gato más a caminar con ellos. ¿Cuántos gatos caminan ahora?

$6 + 1 = \_\_\_$

4. ESCRIBE Matemáticas Escribe un problema que tenga dos partes. Luego resuélvelo hallando el entero.

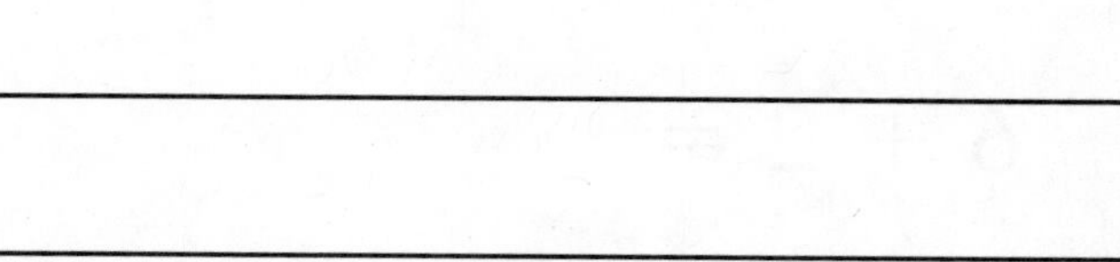

© Houghton Mifflin Harcourt Publishing Company

Repaso de la lección (1.OA.A.1)

1. Completa el modelo y el enunciado numérico. Hay 3 patos en un estanque. Llegan 6 patos más. ¿Cuántos patos hay en el estanque ahora?

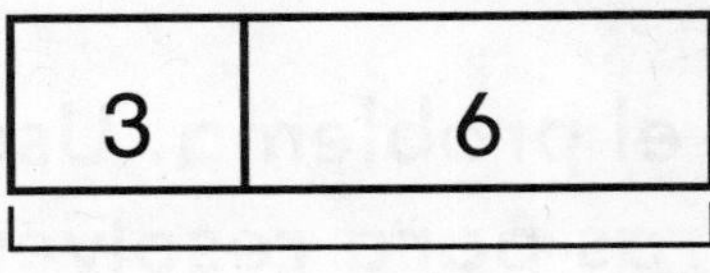

$3 + 6 =$ ____

Repaso en espiral (1.OA.A.1)

2. Escribe el enunciado numérico y cuántas hay. Hay 4 uvas verdes y 4 uvas rojas. ¿Cuántas uvas hay?

____ uvas

3. Dibuja el ☐. Escribe la suma. 7 mariquitas y 3 mariquitas más

$7 + 3 =$ ____

4. Dibuja el ☐. Escribe la suma. 6 hormigas y 2 hormigas más

$6 + 2 =$ ____

© Houghton Mifflin Harcourt Publishing Company

PRACTICA MÁS CON EL Entrenador personal en matemáticas

Nombre ______________________

Álgebra • Sumar cero

Pregunta esencial ¿Qué sucede cuando le sumas 0 a un número?

Estándares comunes **Operaciones y pensamiento algebraico—1.OA.B.3**

PRÁCTICAS MATEMÁTICAS
MP2, MP4, MP7, MP8

Escucha y dibuja

Haz un modelo del problema usando .
Dibuja las que uses.

PARA EL MAESTRO • Lea el siguiente problema. Scott tiene 4 canicas. Jennifer no tiene canicas. ¿Cuántas canicas tienen ambos?

Charla matemática — PRÁCTICAS MATEMÁTICAS 4

Representa el problema de modo que muestre a Jennifer con 4 canicas y a Scott sin ninguna canica. ¿Cómo cambia el dibujo?

© Houghton Mifflin Harcourt Publishing Company

Representa y dibuja

¿Qué sucede cuando le sumas **cero** a un número?

¿Qué sucede cuando le sumas un número a cero?

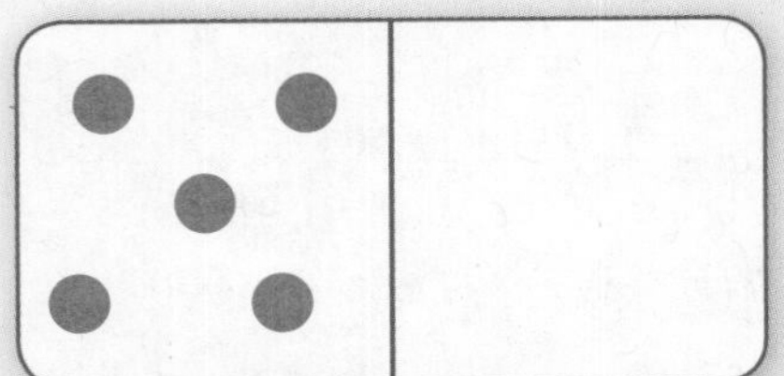

5 + 0 = 5
suma

0 + 3 = 3
suma

Comparte y muestra

Usa la ilustración para escribir cada parte. Escribe la suma.

1\.

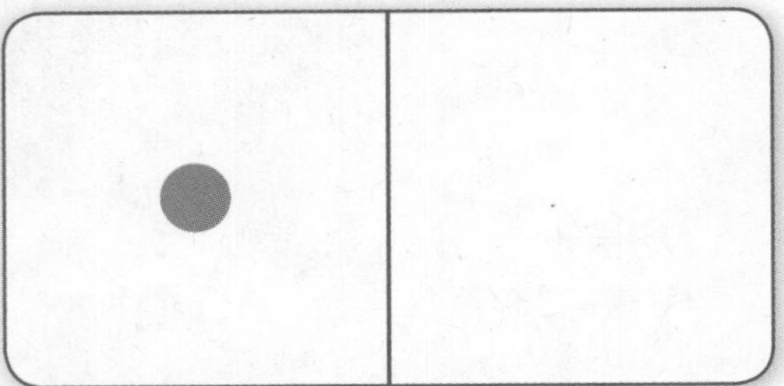

____ + ____ = ____

2\.

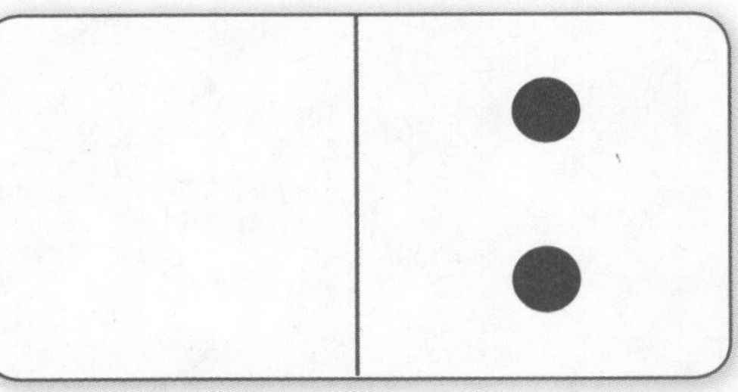

____ + ____ = ____

3\.

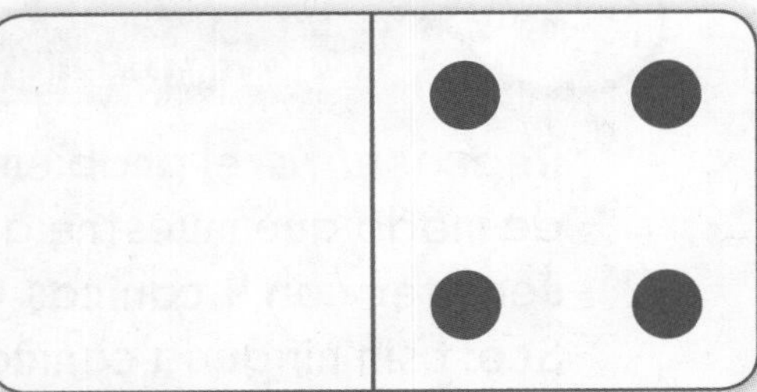

____ + ____ = ____

4\.

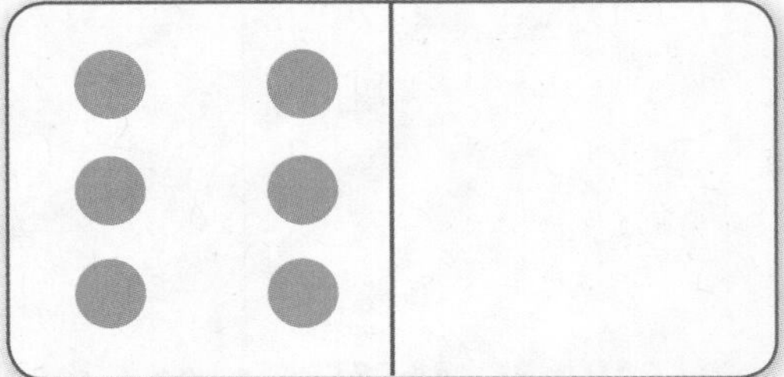

____ + ____ = ____

© Houghton Mifflin Harcourt Publishing Company

Nombre ____________________

Por tu cuenta

Dibuja círculos para mostrar el número.
Escribe la suma.

5. $2 + 0 =$ ____

6. $0 + 1 =$ ____

7. $4 + 6 =$ ____

8. $0 + 5 =$ ____

9. $3 + 4 =$ ____

10. $0 + 6 =$ ____

11. PIENSA MÁS Hay 5 pájaros rojos. Hay 3 pájaros verdes. ¿Cuántos pájaros son azules?

____ pájaros azules

12. PIENSA MÁS Maya tenía 7 libros. Eli no tenía ningún libro. Luego Maya le da 7 libros a Eli. ¿Cuántos libros tiene ahora Maya?

____ libros

13. PIENSA MÁS Completa el enunciado de suma.

____ + ____ $= 0$

© Houghton Mifflin Harcourt Publishing Company

Resolución de problemas • Aplicaciones 

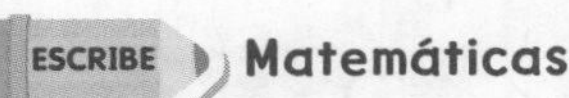

PRÁCTICA MATEMÁTICA 8 **Generaliza** Escribe el enunciado de suma para resolver.

14. Mike tiene 7 libros. Cheryl no tiene ningún libro. ¿Cuántos libros tienen ambos?

____ + ____ = ____

____ libros

15. PIENSA MÁS Hay 5 aves en total. ¿Cuántas aves hay dentro de la casita?

____ aves

16. PIENSA MÁS No había ningún perro en el parque. Luego llegan 5 perros al parque. ¿Cuántos perros hay ahora en el parque?

____ perros

ACTIVIDAD PARA LA CASA • Escriba los números del 0 al 9 en cuadrados pequeños de papel. Mézclelos y coloque los cuadrados bocabajo. Pida a su niño que dé vuelta al cuadrado y que a ese número le sume cero. Pídale que diga la suma. Repita la actividad con cada cuadrado.

© Houghton Mifflin Harcourt Publishing Company • Image Credits: (br) ©Mark Taylor/Photo Researchers/Getty Images

Nombre ______________________________

Álgebra • Sumar cero

ESTÁNDAR COMÚN—1.OA.B.3
Comprenden y aplican las propiedades de operaciones, así como la relación entre la suma y la resta.

Dibuja círculos para mostrar el número. Escribe la suma.

1.

0 + 5 = ____

2.

1 + 3 = ____

Resolución de problemas

Escribe el enunciado de suma para resolver.

3. Hay 6 tortugas nadando.
No llega ninguna tortuga.
¿Cuántas tortugas hay ahora?

____ + ____ = ____

____ tortugas

4. ESCRIBE **Matemáticas** Usa dibujos y números para mostrar 8 + 0.

© Houghton Mifflin Harcourt Publishing Company

Repaso de la lección (1.OA.B.3)

1. Dibuja ○ para mostrar cada sumando. Escribe la suma.
¿Cuál es la suma de 0 + 4?

$0 + 4 =$ ____

Repaso en espiral (1.OA.A.1)

2. Completa el modelo y el enunciado numérico. Hay 4 cabras en el establo. Llegan 3 cabras más. ¿Cuántas cabras hay en el establo ahora?

$4 + 3 =$ ____

3. Escribe el enunciado numérico y cuántos hay.
Hay 7 crayones azules y 1 crayón amarillo.
¿Cuántos crayones hay?

____ crayones

4. Dibuja ▭. Escribe la suma. 3 perros y 3 perros más

$3 + 3 =$ ____

© Houghton Mifflin Harcourt Publishing Company

Nombre ___________________________

Álgebra • Sumar en cualquier orden

Pregunta esencial ¿Por qué puedes sumar los sumandos en cualquier orden?

Operaciones y pensamiento algebraico—1.OA.B.3

PRÁCTICAS MATEMÁTICAS
MP7, MP8

Escucha y dibuja

Haz un modelo del enunciado de suma usando ▪▪.
Haz un dibujo que muestre tu trabajo.

© Houghton Mifflin Harcourt Publishing Company

PARA EL MAESTRO • Guíe a los niños para que hagan la siguiente actividad. Que usen cubos interconectables para mostrar 2 + 3 y luego 3 + 2.

Charla matemática

PRÁCTICAS MATEMÁTICAS 7

Busca estructuras
Explica cómo 2 + 3 = 5 es lo mismo que 3 + 2 = 5. ¿En qué se diferencia?

Representa y dibuja

El **orden** de los **sumandos** cambia.
¿Qué pasa con la suma?

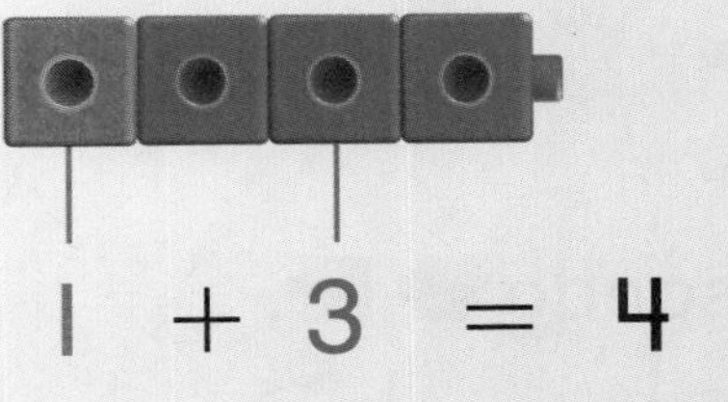

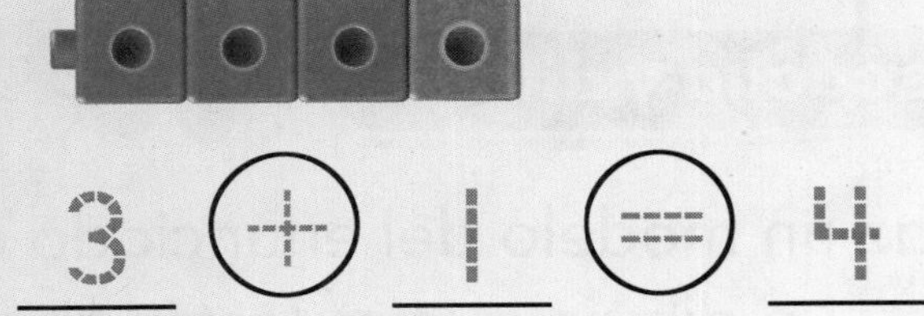

sumandos suma

Comparte y muestra

Usa para sumar.
Colorea para emparejar.
Escribe la suma.

Cambia el orden de los sumandos. Colorea para emparejar.
Escribe el enunciado de suma.

1.

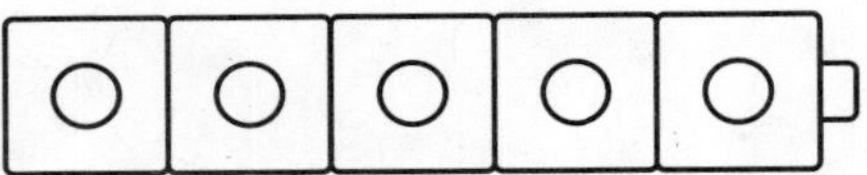

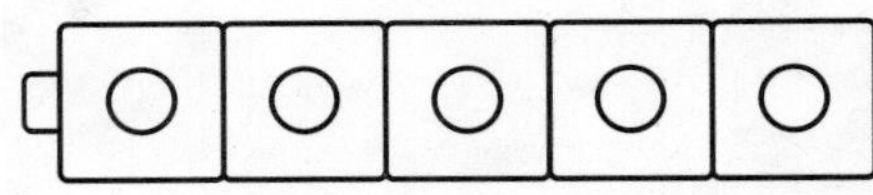

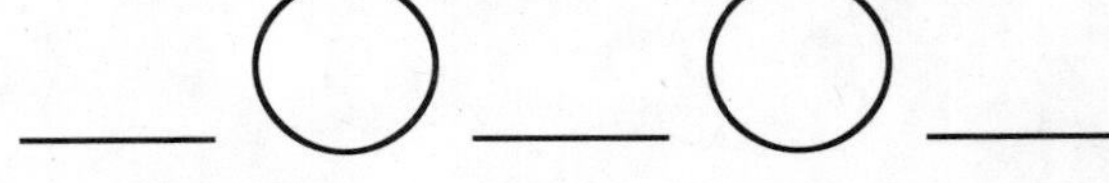

$2 + 3 =$ ____

____ ○ ____ ○ ____

2.

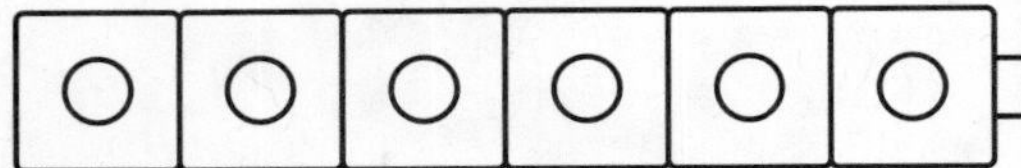

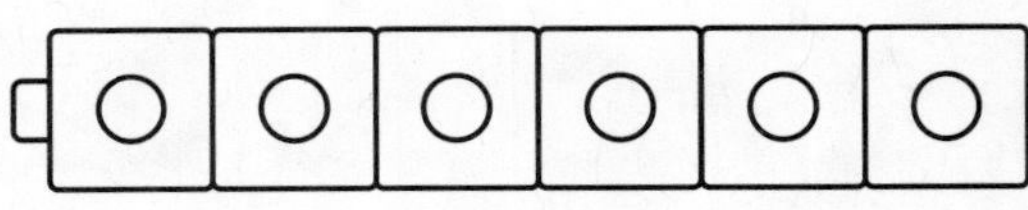

$2 + 4 =$ ____

____ ○ ____ ○ ____

3.

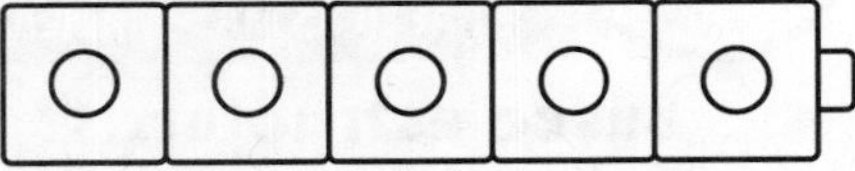

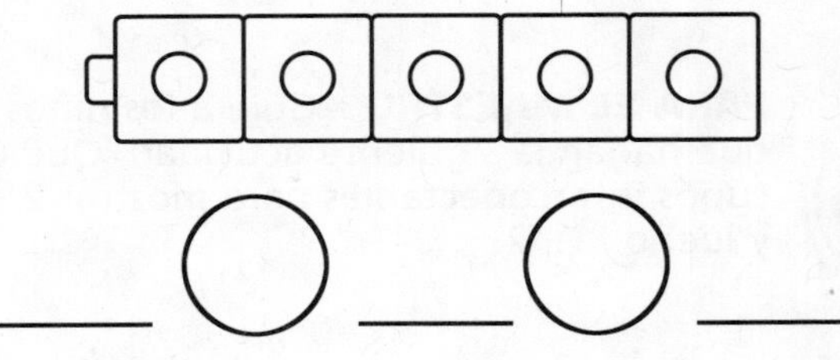

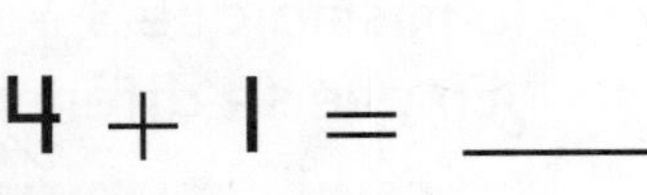

$4 + 1 =$ ____

____ ○ ____ ○ ____

© Houghton Mifflin Harcourt Publishing Company

Nombre ______________________________

Por tu cuenta

PRÁCTICA MATEMÁTICA 7 **Busca estructuras** Usa cubos. Escribe la suma. Encierra en un círculo los enunciados de suma de cada hilera que tengan los mismos sumandos en diferente orden.

4.

1 + 2 = ____ 1 + 3 = ____ 2 + 1 = ____

5.

1 + 5 = ____ 4 + 2 = ____ 2 + 4 = ____

6. PIENSA MÁS Escoge los sumandos para completar el enunciado de suma. Cambia el orden. Escribe los números.

____ + ____ = 10 ____ + ____ = ____

7. MÁS AL DETALLE Escribe dos enunciados de suma sobre los dibujos.

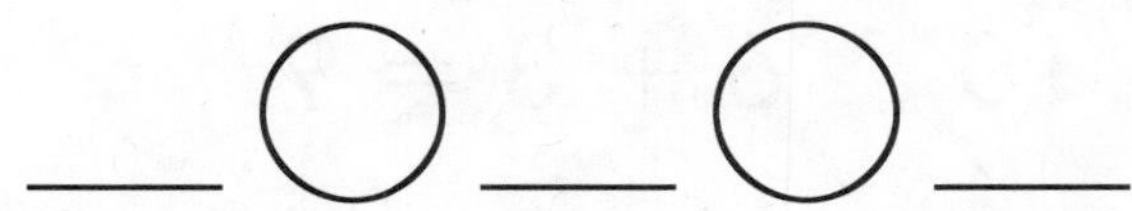

© Houghton Mifflin Harcourt Publishing Company

Resolución de problemas • Aplicaciones

Matemáticas

Haz dibujos para emparejar los enunciados de suma. Escribe la suma.

8. 2 + 6 = ____

6 + 2 = ____

9. 1 + 5 = ____

5 + 1 = ____

10. PIENSA MÁS Dibuja las líneas para unir los mismos sumandos en diferente orden.

7 + 3 = 10	3 + 6 = 9	4 + 6 = 10
•	•	•
•	•	•
6 + 4 = 10	3 + 7 = 10	6 + 3 = 9

ACTIVIDAD PARA LA CASA • Pida a su niño que use objetos pequeños del mismo tipo para mostrar 2 + 4 y 4 + 2, y que luego le explique por qué las sumas son las mismas. Repita la actividad con otros enunciados de suma.

© Houghton Mifflin Harcourt Publishing Company

Nombre ______________________

Álgebra • Sumar en cualquier orden

Estándares comunes **ESTÁNDAR COMÚN—1.OA.B.3**
Comprenden y aplican las propiedades de operaciones, así como la relación entre la suma y la resta.

Usa . Escribe la suma. Encierra en un círculo los enunciados de suma de cada hilera que tengan los mismos sumandos en diferente orden.

1. 1 + 3 = ___ 1 + 2 = ___ 3 + 1 = ___

2. 2 + 3 = ___ 3 + 2 = ___ 0 + 5 = ___

3. 2 + 4 = ___ 3 + 3 = ___ 4 + 2 = ___

Resolución de problemas

Haz dibujos para emparejar los enunciados de suma. Escribe las sumas.

4. 5 + 2 = ___

2 + 5 = ___

5. ESCRIBE **Matemáticas** Usa dibujos y números que muestren cómo sumar 3 + 1 en cualquier orden.

© Houghton Mifflin Harcourt Publishing Company

Repaso de la lección (1.OA.B.3)

1. Encierra en un círculo los enunciados de suma que están en la fila que tiene los mismos sumandos en otro orden.

$1 + 5 = 6$ $6 + 1 = 7$ $1 + 6 = 7$

Repaso en espiral (1.OA.A.1, 1.OA.B.3)

2. Dibuja ◯ para mostrar los números. Escribe la suma. ¿Cuál es la suma?

$0 + 2 =$ ____

3. Escribe los enunciados numéricos y cuántas hay. Hay 5 cuerdas largas y 3 cuerdas cortas. ¿Cuántas cuerdas hay?

____ cuerdas ____ ____ ____

4. Dibuja ▢. Escribe la suma. 6 abejas y 2 abejas más

$6 + 2 =$ ____

© Houghton Mifflin Harcourt Publishing Company

PRACTICA MÁS CON EL Entrenador personal en matemáticas

Nombre ______________________________

Álgebra • Juntar números hasta 10

Pregunta esencial ¿Cómo puedes mostrar todas las maneras de formar un número?

Estándares comunes **Operaciones y pensamiento algebraico— 1.OA.A.1**
También 1.OA.C.6
PRÁCTICAS MATEMÁTICAS
MP4, MP6, MP7, MP8

Escucha y dibuja

Usa ▪▪ para mostrar todas las maneras de formar 5.
Colorea para mostrar tu trabajo.

Maneras de formar 5

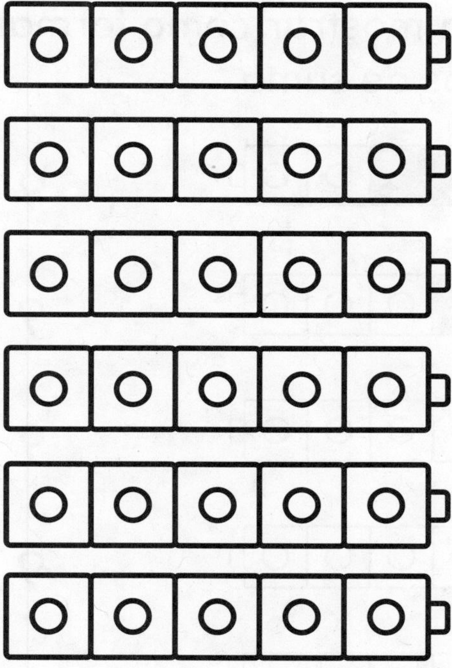

PARA EL MAESTRO • Lea el siguiente problema y pida a los niños que muestren todas las maneras de resolver el problema. La abuela tiene 5 flores. ¿Cuántas puede poner en su florero rojo y cuántas en su florero azul?

Charla matemática
PRÁCTICAS MATEMÁTICAS 6

¿Cómo sabes que mostraste todas las maneras? **Explica.**

© Houghton Mifflin Harcourt Publishing Company

Representa y dibuja

Ahora la abuela tiene 9 flores. ¿Cuántas puede poner en su florero rojo y cuántas en su florero azul?

Completa los enunciados de suma.

1. $9 = \underline{9} + \underline{0}$

2. $9 = \underline{8} + \underline{1}$

Comparte y muestra

Muestra todas las maneras de formar 9.

Usa ▪▪. Colorea para mostrar cómo formar 9.
Completa los enunciados de suma.

3. $9 = \underline{7} + \_\_\_\_$

4. $9 = \_\_\_\_ + \_\_\_\_$

5. $9 = \_\_\_\_ + \_\_\_\_$

6. $9 = \_\_\_\_ + \_\_\_\_$

7. $9 = \_\_\_\_ + \_\_\_\_$

8. $9 = \_\_\_\_ + \_\_\_\_$

✓ 9. $9 = \_\_\_\_ + \_\_\_\_$

✓ 10. $9 = \_\_\_\_ + \_\_\_\_$

© Houghton Mifflin Harcourt Publishing Company

Nombre ______________________________

Por tu cuenta

PRÁCTICA MATEMÁTICA 8 **Generaliza** Usa ▪▪. Colorea para mostrar cómo formar 10. Completa los enunciados de suma.

11. ○○○○○○○○○○ $10 = 10 + 0$

12. ○○○○○○○○○○ $10 =$ ___ + ___

13. ○○○○○○○○○○ $10 =$ ___ + ___

14. ○○○○○○○○○○ $10 =$ ___ + ___

15. ○○○○○○○○○○ $10 =$ ___ + ___

16. ○○○○○○○○○○ $10 =$ ___ + ___

17. PIENSA MÁS Zach tiene 6 piedras. Coloca algunas en una caja y otras en una bolsa. Dibuja dos formas en las que puede colocar las piedras.

© Houghton Mifflin Harcourt Publishing Company

Resolución de problemas • Aplicaciones

18. PIENSA MÁS Tengo 8 canicas.
Algunas son rojas. Otras son azules.
¿Cuántas canicas de cada una tengo?
Halla y escribe tantas maneras como puedas.

Rojas	Azules	Suma

19. PIENSA MÁS Colorea dos formas de formar 7.

ACTIVIDAD PARA LA CASA • Escriba 6 = 6 + 0. Haga un modelo del problema con objetos pequeños. Pida a su niño que forme 6 de otra manera. Túrnense hasta que hayan hecho un modelo de todas las maneras de formar 6.

© Houghton Mifflin Harcourt Publishing Company

Nombre ______________________

Álgebra • Juntar números hasta 10

Estándares comunes — **ESTÁNDAR COMÚN—1.OA.A.1** *Representan y resuelven problemas relacionados a la suma y a la resta.*

Usa [cubos]. Colorea para mostrar cómo formar 8. Completa los enunciados de suma.

1. 8 = 8 + 0

2. 8 = ___ + ___

3. 8 = ___ + ___

4. 8 = ___ + ___

5. 8 = ___ + ___

6. 8 = ___ + ___

7. 8 = ___ + ___

8. ESCRIBE Matemáticas Usa dibujos y números para mostrar todas las maneras de formar 3.

© Houghton Mifflin Harcourt Publishing Company

Repaso de la lección (1.OA.A.1)

1. Muestra tres maneras diferentes de formar 10.

$10 = \_\_\_ + \_\_\_$ $10 = \_\_\_ + \_\_\_$ $10 = \_\_\_ + \_\_\_$

2. Muestra tres maneras diferentes de formar 6.

$6 = \_\_\_ + \_\_\_$ $6 = \_\_\_ + \_\_\_$ $6 = \_\_\_ + \_\_\_$

Repaso en espiral (1.OA.A.1, 1.OA.B.3)

3. Encierra en un círculo los enunciados numéricos que muestran los mismos sumandos en otro orden.

$4 + 2 = 6$ $1 + 5 = 6$ $2 + 4 = 6$

4. ¿Cuál es la suma de 2 + 0? Escribe la suma.

$2 + 0 = \_\_\_$

5. Completa el modelo y el enunciado numérico. Hay 3 conejos sentados en el césped. Llegan 4 conejos más. ¿Cuántos conejos hay ahora?

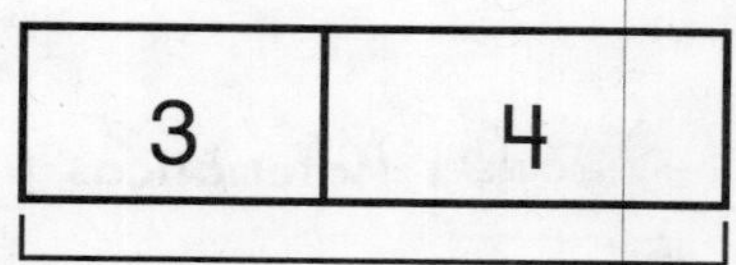

___ conejos

$3 + 4 = \_\_\_$

© Houghton Mifflin Harcourt Publishing Company

Nombre ______________________________

Sumar hasta 10

Pregunta esencial ¿Por qué ciertas operaciones de suma son fáciles de sumar?

Estándares comunes **Operaciones y pensamiento algebraico—1.OA.C.6**

PRÁCTICAS MATEMÁTICAS
MP6, MP7

Escucha y dibuja En el mundo

Haz un dibujo que muestre el problema.
Luego escribe los sumandos y la suma.

___ + ___ = ___

___ + ___ = ___

PARA EL MAESTRO • Lea lo siguiente para la parte superior de la página. Hay 2 niños en la fila del tobogán. Llegan 4 niños más. ¿Cuántos niños hay en la fila del tobogán? Lea lo siguiente para la parte inferior de la página. Christy tiene 3 adhesivos. Mike le da 2 adhesivos más. ¿Cuántos adhesivos tiene Christy ahora?

Charla matemática — PRÁCTICAS MATEMÁTICAS 7

Busca estructuras
¿Tienen que estar los sumandos siempre uno al lado del otro?

© Houghton Mifflin Harcourt Publishing Company • Image Credits: ©Guy Jarvis

Representa y dibuja

Escribe el problema de suma.

Mira otra manera de escribir el enunciado de suma.

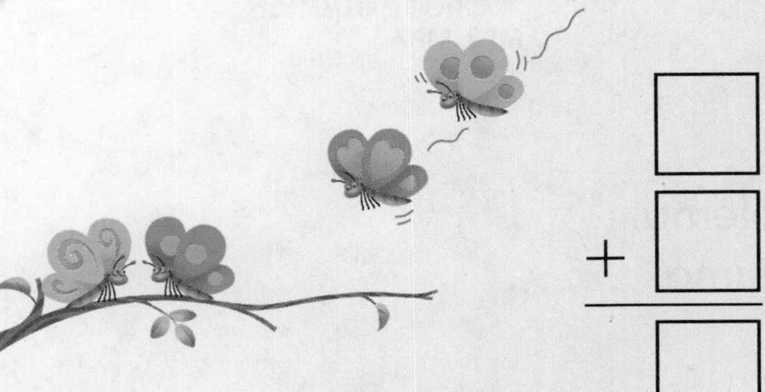

$$\begin{array}{r} \square \\ + \square \\ \hline \square \end{array}$$

Comparte y muestra

Escribe el problema de suma.

1.

$$\begin{array}{r} \square \\ + \square \\ \hline \square \end{array}$$

2.

$$\begin{array}{r} \square \\ + \square \\ \hline \square \end{array}$$

✓ 3.

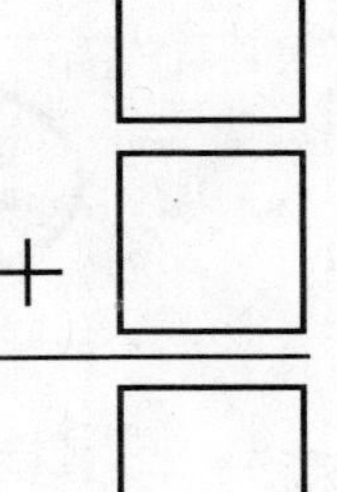

$$\begin{array}{r} \square \\ + \square \\ \hline \square \end{array}$$

✓ 4.

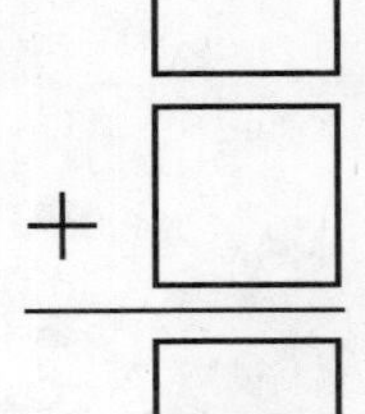

$$\begin{array}{r} \square \\ + \square \\ \hline \square \end{array}$$

© Houghton Mifflin Harcourt Publishing Company

Nombre ______________________

Por tu cuenta

PRÁCTICA MATEMÁTICA 6 **Presta atención a la precisión**

Escribe la suma.

5. $\begin{array}{r} 1 \\ +\ 2 \\ \hline \end{array}$

6. $\begin{array}{r} 2 \\ +\ 2 \\ \hline \end{array}$

7. $\begin{array}{r} 0 \\ +\ 3 \\ \hline \end{array}$

8. $\begin{array}{r} 1 \\ +\ 1 \\ \hline \end{array}$

9. $\begin{array}{r} 4 \\ +\ 2 \\ \hline \end{array}$

10. $\begin{array}{r} 8 \\ +\ 1 \\ \hline \end{array}$

11. $\begin{array}{r} 0 \\ +\ 4 \\ \hline \end{array}$

12. $\begin{array}{r} 7 \\ +\ 3 \\ \hline \end{array}$

13. $\begin{array}{r} 4 \\ +\ 4 \\ \hline \end{array}$

14. $\begin{array}{r} 9 \\ +\ 1 \\ \hline \end{array}$

15. $\begin{array}{r} 6 \\ +\ 3 \\ \hline \end{array}$

16. $\begin{array}{r} 4 \\ +\ 3 \\ \hline \end{array}$

17. PIENSA MÁS Elsa puso 2 canicas en una bolsa. John puso 3 canicas en la bolsa. ¿Cuántas canicas hay en la bolsa?

_____ canicas

18. PIENSA MÁS **Explica** Sam mostró cómo sumó 4 + 2. Indica cómo podría Sam hallar la suma correcta.

$\begin{array}{r} 4 \\ +\ 2 \\ \hline 7 \end{array}$

____

____

____

____

© Houghton Mifflin Harcourt Publishing Company

Resolución de problemas • Aplicaciones

ESCRIBE Matemáticas

19. Suma. Escribe la suma. Usa la suma y la clave para colorear la flor.

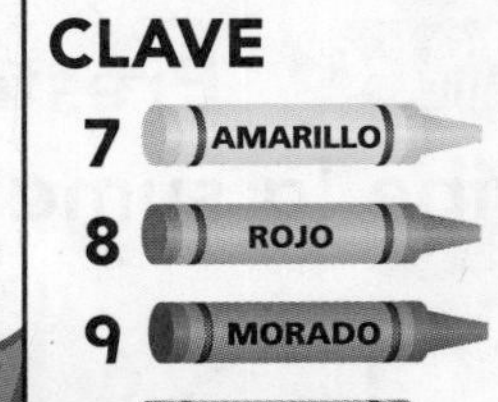

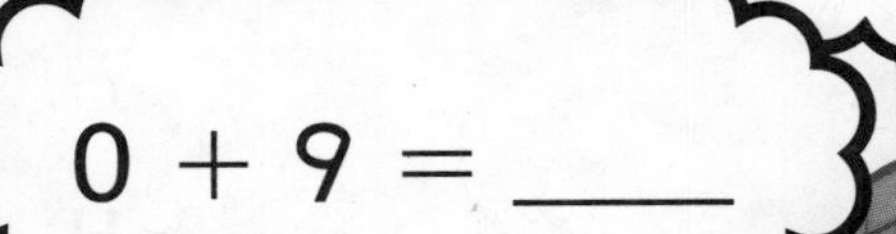

20. MÁS AL DETALLE ¿Cuántas flores son amarillas o moradas?

____ ◯ ____ ◯ ____

21. PIENSA MÁS Escribe la suma. **Explica** cómo resolviste el problema.

$$\begin{array}{r} 5 \\ +\,4 \\ \hline \square \end{array}$$

____

____

ACTIVIDAD PARA LA CASA • Escriba enunciados de suma para sumar hacia adelante. Luego escriba enunciados de suma para sumar hacia abajo. Pida a su niño que halle la suma de cada uno.

© Houghton Mifflin Harcourt Publishing Company

Nombre ______________________

Sumar hasta 10

Estándares comunes **ESTÁNDAR COMÚN—1.OA.C.6** *Suman y restan hasta el número 20.*

Escribe la suma.

1. $\begin{array}{r} 4 \\ +\ 1 \\ \hline \end{array}$

2. $\begin{array}{r} 2 \\ +\ 6 \\ \hline \end{array}$

3. $\begin{array}{r} 3 \\ +\ 4 \\ \hline \end{array}$

4. $\begin{array}{r} 5 \\ +\ 1 \\ \hline \end{array}$

5. $\begin{array}{r} 8 \\ +\ 0 \\ \hline \end{array}$

6. $\begin{array}{r} 2 \\ +\ 3 \\ \hline \end{array}$

7. $\begin{array}{r} 0 \\ +\ 0 \\ \hline \end{array}$

8. $\begin{array}{r} 5 \\ +\ 5 \\ \hline \end{array}$

Resolución de problemas En el mundo

Suma. Escribe la suma. Usa la suma y la clave para colorear la flor.

9.

CLAVE

6 AMARILLO

7 ROJO

8 MORADO

9 ROSADO

10. ESCRIBE **Matemáticas** Explica cómo te ayuda conocer 1 + 7 para hallar la suma de 7 + 1.

© Houghton Mifflin Harcourt Publishing Company

Repaso de la lección (1.OA.C.6)

1. Escribe la suma.

$$\begin{array}{r} 5 \\ +\ 3 \\ \hline \end{array}$$

Repaso en espiral (1.OA.A.1)

2. Muestra tres maneras diferentes de formar 9.

9 = ____ + ____ 9 = ____ + ____ 9 = ____ + ____

3. Completa el enunciado numérico. Hay 8 piedras grandes y 2 piedras pequeñas. ¿Cuántas piedras hay?

____ piedras 8 + 2 = ____

4. Completa el enunciado numérico. ¿Cuál es la suma de 2 más 2?

2 + 2 = ____

© Houghton Mifflin Harcourt Publishing Company

PRACTICA MÁS CON EL Entrenador personal en matemáticas

Nombre ___________________________

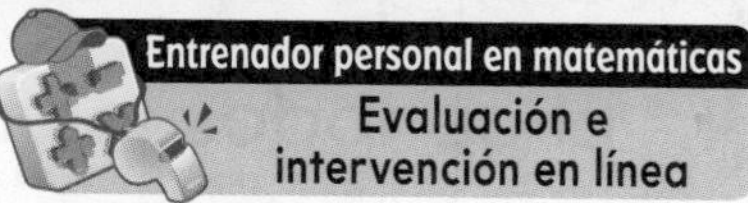

Repaso y prueba del Capítulo 1

1.

2 osos y 1 oso más

¿Cuántos osos hay? 1 / 2 / 3 osos

2. Escribe el problema de suma.

$\square + \square = \square$

3. Colorea dos formas de formar 6.

○○○○○○

○○○○○○

© Houghton Mifflin Harcourt Publishing Company

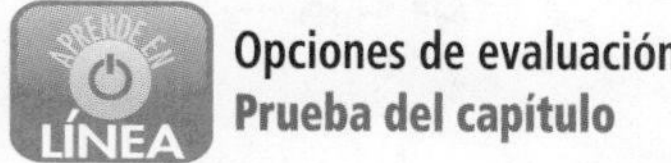

Opciones de evaluación
Prueba del capítulo

4. Elige todos los dibujos que muestren cómo sumar cero.

○ 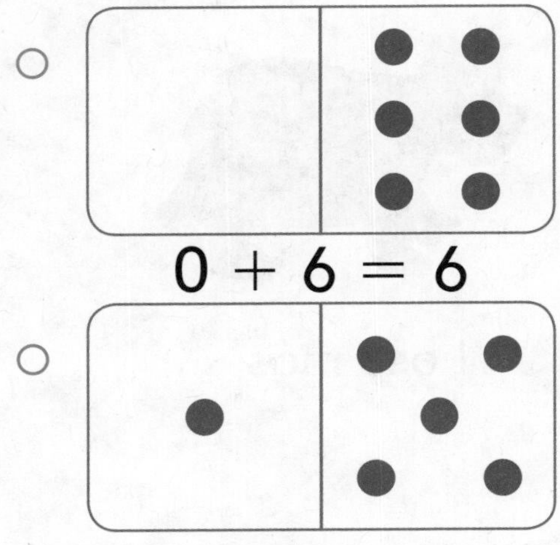

$0 + 6 = 6$

○ 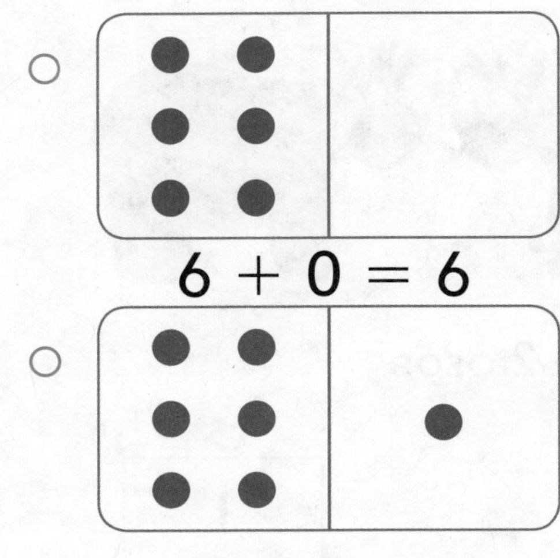

$6 + 0 = 6$

○ $1 + 5 = 6$

○ $6 + 1 = 6$

5. Dibuja líneas para emparejar los enunciados de suma con los mismos sumandos en diferente orden.

$8 + 2 = 10$ $2 + 7 = 9$ $4 + 5 = 9$

$5 + 4 = 9$ $2 + 8 = 10$ $7 + 2 = 9$

Utiliza ▪ para mostrar lo que agregas.

Dibuja los ▪. Escribe la suma.

6. 2 patos y 3 patos más

$2 + 3 =$ ______

7. 5 leones y 2 leones más

$5 + 2 =$ ______

© Houghton Mifflin Harcourt Publishing Company

Nombre ____________________

8. Escribe cada enunciado de suma en la columna que indica la suma.

4 + 3 3 + 4 3 + 3 3 + 5 5 + 3

6	7	8

9. Max tiene 5 canicas rojas y 4 canicas azules. Luego obtiene 1 más. ¿Cuántas canicas tiene Max?

Muestra tu trabajo con un dibujo.

Escribe cuántas hay.

______ canicas

Entrenador personal en matemáticas

10. Hay 2 personas en la casa. Entran más personas. Ahora hay 6 personas en la casa. ¿Cuántas personas entraron?

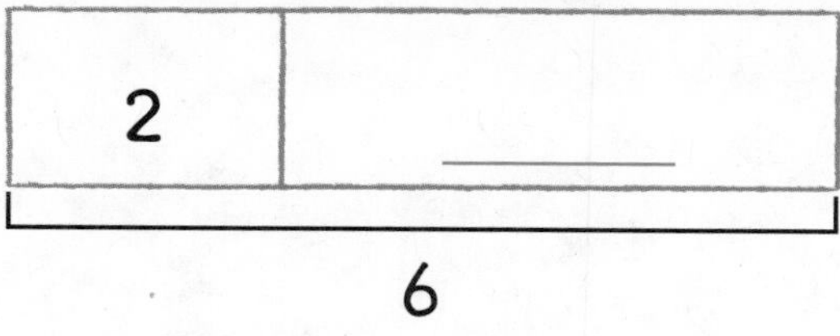

$2 + \_\_\_\_ = 6$

© Houghton Mifflin Harcourt Publishing Company

11. Katie dibuja puntos en las tarjetas para mostrar maneras de formar 7. Dibuja los puntos de Katie.

Escribe los enunciados de suma de dos tarjetas.

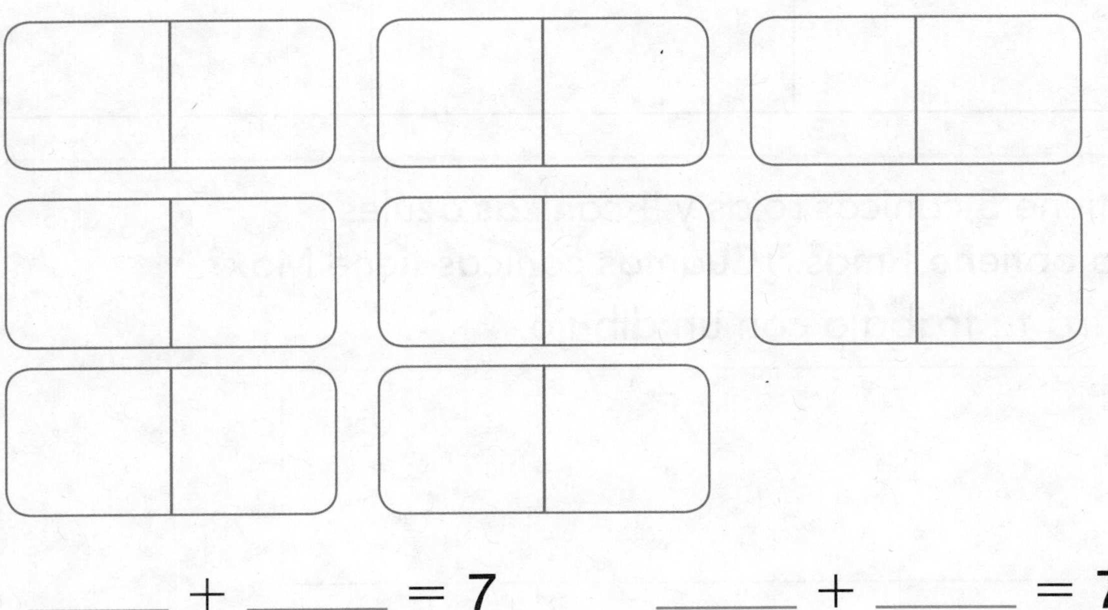

_____ + _____ = 7 _____ + _____ = 7

---

12. Dibuja un modelo para mostrar que 1 + 4 es lo mismo que 4 + 1. Muestra cómo lo sabes.

© Houghton Mifflin Harcourt Publishing Company

Capítulo 2

Conceptos de resta

© Houghton Mifflin Harcourt Publishing Company.
Curious George by Margret and H.A. Rey. Copyright © 2010 by Houghton Mifflin Harcourt Publishing Company.
All rights reserved. The character Curious George®, including without limitation the character's name and the character's likenesses, are registered trademarks of Houghton Mifflin Harcourt Publishing Company.

Aprendo más con Jorge el Curioso

Observa la foto.
Inventa un problema
de resta.

Nombre ______________________________

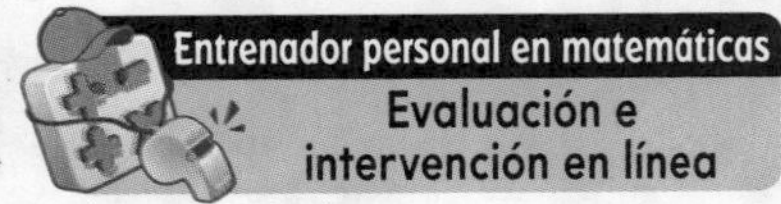

Explora los números del 1 al 4

Muestra el número con ●.
Dibuja las ●. (K.CC.A.3)

1. 4 ☐

2. 2 ☐

Números del 1 al 10

¿Cuántos objetos hay en cada conjunto? (K.CC.B.5)

3. 

____ mariposas

4. 

____ gato

5. 

____ hojas

Usa ilustraciones para restar

¿Cuántos quedan? (K.OA.A.1)

6. 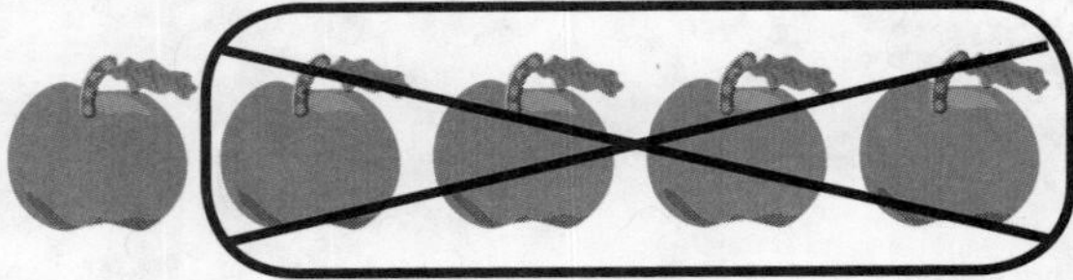

$5 - 4 =$ ____

7.   

$4 - 2 =$ ____

Esta página es para verificar la comprensión de las destrezas importantes que se necesitan para tener éxito en el Capítulo 2.

© Houghton Mifflin Harcourt Publishing Company

Nombre ______________________________

Palabras de repaso
agregar
separar
agrupar
quitar

Desarrollo del vocabulario

Visualízalo

Clasifica las palabras de repaso de la caja.

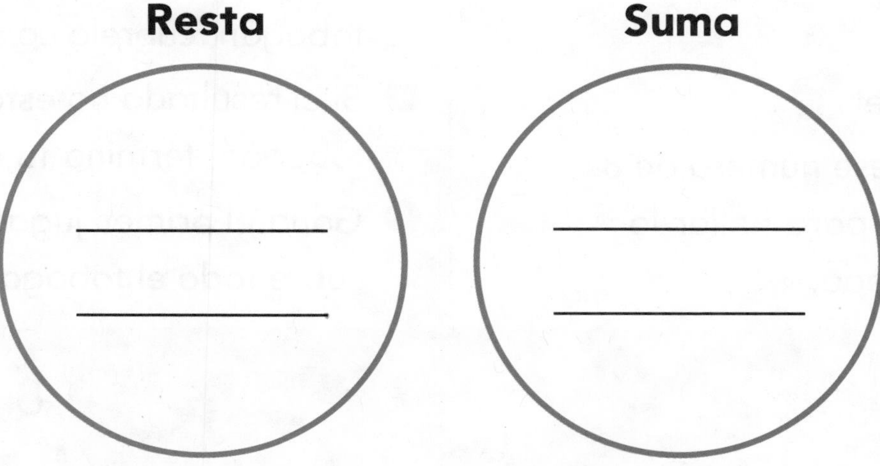

Comprende el vocabulario

Encierra en un círculo la parte que quitas del grupo.
Luego táchala.

1.     

5 naranjas Alguien se come 2.

2.    

4 globos 3 se van volando.

3.   

3 carritos 1 se va rodando.

© Houghton Mifflin Harcourt Publishing Company

• Libro interactivo del estudiante
• Glosario multimedia

Juego Tobogán de resta

Materiales • 🎲 • 5 ● • 5 ○ • 8 ▪

Juega con un compañero. Túrnense.

1. Lanza el 🎲.
2. Quita ese número de 8. Usa ▪ para hallar lo que queda.
3. Si ves el resultado en tu tobogán, cúbrelo con una ●.
4. Si el resultado no está en tu tobogán, termina tu turno.
5. Gana el primer jugador que cubre todo el tobogán.

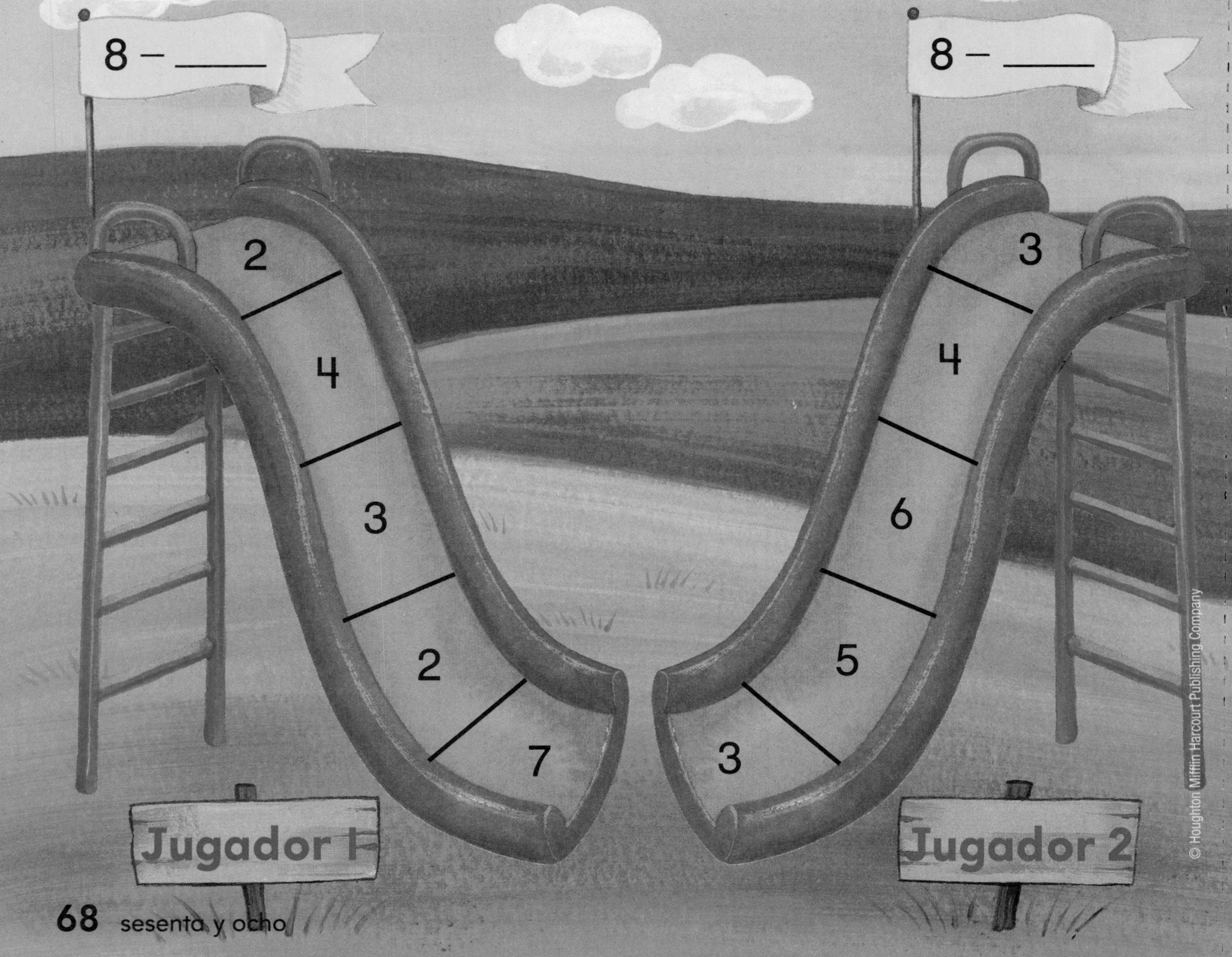

© Houghton Mifflin Harcourt Publishing Company

Vocabulario del Capítulo 2

comparar
compare
5

diferencia
difference
16

enunciado de resta
subtraction sentence
23

más
more
36

menos
fewer
39

menos (–)
minus (–)
40

restar
subtract
52

sumar
add
55

© Houghton Mifflin Harcourt Publishing Company

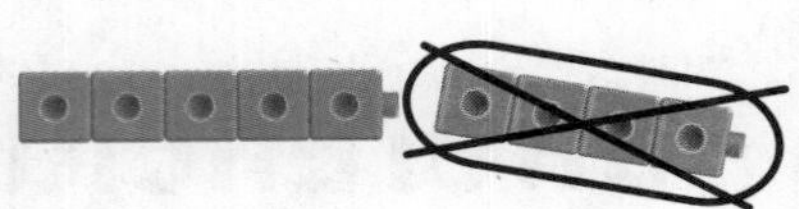

9 − 4 = 5

La **diferencia** es 5.

© Houghton Mifflin Harcourt Publishing Company

Resta para **comparar** grupos.

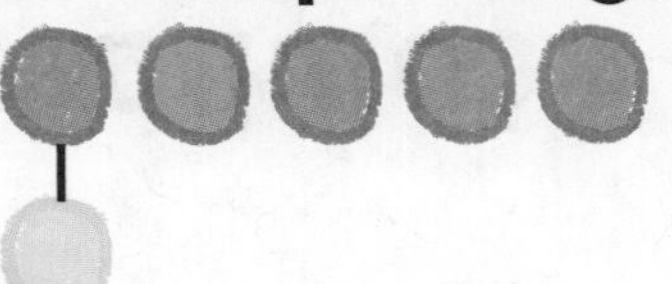

5 − 1 = 4

Hay más .

© Houghton Mifflin Harcourt Publishing Company

5 − 3 = 2

Hay **más** .

© Houghton Mifflin Harcourt Publishing Company

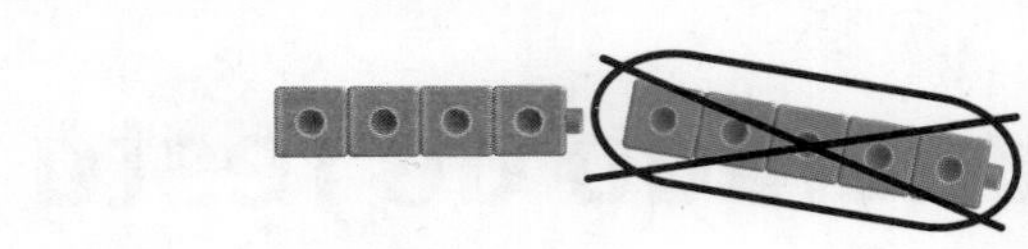

9 − 5 = 4

es un **enunciado de resta**.

© Houghton Mifflin Harcourt Publishing Company

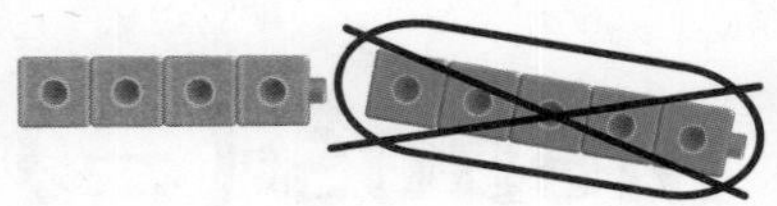

9 **menos** 5 es igual a 4.

9 − 5 = 4

© Houghton Mifflin Harcourt Publishing Company

3 **menos**

© Houghton Mifflin Harcourt Publishing Company

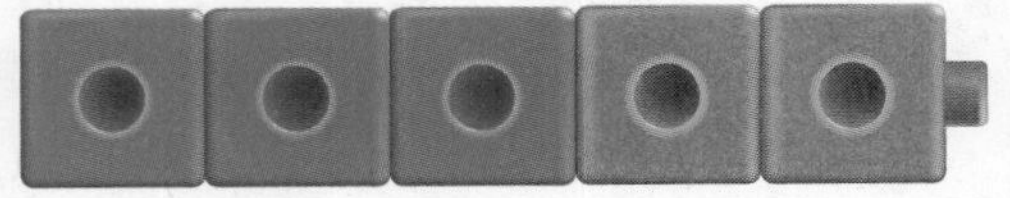

3 + 2 = 5

© Houghton Mifflin Harcourt Publishing Company

5 − 2 = 3

Bingo

Recuadro de palabras

- sumar
- comparar
- diferencia
- menos
- menos (–)
- más
- restar
- enunciado de resta

Materiales

- 1 juego de tarjetas de palabras
- 18 ●

Instrucciones

Juega con un compañero.

1. Mezcla las tarjetas. Colócalas en una pila con el lado en blanco hacia arriba.
2. Toma una tarjeta. Lee la palabra.
3. Halla la palabra que corresponda en tu tablero de Bingo. Cubre la palabra con una ●. Coloca la tarjeta en el fondo de la pila.
4. Le toca jugar al otro jugador.
5. Gana el primer jugador que cubra 3 espacios en la misma fila. La fila puede ir de un lado a otro o de arriba a abajo.

Jugador 1

diferencia	más	comparar
menos	BINGO	restar
enunciado de resta	sumar	menos (–)

Jugador 2

menos (–)	diferencia	enunciado de resta
sumar	BINGO	restar
más	comparar	menos

© Houghton Mifflin Harcourt Publishing Company

Escríbelo

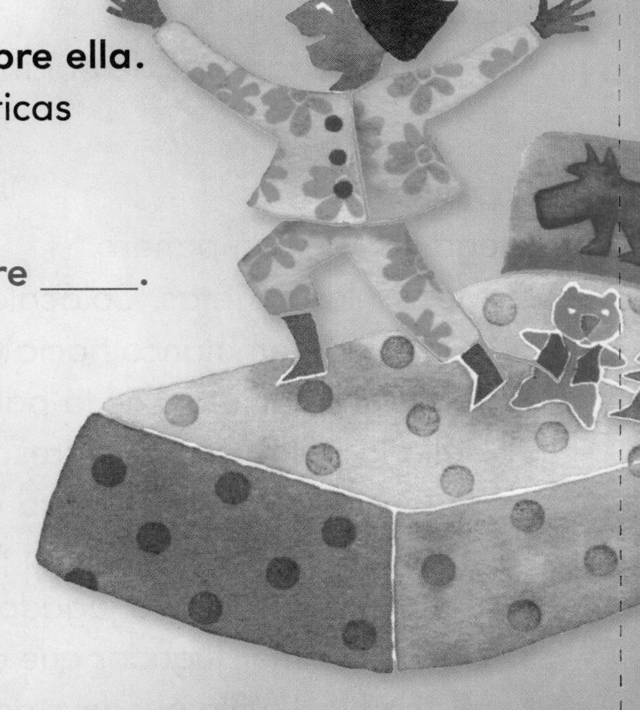

Reflexiona

Selecciona una idea. Dibuja y escribe sobre ella.

- Piensa en lo que hiciste durante matemáticas hoy. Completa una de las oraciones:

  Aprendí _____.

  Quiero aprender más sobre _____.

- Lee el problema:

  Sophie tiene 5 adhesivos.
  Le da 2 a Olivia.
  A Sophie le quedan
  2 adhesivos.

  ¿Es correcta la respuesta?
  Dibuja y escribe tu explicación. Usa otra hoja de papel para hacer tu dibujo.

© Houghton Mifflin Harcourt Publishing Company

Nombre ____________________________________

Usar dibujos para mostrar cómo quitar

Pregunta esencial ¿Cómo puedes mostrar cómo quitar con dibujos?

Estándares comunes **Operaciones y pensamiento algebraico—1.OA.A.1**
PRÁCTICAS MATEMÁTICAS
MP1, MP2, MP4

Escucha y dibuja *En el mundo*

Haz un dibujo que muestre cómo quitar. Escribe cuántos quedan.

Quedan _____ niños.

Charla matemática PRÁCTICAS MATEMÁTICAS 4

Representa ¿Cómo hallaste cuántos niños quedaron en el cajón de arena?

PARA EL MAESTRO • Lea el siguiente problema. Pida a los niños que hagan un dibujo que muestre el problema. Hay 5 niños en el cajón de arena. Dos se van caminando. ¿Cuántos niños quedan en el cajón de arena?

© Houghton Mifflin Harcourt Publishing Company

Representa y dibuja

Hay 4 gatos en todo el grupo.

4 gatos 1 gato se va caminando. Quedan 3 gatos.

Comparte y muestra

Encierra en un círculo la parte que quitas del grupo. Luego táchala. Escribe cuántos quedan.

1.

6 insectos 2 insectos se van volando. Quedan ____ insectos.

2.

3 perros 1 perro se va caminando. Quedan ____ perros.

© Houghton Mifflin Harcourt Publishing Company

Nombre ______________________

Por tu cuenta

Encierra en un círculo la parte que quitas del grupo. Luego táchala. Escribe cuántos hay ahora.

3.

7 pollitos   2 pollitos se van caminando.   Quedan ____ pollitos.

4.

6 patos   3 patos se van caminando.   Quedan ____ patos.

5. PIENSA MÁS Ellie y Sara ven 8 aves en el árbol. Ellie ve 2 aves menos que Sara. Sara ve 5 aves. ¿Cuántas aves ve Ellie?

____ aves

6. MÁS AL DETALLE Elige números para completar el cuento. Escribe los números. Haz un dibujo que muestre el problema.

____ lombrices   ____ lombrices se van.   Quedan ____ lombrices.

© Houghton Mifflin Harcourt Publishing Company • Image Credits: ©PhotoDisc/Getty Images

Resolución de problemas • Aplicaciones

PRÁCTICA MATEMÁTICA 4 **Usa diagramas** Resuelve.

7. Hay 6 gatos. Un gato se va corriendo. ¿Cuántos gatos quedan? Haz un dibujo.

_____ gatos

8. MÁS AL DETALLE Hay 6 perros. Se van tres. Luego se va 1 más. ¿Cuántos perros quedan?

Quedan _____ perros

9. PIENSA MÁS Mira la ilustración. Escribe los números.

8 aves _____ aves se van volando. Quedan _____ aves.

10. PIENSA MÁS Encierra en un círculo y tacha la parte que quitas del grupo. Escribe cuántos hay ahora.

10 peces 6 peces se van nadando. Quedan _____ peces.

ACTIVIDAD PARA LA CASA • Pida a su niño que dibuje y resuelva el problema de resta: Hay 6 vacas. Tres vacas se van caminando. ¿Cuántas vacas quedan?

© Houghton Mifflin Harcourt Publishing Company • Image Credits: ©GK Hart/Vikki Hart/PhotoDisc/Getty Images

Nombre ______________________________

Usar ilustraciones para mostrar cómo quitar

ESTÁNDAR COMÚN—1.OA.A.1
Representan y resuelven problemas relacionados a la suma y a la resta.

Usa la ilustración. Encierra en un círculo la parte que quitas del grupo completo. Luego táchala. Escribe cuántos hay ahora.

1.

3 gatos   1 gato se va.   Ahora hay ____ gatos.

2.

5 caballos   2 caballos se van.   Ahora hay ____ caballos.

Resolución de problemas En el mundo

Resuelve. Muestra tu trabajo con un dibujo.

3. Hay 7 aves. 2 aves se van volando. ¿Cuántas aves hay ahora?

____ aves

4. ESCRIBE Matemáticas Haz un dibujo que muestre el problema. Hay 9 tortugas. 3 tortugas se van. ¿Cuántas tortugas hay ahora?

© Houghton Mifflin Harcourt Publishing Company

Repaso de la lección (1.OA.A.1)

1. Hay 4 patos. Dos patos se van nadando. ¿Cuántos patos hay ahora? Haz un dibujo para mostrar tu trabajo.

____ patos

Repaso en espiral (1.OA.A.1, 1.OA.B.3, 1.OA.C.6)

2. ¿Cuál es la suma de 2 + 0? Dibuja ○ para mostrar cada sumando. Escribe la suma.

$2 + 0 =$ ____

3. ¿Cuántas aves hay? Escribe cuántas hay.

5 aves y 2 aves ____ aves

4. ¿Cuál es la suma? Escribe la suma.

$$\begin{array}{r} 6 \\ +\ 2 \\ \hline \end{array}$$

© Houghton Mifflin Harcourt Publishing Company

PRACTICA MÁS CON EL Entrenador personal en matemáticas

Nombre ____________________________________

Hacer un modelo de cómo quitar

Pregunta esencial ¿Cómo haces un modelo de cómo quitar de un grupo?

Estándares comunes **Operaciones y pensamiento algebraico—1.OA.A.1**

PRÁCTICAS MATEMÁTICAS
MP1, MP2, MP4

Escucha y dibuja En el mundo

Usa ▪ para mostrar cómo quitar.
Haz un dibujo que muestre tu trabajo.

PARA EL MAESTRO • Lea el siguiente problema. Pida a los niños que usen cubos interconectables para hacer un modelo del problema y que hagan un dibujo que muestre su trabajo. Hay 9 mariposas. Dos mariposas se van volando. ¿Cuántas mariposas quedan?

Charla matemática — PRÁCTICAS MATEMÁTICAS 2

Razonamiento ¿Quedan más o menos de 9 mariposas ahora?

© Houghton Mifflin Harcourt Publishing Company

Representa y dibuja

4 conejos 3 conejos se van saltando.

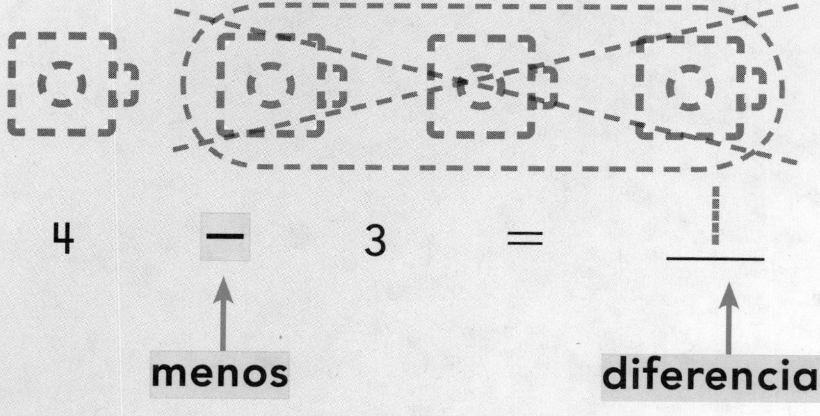

4 — 3 = 1

menos diferencia

4 − 3 = 1 es un **enunciado de resta**.

Comparte y muestra

Usa ▪ para mostrar cómo quitar. Dibuja los ▪. Encierra en un círculo la parte que quitaste del grupo. Luego táchala. Escribe la diferencia.

✓1. 8 perros 3 perros se van corriendo.

8 − 3 = ____

✓2. 6 ranas 4 ranas se van saltando.

6 − 4 = ____

© Houghton Mifflin Harcourt Publishing Company

Nombre ______________________________

Por tu cuenta

Usa ▪ para mostrar cómo quitar. Dibuja los ▪. Encierra en un círculo la parte que quitaste del grupo. Luego táchala. Escribe la diferencia.

3. 5 focas 4 focas se van nadando.

$5 - 4 =$ ____

4. 9 osos 6 osos se van corriendo.

$9 - 6 =$ ____

5. PIENSA MÁS Kelly ve unos pececillos en la tienda de animales. Un hombre compra 2 pececillos. Un niño compra 4 pececillos. Ahora quedan 3 pececillos. ¿Cuántos pececillos vio Kelly al comienzo?

____ pececillos

6. MÁS AL DETALLE Mira la ilustración. Encierra en un círculo una parte que separas del grupo. Luego táchala. Escribe el enunciado de resta.

____ ◯ ____ ◯ ____

© Houghton Mifflin Harcourt Publishing Company • Image Credits: ©PM Images/PhotoDisc/Getty Images

Resolución de problemas • Aplicaciones

PRÁCTICA MATEMÁTICA 1 **Comprende los problemas**

Dibuja ■ para resolver. Completa el enunciado de resta.

7. Hay 5 niños. Tres niños se van a casa. ¿Cuántos quedan?

____ – ____ = ____

____ niños

8. Hay 8 conejos. Dos conejos se van saltando. ¿Cuántos conejos quedan?

____ – ____ = ____

____ conejos

9. PIENSA MÁS Haz un dibujo para mostrar un enunciado de resta. Escribe el enunciado de resta.

____ – ____ = ____

10. PIENSA MÁS + Quita ■ para hacer un modelo del problema. Escribe la diferencia. Hay 7 ratones. Cinco ratones se van corriendo.

$7 - 5 =$ ____

ACTIVIDAD PARA LA CASA • Use objetos pequeños del mismo tipo para hacer un modelo de una situación de resta con números hasta el 10. Pida a su niño que escriba el enunciado de resta de esto. Luego intercambien papeles y repitan la actividad.

© Houghton Mifflin Harcourt Publishing Company • Image Credits: ©PhotoDisc/Getty Images

Nombre ________________________

Hacer un modelo de cómo quitar

Estándares comunes **ESTÁNDAR COMÚN—1.OA.A.1**
Representan y resuelven problemas relacionados a la suma y a la resta.

Usa ◻ para mostrar cómo quitar. Dibuja el ◻. Encierra en un círculo la parte que quitas del grupo. Luego táchala. Escribe la diferencia.

1. 4 tortugas 1 tortuga se va.

$4 - 1 =$ ____

2. 8 aves 7 aves se van.

$8 - 7 =$ ____

Resolución de problemas *En el mundo*

Dibuja ◻ para resolver.
Completa el enunciado de resta.

3. Hay 8 peces.
Cuatro peces se van nadando.
¿Cuántos hay ahora?

____ − ____ = ____

____ peces

4. ESCRIBE Matemáticas Usa dibujos y números para representar 9 − 2.

© Houghton Mifflin Harcourt Publishing Company

Repaso de la lección (1.OA.A.1)

1. Muestra cómo quitar. Encierra en un círculo la parte que quitas del grupo. Luego táchala. Escribe la diferencia.

5 − 2 = ____

Repaso en espiral (1.OA.A.1, 1.OA.B.3)

2. ¿Cuántos gusanitos hay? Escribe el número.

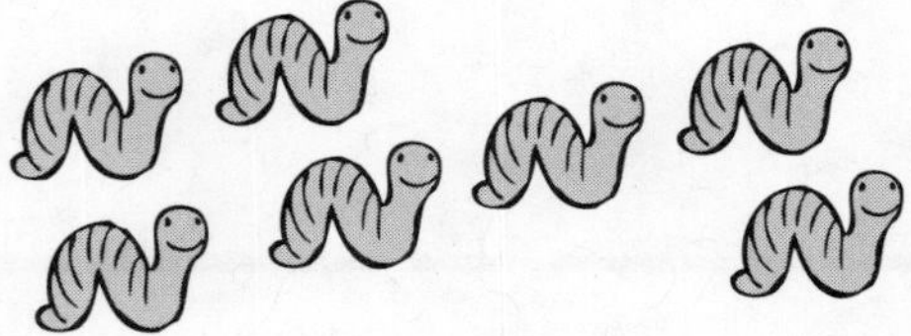

7 gusanitos y 1 gusanito ____ gusanitos

3. Encierra en un círculo los enunciados numéricos que muestran los mismos sumandos en otro orden.

7 + 1 = 8 6 + 2 = 8 2 + 6 = 8

© Houghton Mifflin Harcourt Publishing Company

PRACTICA MÁS CON EL Entrenador personal en matemáticas

Nombre ______________________________

MANOS A LA OBRA
Lección 2.3

Hacer un modelo de cómo separar

Pregunta esencial ¿Cómo haces un modelo de cómo separar?

Estándares comunes **Operaciones y pensamiento algebraico— 1.OA.A.1**
PRÁCTICAS MATEMÁTICAS
MP1, MP4, MP5

Escucha y dibuja

En el mundo · Manos a la obra

Usa ● para hacer un modelo del problema.
Haz y colorea un dibujo que muestre tu modelo.
Escribe los números y un enunciado de resta.

____ manzanas rojas ____ manzanas amarillas

5 − 3 = ____

Jeff tiene ____ manzanas amarillas.

PRÁCTICAS MATEMÁTICAS 5

Usa herramientas
¿Cómo te ayuda el usar fichas a escribir el enunciado de resta?

PARA EL MAESTRO • Pida a los niños que hagan un modelo del problema con fichas. Jeff tiene 5 manzanas. Tres manzanas son rojas. Las demás son amarillas. ¿Cuántas manzanas son amarillas?

© Houghton Mifflin Harcourt Publishing Company

Representa y dibuja

Resta para hallar cuántos vasos pequeños hay.

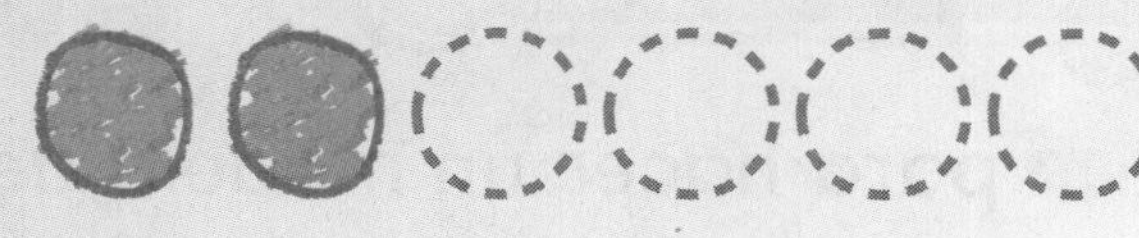

María tiene 6 vasos. Dos vasos son grandes. Los demás son pequeños. ¿Cuántos vasos pequeños hay?

____ vasos pequeños

6 ○ 2 ○ ____

Comparte y muestra MATH BOARD

Usa ● para resolver. Haz un dibujo que muestre tu trabajo. Escribe el enunciado numérico y cuántos hay.

1. Hay 7 carpetas. Seis carpetas son rojas. Las demás son amarillas. ¿Cuántas carpetas amarillas hay?

____ carpeta amarilla

2. Hay 8 lápices. Tres lápices son cortos. Los demás son largos. ¿Cuántos lápices largos hay?

____ lápices largos

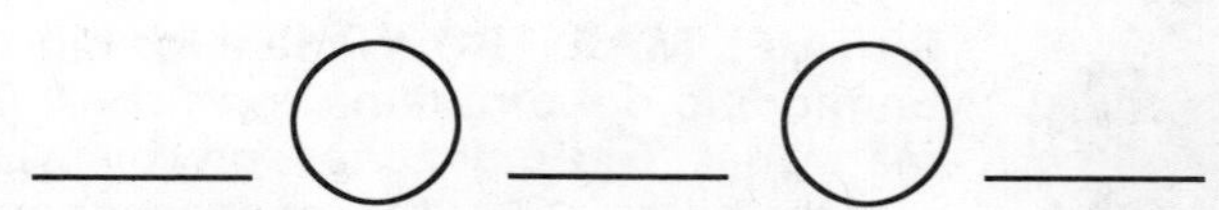

© Houghton Mifflin Harcourt Publishing Company • Image Credits: ©PhotoLink/PhotoDisc/Getty Images

Nombre ______________________________

Por tu cuenta

PRÁCTICA MATEMÁTICA 4 **Escribe una ecuación**

Usa ● para resolver. Haz un dibujo que muestre tu trabajo. Escribe el enunciado numérico y cuántos hay.

3. Hay 9 peces. Cinco peces son rojos. Los demás son amarillos. ¿Cuántos peces amarillos hay?

_____ peces amarillos ____ ◯ ____ ◯ ____

4. Hay 7 hormigas. Cuatro hormigas son grandes. Las demás son pequeñas. ¿Cuántas hormigas pequeñas hay?

_____ hormigas pequeñas ____ ◯ ____ ◯ ____

5. Hay 5 árboles. Un árbol es bajo. Los demás son altos. ¿Cuántos árboles altos hay?

_____ árboles altos ____ ◯ ____ ◯ ____

6. MÁS AL DETALLE Hay 8 aves. Una sale volando. Luego 2 aves más se van volando. ¿Cuántas aves hay ahora?

_____ aves

© Houghton Mifflin Harcourt Publishing Company • Image Credits: ©Don Farrall/PhotoDisc/Getty Images

Resolución de problemas • Aplicaciones

Resuelve. Dibuja un modelo para explicar.

7. Hay 6 osos. Cuatro son grandes. Los demás son pequeños. ¿Cuántos osos pequeños hay?

_____ osos pequeños

8. PIENSA MÁS Hay 7 osos. Un oso se va caminando. Luego se van 4 osos más. ¿Cuántos osos quedan?

Matemáticas al instante

_____ osos

9. MÁS AL DETALLE Hay 4 osos. Unos son negros y otros son marrones. Hay menos de 2 osos negros. ¿Cuántos osos marrones hay?

_____ osos marrones

10. PIENSA MÁS Dibuja ● para resolver. Escribe el enunciado numérico. Hay 8 flores. Cuatro flores son rojas. El resto son amarillas. ¿Cuántas flores amarillas hay?

ACTIVIDAD PARA LA CASA • Pida a su niño que reúna un grupo de hasta 10 objetos pequeños del mismo tipo y los use para hacer cuentos de resta.

© Houghton Mifflin Harcourt Publishing Company • Image Credits: ©Elizabeth DeLaney/Photolibrary/Getty Images

Nombre ______________________________

Práctica y tarea
Lección 2.3

Hacer un modelo de cómo separar

Estándares comunes **ESTÁNDAR COMÚN—1.OA.A.1**
Representan y resuelven problemas relacionados a la suma y a la resta.

Usa  **para resolver. Haz un dibujo que muestre tu trabajo. Escribe el enunciado numérico y cuántos hay.**

1. Hay 7 bolsos. 2 bolsos son grandes. Los demás son pequeños. ¿Cuántos bolsos pequeños hay?

____ bolsos pequeños

____ ○ ____ ○ ____

Resolución de problemas En el mundo

Resuelve. Dibuja un modelo para explicar.

2. Hay 8 gatos. 6 gatos son blancos. Los demás son negros. ¿Cuántos gatos son negros?

____ gatos negros

3. ESCRIBE Matemáticas Usa dibujos y números para representar 8 − 3.

© Houghton Mifflin Harcourt Publishing Company

Repaso de la lección (1.OA.A.1)

1. Resuelve. Dibuja un modelo para explicar. Hay 8 bloques. 3 bloques son blancos. Los demás son azules. ¿Cuántos bloques azules hay?

____ bloques azules

Repaso en espiral (1.OA.A.1)

2. Dibuja ○ para resolver. Escribe el enunciado numérico y cuántas hay. Hay 4 uvas verdes y 5 uvas rojas. ¿Cuántas uvas hay?

____ uvas

3. Resuelve. Completa el modelo y el enunciado numérico. Hay 3 patos nadando en el estanque. Llegan 2 patos más. ¿Cuántos patos hay en el estanque ahora?

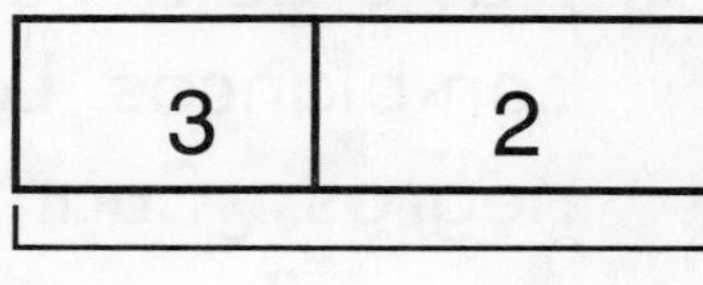

3 + 2 = ____ patos

4. Dibuja ▢. Escribe la suma. ¿Cuál es la suma de 1 y 4?

1 + 4 = ____

PRACTICA MÁS CON EL Entrenador personal en matemáticas

© Houghton Mifflin Harcourt Publishing Company

Nombre ______________________

Resolución de problemas • Hacer un modelo de resta

Pregunta esencial ¿Cómo resuelves problemas de resta haciendo un modelo?

Estándares comunes **Operaciones y pensamiento algebraico—1.OA.A.1**
PRÁCTICAS MATEMÁTICAS **MP1, MP4, MP5**

Tom tiene 6 crayones en una caja.
Saca 2 crayones de la caja.
¿Cuántos crayones hay en la caja ahora?
¿Cómo puedes saberlo a través de un modelo?

Soluciona el problema

¿Qué debo hallar?

cuántos crayones quedan en la caja

¿Qué información debo usar?

Tiene 6 crayones en la caja.
Saca 2 crayones.

Muestra cómo resolver el problema.

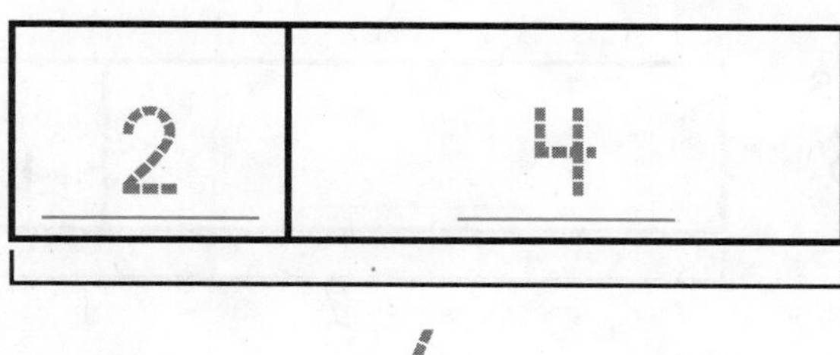

$6 - 2 =$ ____

NOTA A LA FAMILIA: Su niño hizo un modelo de barras para comprender y resolver el problema de resta.

© Houghton Mifflin Harcourt Publishing Company

Haz otro problema

Lee el problema. Usa el modelo de barras para resolver. Completa el modelo y el enunciado numérico.

- ¿Qué debo hallar?
- ¿Qué información debo usar?

1. Hay 10 adhesivos. Siete adhesivos son anaranjados. Los demás son marrones. ¿Cuántos adhesivos marrones hay?

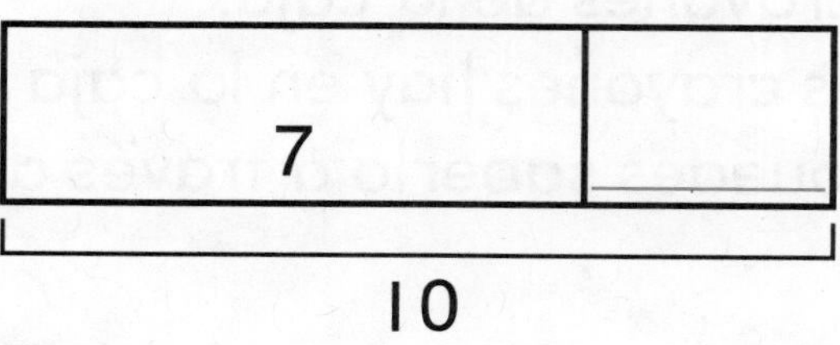

$10 - 7 =$ ____

2. Había ocho aves en el árbol. Dos aves se fueron volando. ¿Cuántas aves quedaron en el árbol?

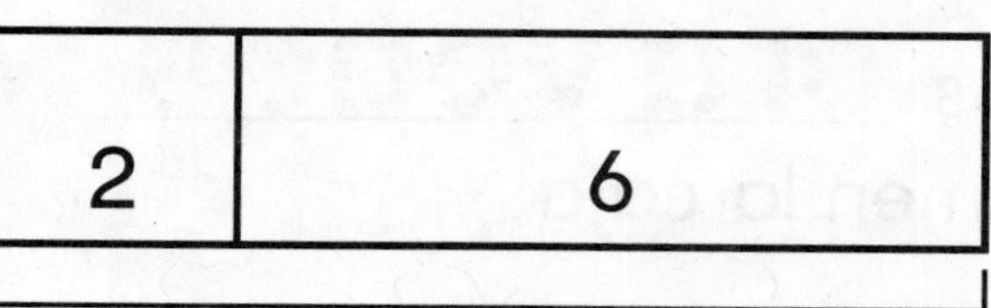

____

____ $- 2 = 6$

3. Había 5 carros. Algunos carros se fueron. Luego quedó 1 carro. ¿Cuántos carros se fueron?

$5 -$ ____ $= 1$

Charla matemática

PRÁCTICAS MATEMÁTICAS 4

Representa ¿Qué muestra cada parte del modelo?

© Houghton Mifflin Harcourt Publishing Company

Nombre ______________________________

Comparte y muestra 

PRÁCTICA MATEMÁTICA 4 **Usa modelos** Lee el problema. Usa el modelo de barras para resolver. Completa el modelo y el enunciado numérico.

4. Había siete cabras en el campo. Tres cabras se fueron corriendo. ¿Cuántas cabras quedaron en el campo?

3	4

____

____ − 3 = 4

5. Hay 8 trineos. Algunos trineos bajaron por una colina. Luego quedaron 4 trineos. ¿Cuántos trineos bajaron por la colina?

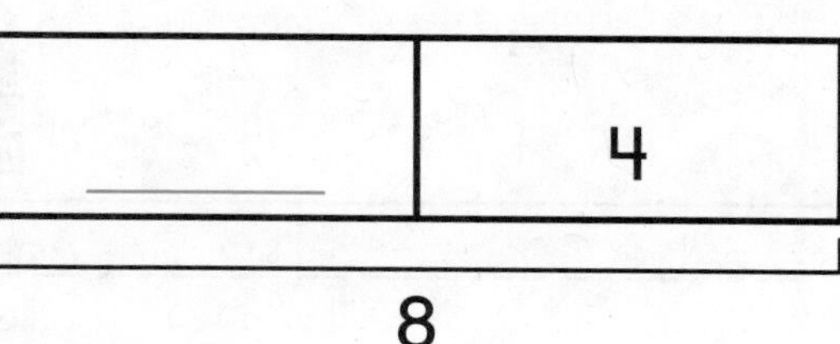

8 − ____ = 4

6. Hay 10 botones. Tres botones son pequeños. Los demás son grandes. ¿Cuántos botones grandes hay?

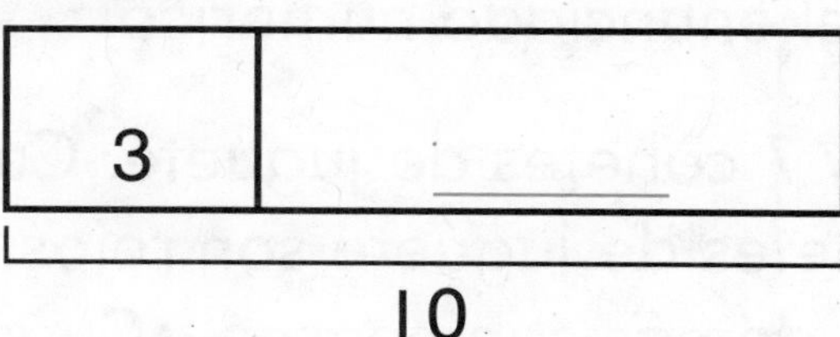

10 − 3 = ____

© Houghton Mifflin Harcourt Publishing Company

Por tu cuenta

Resuelve.

7. MÁS AL DETALLE Había 8 arañas en el césped. Algunas arañas salieron corriendo. Luego quedaron 3 arañas. ¿Cuántas arañas salieron corriendo? Completa el enunciado numérico.

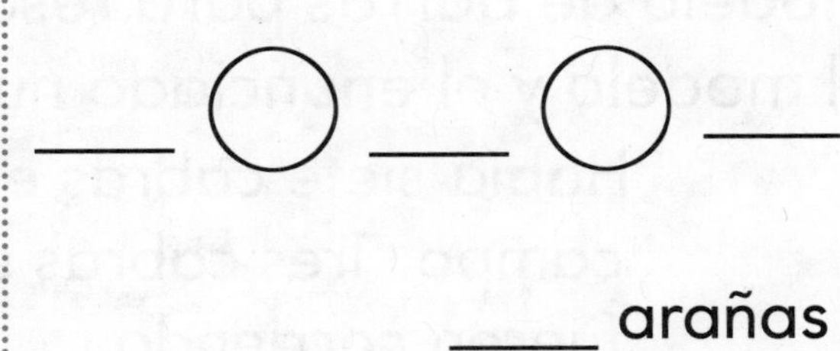

8. PIENSA MÁS Escribe tu propio problema con el modelo.

7	2
9	

____

____

____

9. PIENSA MÁS Completa el modelo y el enunciado numérico.

Hay 7 cohetes de juguete. Cuatro cohetes de juguete son rojos. Los demás son negros. ¿Cuántos cohetes de juguete negros hay?

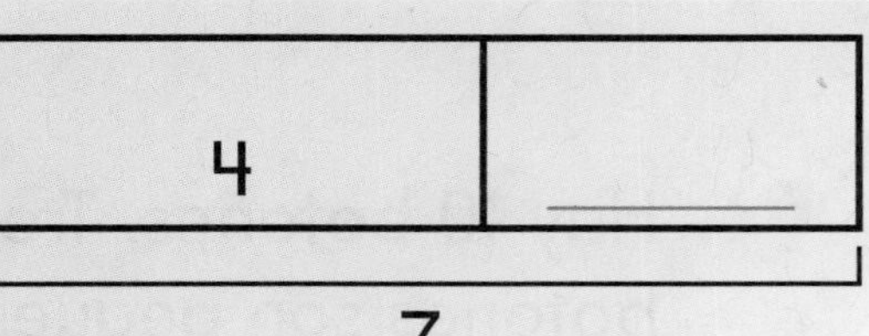

$7 - 4 =$ ____

ACTIVIDAD PARA LA CASA • Pida a su niño que describa qué significa la parte inferior de un modelo de barras al hacer restas.

© Houghton Mifflin Harcourt Publishing Company

Nombre ______________________________

Resolución de problemas • Hacer un modelo de resta

Estándares comunes **ESTÁNDAR COMÚN—1.OA.A.1**
Representan y resuelven problemas relacionados a la suma y a la resta

Lee el problema. Usa el modelo para resolver. Completa el modelo y el enunciado numérico.

1. Hay 7 patos en el estanque. Algunos patos se van nadando. Luego quedan 4 patos. ¿Cuántos patos se fueron nadando?

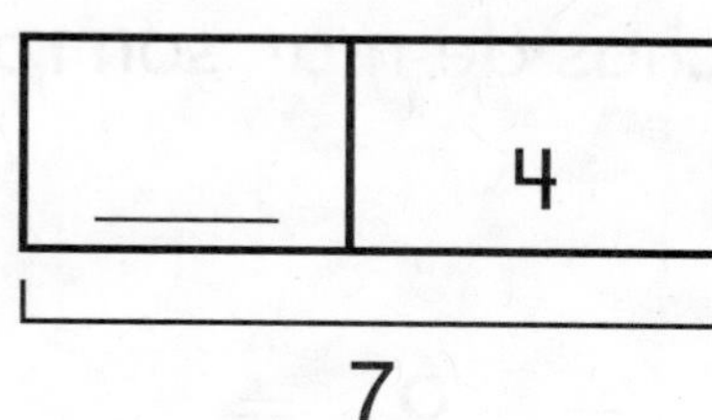

7 − ____ = 4

2. Tom tenía 9 regalos. Repartió algunos. Luego le quedaron 6 regalos. ¿Cuántos regalos repartió?

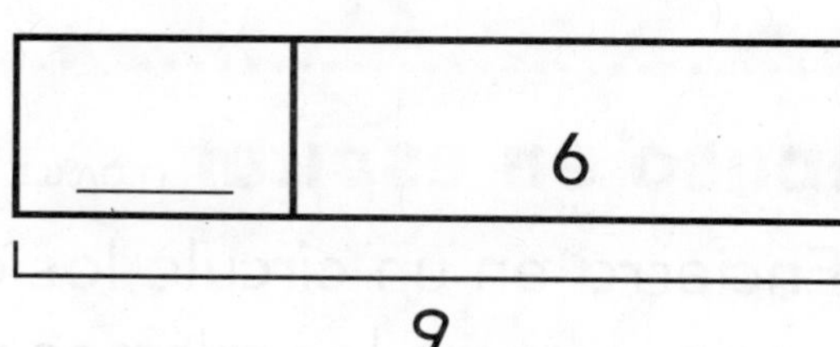

9 − ____ = 6

3. Había cinco ponis en un establo. 3 ponis salieron caminando. ¿Cuántos ponis quedaron en el establo?

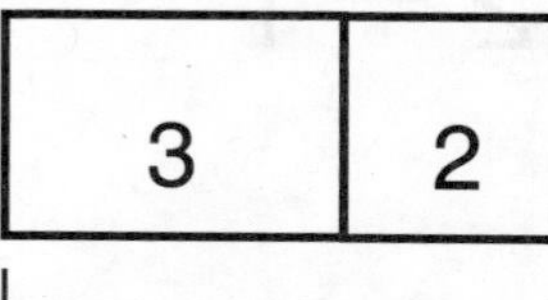

____

____ − 3 = 2

4. ESCRIBE **Matemáticas** Elige un modelo de un problema que resolviste. Escribe un problema de resta nuevo para emparejar.

____

____

____

© Houghton Mifflin Harcourt Publishing Company

Repaso de la lección (1.OA.A.1)

1. Completa el modelo y el enunciado numérico. Hay 8 conchas de mar. 6 conchas de mar son blancas. El resto son rosadas. ¿Cuántas conchas de mar son rosadas?

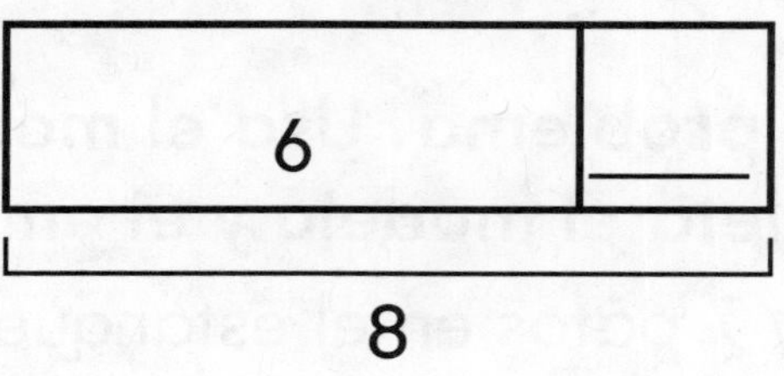

8 – 6 = ____

Repaso en espiral (1.OA.B.3, 1.OA.C.6)

2. Encierra en un círculo los enunciados numéricos que muestran los mismos sumandos en otro orden.

$6 - 2 = 4$ $2 + 4 = 6$ $4 + 2 = 6$

3. ¿Cuál es la suma? Escribe la suma.

$$\begin{array}{r} 4 \\ +\ 3 \\ \hline \end{array}$$

PRACTICA MÁS CON EL
Entrenador personal en matemáticas

© Houghton Mifflin Harcourt Publishing Company

Nombre ______________________________

Comparar usando ilustraciones y restas

Pregunta esencial ¿Cómo puedes usar ilustraciones para comparar y restar?

Estándares comunes **Operaciones y pensamiento algebraico—1.OA.8**
PRÁCTICAS MATEMÁTICAS
MP1, MP2, MP3, MP4

Escucha y dibuja En el mundo

Dibuja tazones para mostrar los problemas.
Dibuja líneas para emparejar.

Charla matemática

PRÁCTICAS MATEMÁTICAS 3

Compara ¿Cómo muestran las respuestas las ilustraciones?

PARA EL MAESTRO •Lea el problema. Hay 9 perros marrones. Hay 5 tazones. ¿Cuántos perros más necesitan un tazón? Hay 7 perros blancos. Hay 8 tazones. ¿Cuántos tazones no se necesitan?

© Houghton Mifflin Harcourt Publishing Company

Representa y dibuja

Compara los grupos.
Resta para hallar cuántos **menos** o cuántos **más** hay.

10 − 7 = 3   3  menos

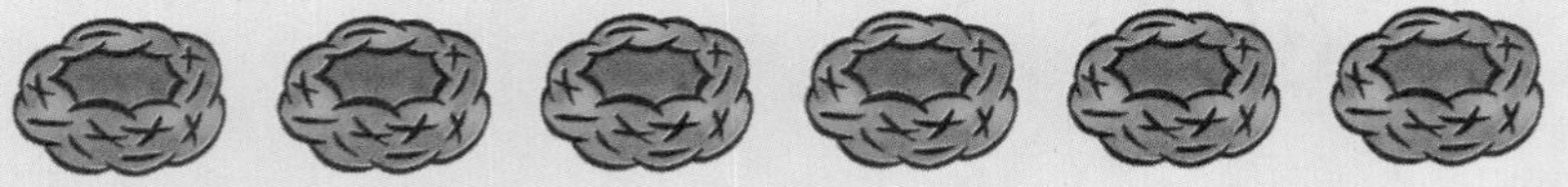

6 − 4 = _____   _____  más

Comparte y muestra

Dibuja líneas para emparejar.
Resta para comparar.

1.     

8 − 5 = _____   _____ 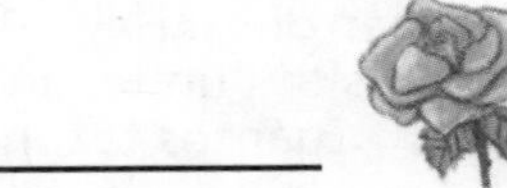 menos

© Houghton Mifflin Harcourt Publishing Company

Nombre ____________________

Por tu cuenta

PRÁCTICA MATEMÁTICA 2 **Razona de forma cuantitativa**

Dibuja líneas para emparejar. Resta para comparar.

2.         

 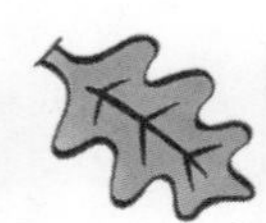 

$9 - 3 =$ ______ ______  más

3.      

$10 - 6 =$ ______ ______  menos

4. MÁS AL DETALLE     

  ______ más

$7 - 2 =$ ______ ______  menos

5. MÁS AL DETALLE Evie tiene 3 canicas rojas y 4 canicas azules. Kai tiene 6 canicas. ¿Cuántas canicas más tiene Evie que Kai?

______ más

© Houghton Mifflin Harcourt Publishing Company

Resolución de problemas • Aplicaciones 

Haz un dibujo que muestre el problema. Escribe un enunciado de resta que muestre tu dibujo.

6. Aki tiene 5 bates de béisbol y 3 pelotas de béisbol. ¿Cuántas pelotas de béisbol menos tiene Aki?

____ − ____ = ____ ____ pelotas de béisbol menos

7. PIENSA MÁS Si Jill tiene 2 gatos más que perros, ¿cuántos perros menos tiene Jill?

____ perros menos

8. PIENSA MÁS Observa el dibujo. ¿Cuántas hojas menos que mariquitas hay? Escoge la respuesta.

2	
3	
5	hojas menos
8	

© Houghton Mifflin Harcourt Publishing Company • Image Credits: ©Jules Frazier/PhotoDisc/Getty Images

Nombre ______________________

Comparar usando dibujos y restas

Estándares comunes **ESTÁNDAR COMÚN—1.OA.A.1, 1.OA.D.8**
Trabajan con ecuaciones de suma y resta.

Dibuja líneas para emparejar.
Resta para comparar.

1.

8 − 5 = ____

____  más

Resolución de problemas En el mundo

Haz un dibujo que muestre el problema. Escribe un enunciado de resta para relacionarlo con tu dibujo.

2. Jo tiene 4 palos de golf y 2 pelotas de golf. ¿Cuántas pelotas de golf menos tiene Jo?

____ − ____ = ____

____ 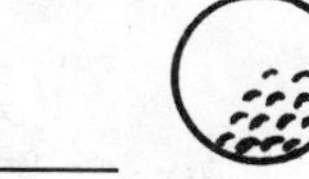 menos

3. ESCRIBE **Matemáticas** Haz dibujos que comparen cómo hallar 8 − 2.

© Houghton Mifflin Harcourt Publishing Company

Repaso de la lección (1.OA.D.8)

1. Dibuja líneas para emparejar. Resta para comparar.
¿Cuántos gatos menos hay?

4 − 3 = ____ ____ gatos menos

Repaso en espiral (1.OA.A.1, 1.OA.C.6)

2. Dibuja el ▭. Escribe la suma.
5 cachorros y 1 cachorro más.

5 + 1 = ____

3. Escribe la suma.

$$\begin{array}{r} 4 \\ +\ 5 \\ \hline \end{array}$$

4. ¿Cuántas flores hay? Escribe el número.

4 flores y 3 flores ____ flores

© Houghton Mifflin Harcourt Publishing Company

PRACTICA MÁS CON EL Entrenador personal en matemáticas

Nombre ______________________________

Restar para comparar

Pregunta esencial ¿Cómo puedes usar modelos para comparar y restar?

Estándares comunes **Operaciones y pensamiento algebraico—1.OA.A.1** *También 1.OA.D.8*

PRÁCTICAS MATEMÁTICAS
MP1, MP4, MP6

Escucha y dibuja

Usa ● para mostrar el problema. Dibuja las ●.
Haz un modelo del problema con el modelo de barras.

PRÁCTICAS MATEMÁTICAS 6

Explica cómo las fichas y un modelo de barras se pueden usar para hallar cuántas piezas de rompecabezas más que David tiene Mindy.

PARA EL MAESTRO • Lea el problema. Mindy tiene 8 piezas de rompecabezas. David tiene 5 piezas de rompecabezas. ¿Cuántas piezas de rompecabezas más que David tiene Mindy?

© Houghton Mifflin Harcourt Publishing Company

Representa y dibuja

James tiene 4 piedras. Heather tiene 7 piedras. ¿Cuántas piedras menos que Heather tiene James?

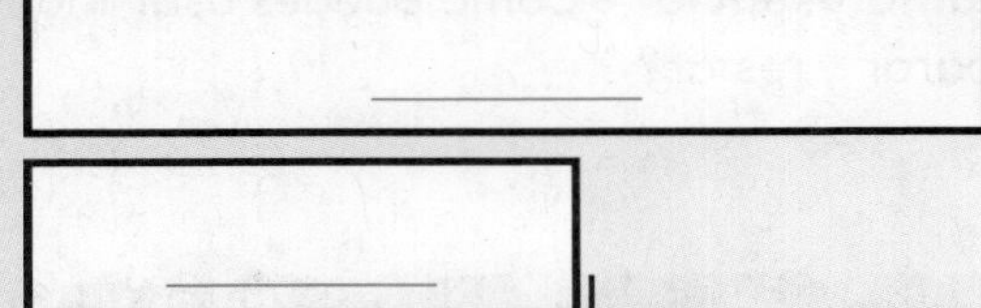

____ piedras menos

Comparte y muestra

Lee el problema. Usa el modelo de barras para resolver. Escribe el enunciado numérico. Luego escribe cuántos hay.

1. Abby tiene 8 estampillas. Ben tiene 6 estampillas. ¿Cuántas estampillas más que Ben tiene Abby?

____ estampillas más

____ ◯ ____ ◯ ____

2. Daniel tiene 3 libros. Vicky tiene 6 libros. ¿Cuántos libros menos que Vicky tiene Daniel?

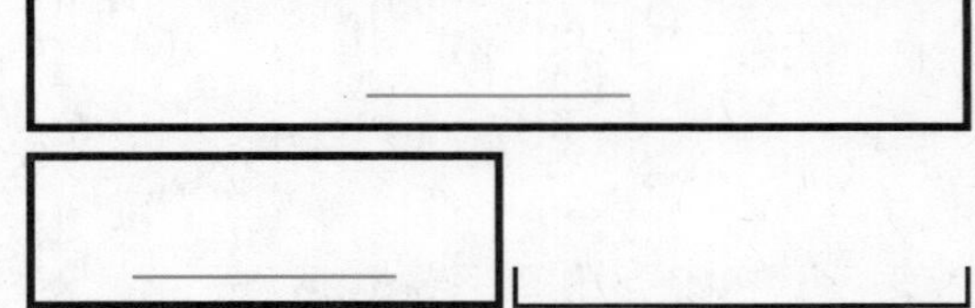

____ libros menos

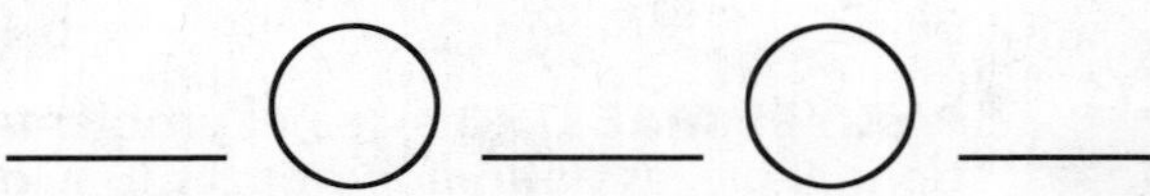

© Houghton Mifflin Harcourt Publishing Company

Nombre ______________________

Por tu cuenta

PRÁCTICA MATEMÁTICA 4 **Usa modelos** Lee el problema. Usa el modelo de barras para resolver. Escribe el enunciado numérico. Luego escribe cuántos hay.

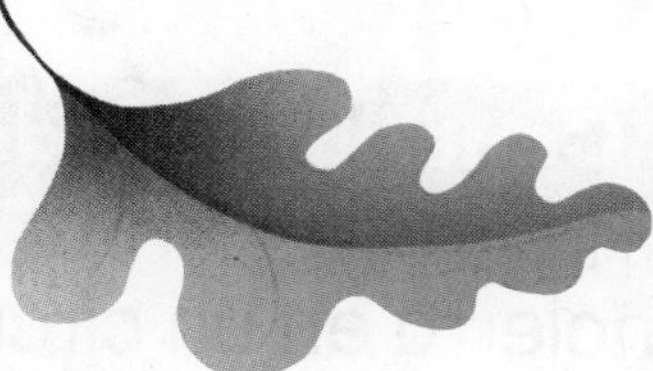

3. PIENSA MÁS Pam tiene 4 canicas. Rick tiene 10 canicas. ¿Cuántas canicas menos que Rick tiene Pam?

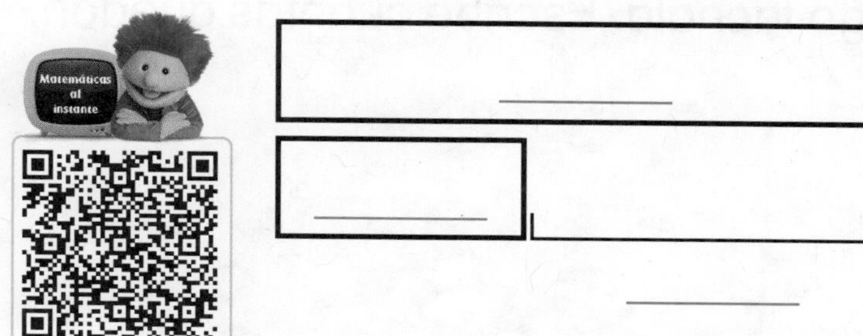

____ canicas menos

4. Sally tiene 5 plumas. James tiene 2 plumas. ¿Cuántas plumas más que James tiene Sally?

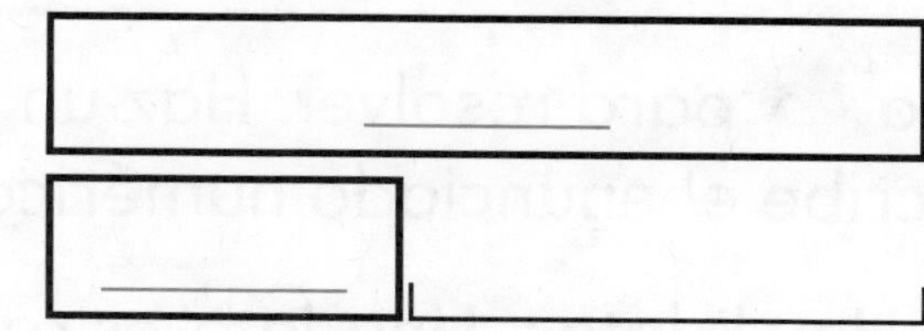

____ plumas más

5. MÁS AL DETALLE Kyle tiene 6 llaves. Kyle tiene 4 llaves más que Luis. ¿Cuántas llaves tiene Luis?

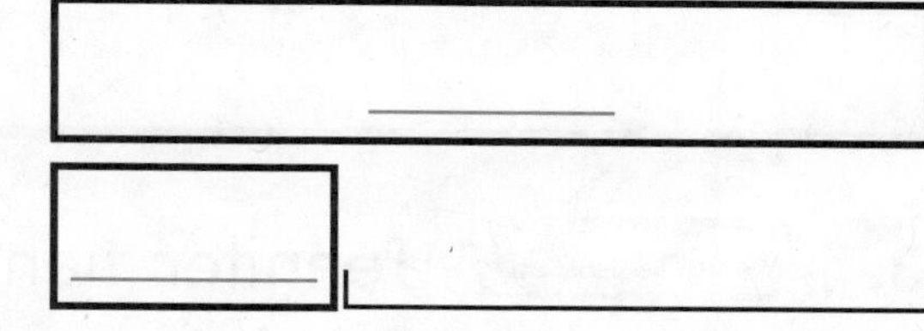

____ llaves

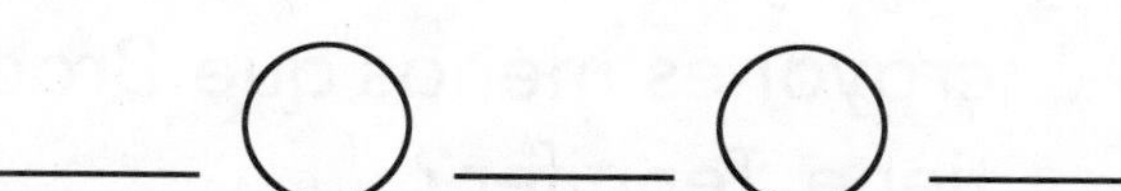

ACTIVIDAD PARA LA CASA • Pida a su niño que explique cómo resolvió el ejercicio 3 con el modelo de barras.

© Houghton Mifflin Harcourt Publishing Company

Nombre ______________________________

 Revisión de la mitad del capítulo

Conceptos y destrezas

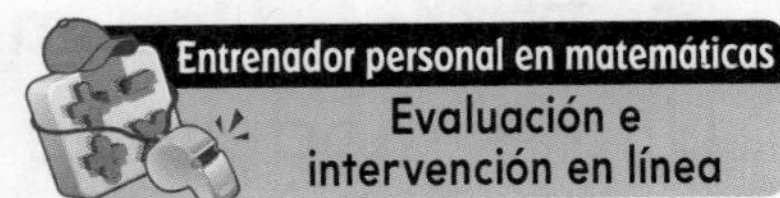

Encierra en un círculo la parte que quitas del grupo.
Luego táchala. Escribe cuántas quedan. (1.OA.A.1)

1.

7 aves 3 aves se van volando. Quedan ____ aves.

Usa ● para resolver. Haz un dibujo que muestre tu trabajo.
Escribe el enunciado numérico y cuántas hay. (1.OA.A.1)

2. Hay 4 latas. Una lata es roja.
Las demás son amarillas.
¿Cuántas latas amarillas hay?

____ latas amarillas ____ 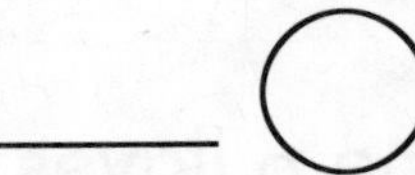 ____ 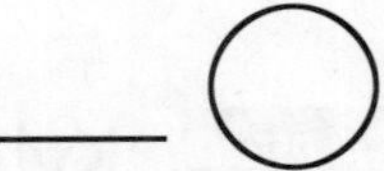 ____

3. PIENSA MÁS Jennifer tiene 3 crayones. Brad tiene 9 crayones. ¿Cuántos crayones menos que Brad tiene Jennifer? (1.OA.A.1)

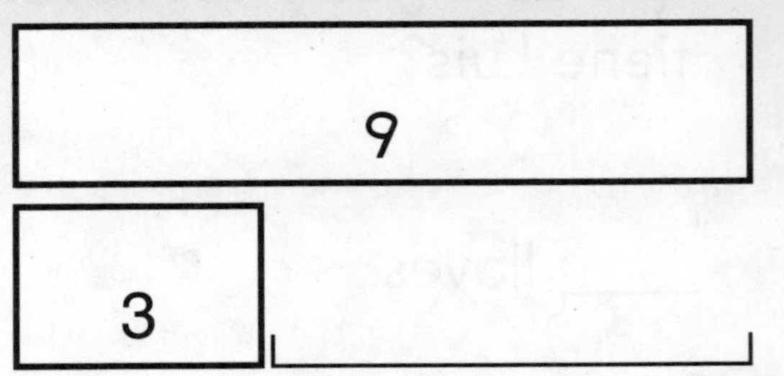

$9 - 3 =$ ____

© Houghton Mifflin Harcourt Publishing Company

Nombre ____________________

Restar para comparar

Estándares comunes **ESTÁNDAR COMÚN—1.OA.A.1** *Representan y resuelven problemas relacionados a la suma y a la resta.*

Lee el problema. Usa el modelo de barras para resolver. Escribe el enunciado numérico. Luego escribe cuántas hay.

1. Ben tiene 7 flores. Tim tiene 5 flores. ¿Cuántas flores menos que Ben tiene Tim?

____ flores menos

____ ◯ ____ ◯ ____

Resolución de problemas

Completa el enunciado numérico para resolver.

2. Maya tiene 7 bolígrafos. Sam tiene 1 bolígrafo. ¿Cuántos bolígrafos más que Sam tiene Maya?

____ − ____ = ____

____ bolígrafos más

3. ESCRIBE **Matemáticas** Escribe un problema de resta para comparar y dibuja un modelo de barras para resolverlo.

____

____

© Houghton Mifflin Harcourt Publishing Company

Repaso de la lección (1.OA.A.1)

1. Usa el modelo de barras para resolver. Escribe el enunciado numérico. Jesse tiene 2 adhesivos. Sara tiene 8 adhesivos. ¿Cuántos adhesivos menos tiene Jesse que Sara?

8
2

____ – ____ = ____

____ menos adhesivos

Repaso en espiral (1.OA.A.1)

2. Resuelve. Hay 6 ovejas. 5 ovejas se van caminando. ¿Cuántas ovejas hay ahora?

____ oveja

3. Completa el modelo de barras y el enunciado numérico. Hay 5 vacas en el campo. Llegan 2 vacas más. ¿Cuántas vacas hay en el campo ahora?

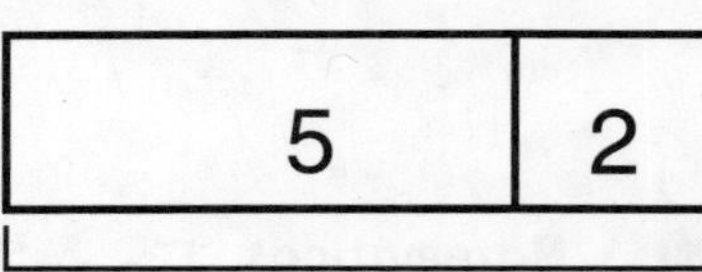

$5 + 2 =$ ____

© Houghton Mifflin Harcourt Publishing Company

PRACTICA MÁS CON EL Entrenador personal en matemáticas

Nombre ____________________

Restar todo o cero

Pregunta esencial ¿Qué sucede cuando restas 0 de un número?

Estándares comunes **Operaciones y pensamiento algebraico—1.OA.D.8**
PRÁCTICAS MATEMÁTICAS MP3, MP4, MP8

Usa ● para mostrar el problema. Dibuja las ●. Escribe los números.

____ − ____ = ____

____ − ____ = ____

PARA EL MAESTRO • Lea el siguiente problema. Hay 4 juguetes en el estante. Se sacan 0 juguetes. ¿Cuántos juguetes quedan? Luego lea el siguiente problema. Quedan 4 juguetes en el estante. Se sacan 4 juguetes. ¿Cuántos juguetes quedan?

Charla matemática — PRÁCTICAS MATEMÁTICAS 8

Generaliza ¿Qué sucede cuando restas cero de un número?

© Houghton Mifflin Harcourt Publishing Company

Representa y dibuja

Cuando restas cero, ¿cuántos quedan?

5 − 0 = 5

Cuando restas todo, ¿cuántos quedan?

5 − 5 = 0

Comparte y muestra

Mira la ilustración para completar el enunciado de resta.

1.

___ − 0 = ___

2.

___ − ___ = 0

3.

___ − ___ = 0

4.

___ − 0 = ___

✓5.

___ − 0 = ___

✓6.

___ − ___ = 0

© Houghton Mifflin Harcourt Publishing Company

Nombre ____________________

Por tu cuenta

PRÁCTICA MATEMÁTICA 8 **Usa el razonamiento repetitivo**

Completa el enunciado de resta.

7. 

$1 - 0 =$ ____

8. 

____ $= 6 - 6$

9. 

$0 =$ ____ $- 3$

10. 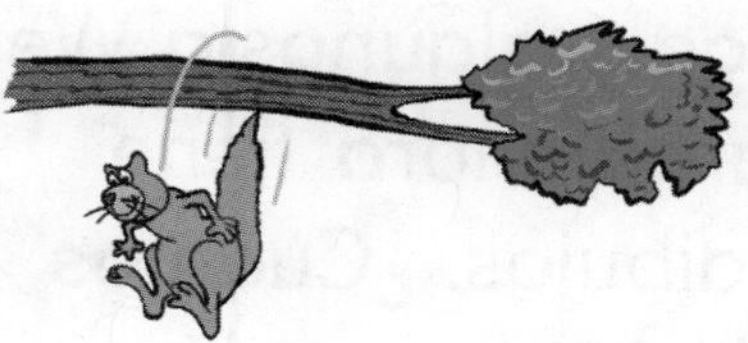

$1 - 1 =$ ____

11. $3 - 0 =$ ____

12. ____ $= 8 - 0$

13. $7 -$ ____ $= 7$

14. $8 - 8 =$ ____

15. $5 - 5 =$ ____

16. ____ $= 0 - 0$

MÁS AL DETALLE Elige números para completar el enunciado de resta.

17. ____ $-$ ____ $= 0$

18. ____ $-$ ____ $= 0$

© Houghton Mifflin Harcourt Publishing Company

Resolución de problemas • Aplicaciones

Escribe el enunciado numérico y di cuántos hay.

19. Hay 6 marcadores de libro en la mesa. Cero son azules y los demás son amarillos. ¿Cuántos marcadores amarillos hay?

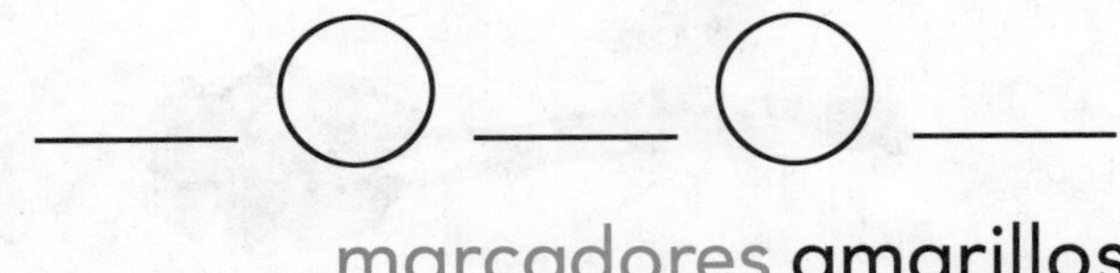

____ marcadores amarillos

20. Jared tiene 8 dibujos. Le regaló algunos a Wendy. Jared ahora tiene 0 dibujos. ¿Cuántos dibujos le regaló Jared a Wendy?

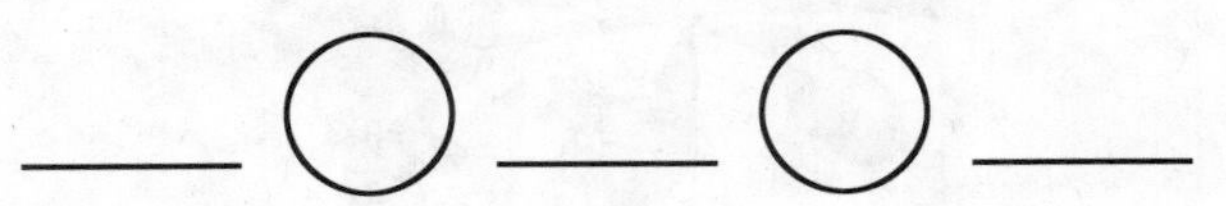

____ dibujos

21. PIENSA MÁS Kevin tiene 3 hojas menos que Sandy. Sandy tiene 3 hojas. ¿Cuántas hojas tiene Kevin?

____ hojas

22. PIENSA MÁS ¿Es correcta la respuesta? Elige Sí o No.

$5 - 0 = 0$	○ Sí	○ No
$5 - 0 = 5$	○ Sí	○ No
$5 - 5 = 0$	○ Sí	○ No

ACTIVIDAD PARA LA CASA • Pida a su niño que explique en qué se diferencian 4 − 4 y 4 − 0.

© Houghton Mifflin Harcourt Publishing Company • Image Credits: (tc) ©CLICK_HERE/Alamy

Nombre ____________________

Restar todo o cero

Estándares comunes **ESTÁNDAR COMÚN—1.OA.D.8**
Trabajan con ecuaciones de suma y resta.

Completa el enunciado de resta.

1. 

3 − 0 = ____

2. 

2 − 2 = ____

3. 5 − 0 = ____

4. ____ = 1 − 0

5. 6 − 6 = ____

6. 0 = ____ − 8

Resolución de problemas — En el mundo

Escribe el enunciado numéricoy di cuántos hay.

7. Hay 9 libros en el estante. 0 son azules y los demás son verdes. ¿Cuántos libros verdes hay?

____ libros verdes

8. ESCRIBE Matemáticas Usa dibujos y números para mostrar 2 − 0.

© Houghton Mifflin Harcourt Publishing Company

Repaso de la lección (1.OA.D.8)

1. Completa el enunciado de resta.
¿Cuál es la diferencia de 4 − 0?

____ − ____ = ____

2. Completa el enunciado de resta.
¿Cuál es la diferencia de 6 − 6?

____ − ____ = ____

Repaso en espiral (1.OA.A.1)

3. Escribe el número. ¿Cuántos conejos hay?

3 conejos y 3 conejos ____ conejos

4. Completa un enunciado de suma para cada uno de los modelos.

____ + ____ = 10

____ + ____ = 9

____ + ____ = 7

____ + ____ = 8

© Houghton Mifflin Harcourt Publishing Company

PRACTICA MÁS CON EL
Entrenador personal en matemáticas

Nombre ___________________________

MANOS A LA OBRA
Lección 2.8

Álgebra • Separar números

Pregunta esencial ¿Cómo puedes mostrar todas las maneras de separar un número?

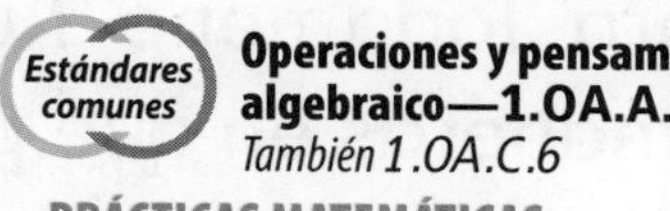

Operaciones y pensamiento algebraico—1.OA.A.1
También 1.OA.C.6

PRÁCTICAS MATEMÁTICAS
MP3, MP4, MP7

Escucha y dibuja — En el mundo — Manos a la obra

Usa ▪ para mostrar todas las maneras de separar el 5. Haz y colorea un dibujo que muestre tu trabajo.

Separa 5

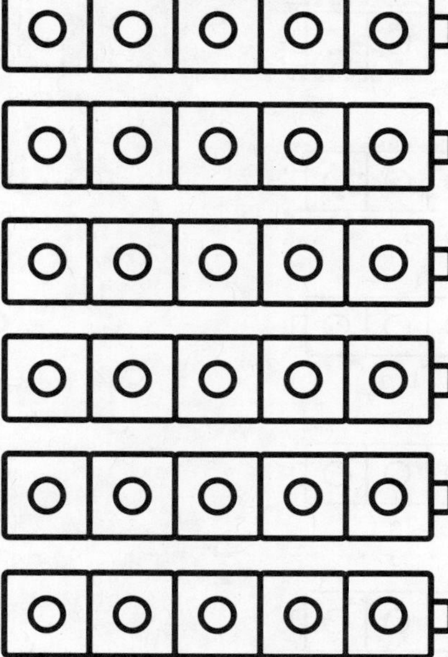

PRÁCTICAS MATEMÁTICAS 3

Aplica ¿Cómo sabes que mostraste todas las maneras?

PARA EL MAESTRO • Lea el siguiente problema y pida a los niños que muestren todas las maneras de resolver el problema. Jada tiene 5 uvas. ¿Cuáles son todas las maneras en que puede compartir las uvas con su hermana?

© Houghton Mifflin Harcourt Publishing Company

Representa y dibuja

Ahora Jada tiene 9 uvas. ¿Cuáles son todas las maneras en que puede compartir sus uvas con su hermana?

Completa el enunciado numérico.

1. $9 - \underline{0} = \underline{9}$

2. $9 - \underline{1} = \underline{8}$

Comparte y muestra

Usa ▪. Haz y colorea un dibujo que muestre cómo separar el 9. Completa el enunciado de resta.

Muestra todas las maneras de separar el 9.

3. $9 - \_\_\_ = \_\_\_$

4. $9 - \_\_\_ = \_\_\_$

5. $9 - \_\_\_ = \_\_\_$

6. $9 - \_\_\_ = \_\_\_$

7. $9 - \_\_\_ = \_\_\_$

8. $9 - \_\_\_ = \_\_\_$

✓ 9. $9 - \_\_\_ = \_\_\_$

✓ 10. $9 - \_\_\_ = \_\_\_$

© Houghton Mifflin Harcourt Publishing Company

Nombre ___________________________

Por tu cuenta

PRÁCTICA MATEMÁTICA 7 **Busca un patrón** Usa [cubo]. Haz y colorea un dibujo que muestre cómo separar el 10. Completa el enunciado de resta.

Muestra todas las maneras de separar el 10.

11. 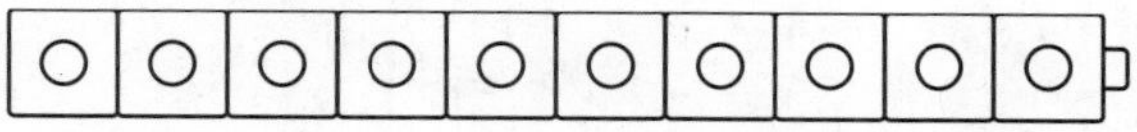 10 − ___ = ___

12. 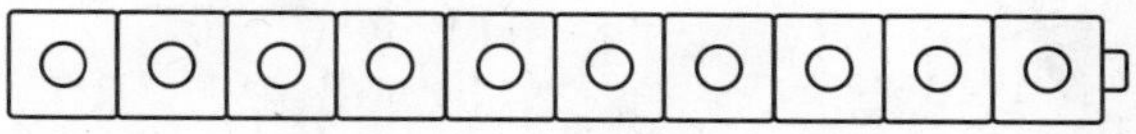 10 − ___ = ___

13. 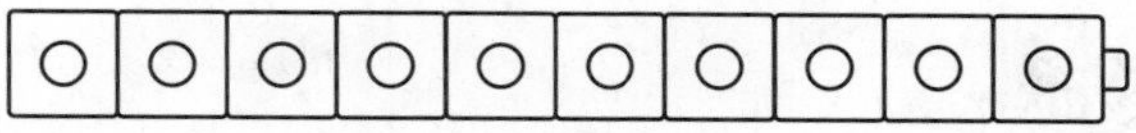 10 − ___ = ___

14. 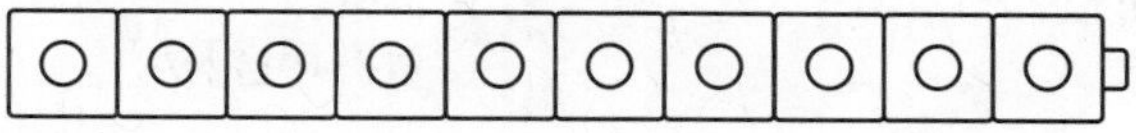 10 − ___ = ___

15. 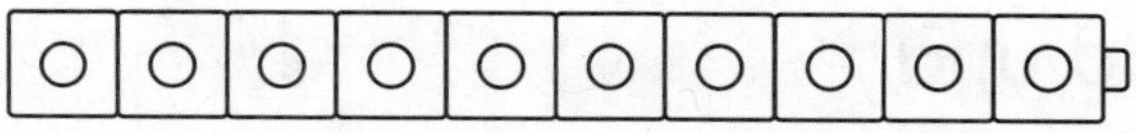 10 − ___ = ___

16. 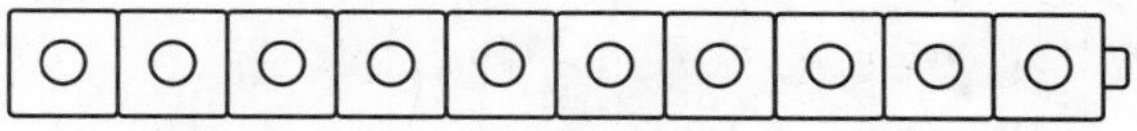 10 − ___ = ___

17. 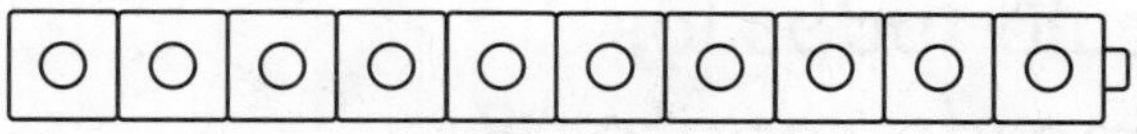 10 − ___ = ___

18. 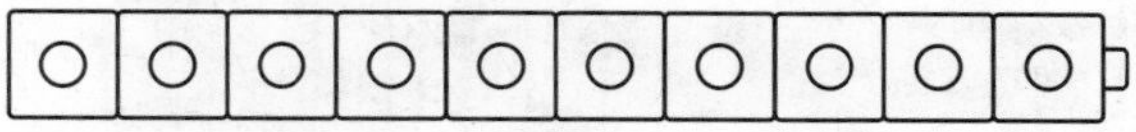 10 − ___ = ___

19. 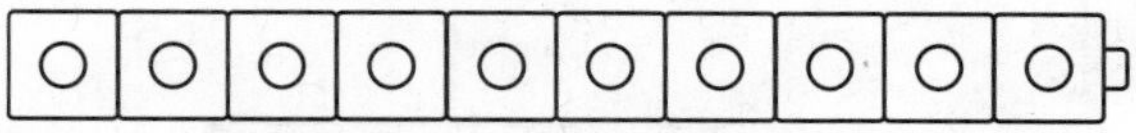 10 − ___ = ___

20. 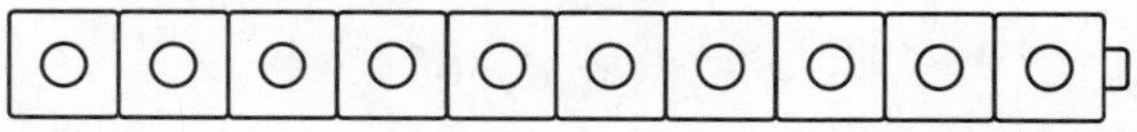 10 − ___ = ___

21. 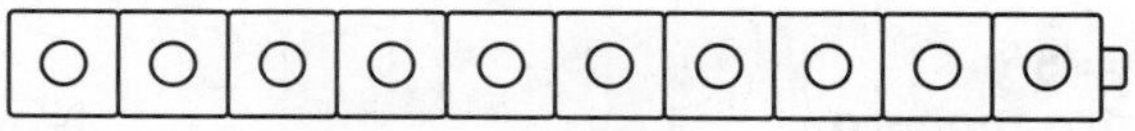 10 − ___ = ___

© Houghton Mifflin Harcourt Publishing Company

Resolución de problemas • Aplicaciones

22. James tiene 10 libros. Comparte los libros con su hermana. Dibuja una forma en que puede compartir los libros.

23. PIENSA MÁS Hannah tiene 7 conchas. Las comparte con Emily. Dibuja dos formas en que puede compartir las conchas.

24. MÁS AL DETALLE Utilizo 6 canicas para jugar. Pierdo una canica. Luego pierdo una más. ¿Cuántas canicas me quedan?

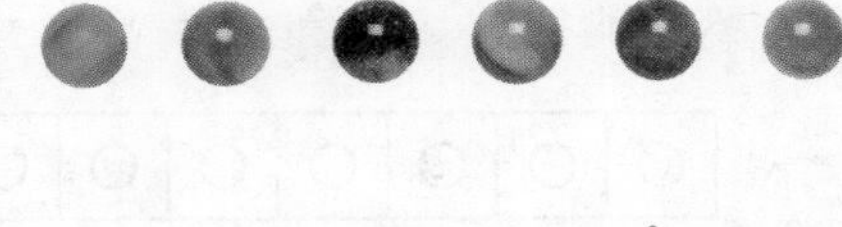

_____ canicas

25. PIENSA MÁS Encierra en un círculo todos los modelos que muestran una forma de separar 8.

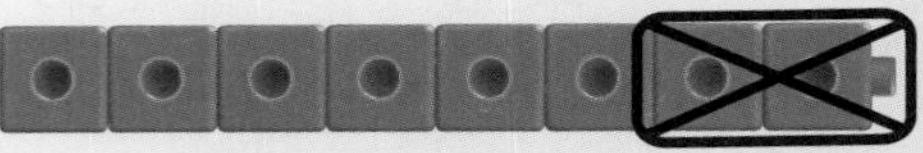

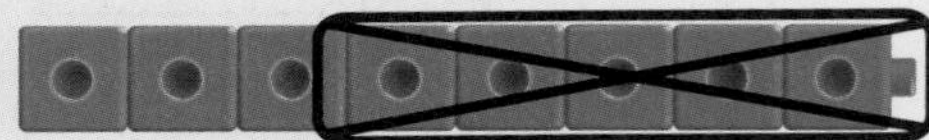

ACTIVIDAD PARA LA CASA • Escriba 5 − 0 = 5 y 5 − 1 = 4. Pida a su niño que reste de 5 de otra manera. Túrnense para mostrar todas las maneras de restar de 5.

© Houghton Mifflin Harcourt Publishing Company • Image Credits: (t) ©Siede Preis/PhotoDisc/Getty Images

Nombre ______________________

Álgebra • Separar números

Estándares comunes **ESTÁNDAR COMÚN—1.OA.A.1**
Representan y resuelven problemas relacionados a la suma y a la resta.

Usa [cubo]. Colorea y haz un dibujo que muestre cómo separar 5. Completa el enunciado de resta.

1. ○○○○○ 5 − ____ = ____

2. ○○○○○ 5 − ____ = ____

3. ○○○○○ 5 − ____ = ____

4. ○○○○○ 5 − ____ = ____

5. ○○○○○ 5 − ____ = ____

6. ○○○○○ 5 − ____ = ____

Resolución de problemas

Resuelve.

7. Joe tiene 9 canicas. Le da todas a su hermana. ¿Cuántas canicas tiene Joe ahora?

____ canicas

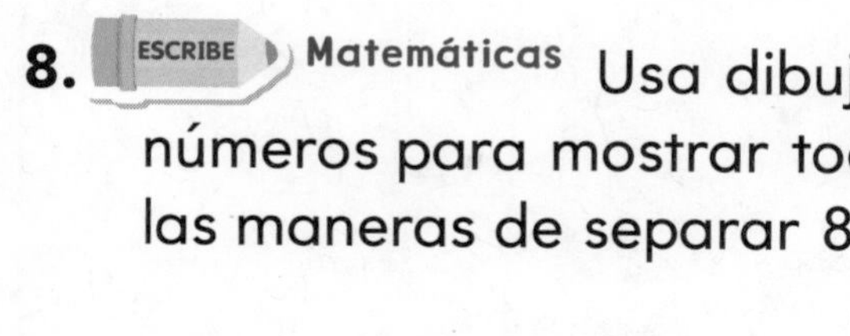

8. **Matemáticas** Usa dibujos y números para mostrar todas las maneras de separar 8.

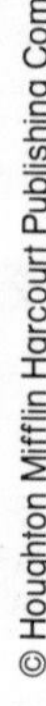
© Houghton Mifflin Harcourt Publishing Company

Repaso de la lección (1.OA.A.1)

1. Dibuja el [cubo]. Muestra una manera para separar 8. Completa el enunciado numérico para que corresponda con tu modelo.

8 – ____ = ____

Repaso en espiral (1.OA.A.1, 1.OA.C.6)

2. ¿Cuál es la suma?

$$\begin{array}{r} 6 \\ +\ 4 \\ \hline \end{array}$$

3. Resuelve. Hay 7 peces. Tres peces se van nadando. ¿Cuántos peces hay ahora?

____ peces

____ ◯ ____ ◯ ____

4. Resuelve. Hay 10 insectos. 8 se van saltando. ¿Cuántos insectos hay ahora?

____ insectos

____ ◯ ____ ◯ ____

PRACTICA MÁS CON EL Entrenador personal en matemáticas

© Houghton Mifflin Harcourt Publishing Company

Nombre ______________________________

Resta de 10 o menos

Pregunta esencial ¿Por qué ciertas operaciones de resta son fáciles de restar?

Estándares comunes **Operaciones y pensamiento algebraico—1.OA.C.6**

PRÁCTICAS MATEMÁTICAS
MP4, MP6, MP8

Escucha y dibuja En el mundo

Haz un dibujo que muestre el problema. Luego escribe el problema de resta de dos maneras.

____ − ____ = ____

$\begin{array}{r} \square \\ - \ \square \\ \hline \square \end{array}$

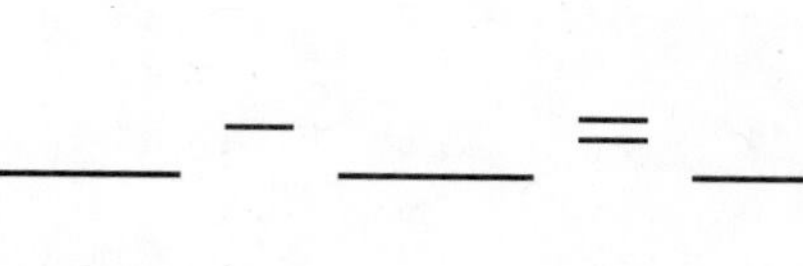

____ − ____ = ____

$\begin{array}{r} \square \\ - \ \square \\ \hline \square \end{array}$

PARA EL MAESTRO • Lea el siguiente problema para la sección superior. Hay 5 aves en un árbol. Dos aves se van volando. ¿Cuántas aves quedan? Lea el siguiente problema para la parte inferior. Steve tiene 6 crayones. Le da 4 a Matt. ¿Cuántos crayones tiene Steve ahora?

Charla matemática PRÁCTICAS MATEMÁTICAS 6

Observa el problema de arriba. **Explica** por qué la diferencia es igual.

© Houghton Mifflin Harcourt Publishing Company

Representa y dibuja

Escribe el problema de resta.

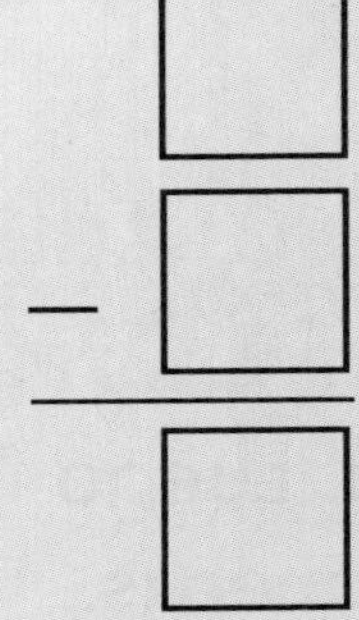

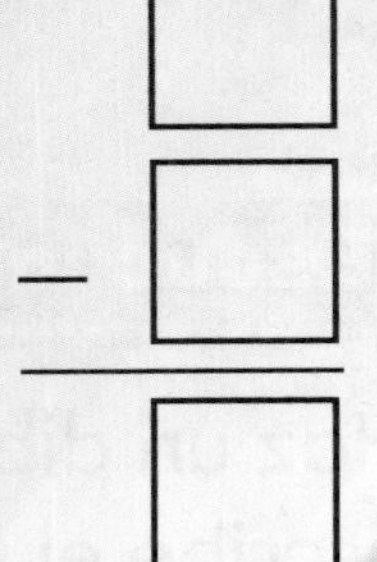

Comparte y muestra

Escribe el problema de resta.

1.

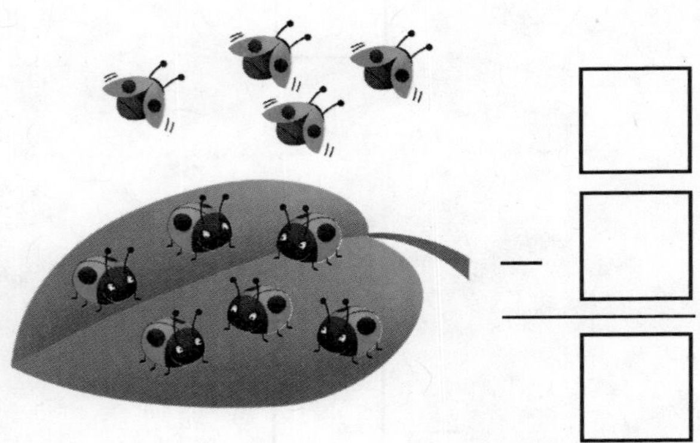

2.

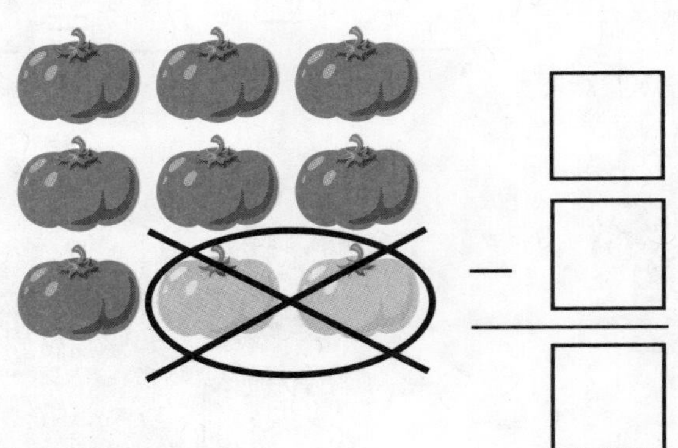

3.

4.

© Houghton Mifflin Harcourt Publishing Company

Nombre ______________________________

Por tu cuenta

PRÁCTICA MATEMÁTICA 6 **Presta atención a la precisión**

Escribe la diferencia.

5. $2 - 1$	6. $3 - 3$	7. $5 - 4$	8. $7 - 3$	9. $6 - 2$	10. $10 - 7$
11. $9 - 9$	12. $8 - 2$	13. $7 - 4$	14. $6 - 3$	15. $8 - 0$	16. $9 - 4$

17. PIENSA MÁS Escribe el enunciado numérico. Hay 9 hormigas en un tronco. Tres hormigas se van. ¿Cuántas hormigas quedan en el tronco?

____ − ____ = ____

18. PIENSA MÁS Explica cómo el dibujo muestra la resta.

____

____

____

____

© Houghton Mifflin Harcourt Publishing Company

Resolución de problemas • Aplicaciones En el mundo

Matemáticas

19. MÁS AL DETALLE Haz un dibujo que muestre la resta. Escribe el problema de resta que coincida con el dibujo.

20. Escribe el enunciado numérico.

Hay 10 patos en el estanque.
Todos los patos se van volando.
¿Cuántos patos quedan? ____ − ____ = ____

Entrenador personal en matemáticas

21. PIENSA MÁS + Escribe todos los enunciados de resta que coinciden con el cuento. Di por qué lo sabes.

Max tiene 6 zanahorias. Come más de 1 zanahoria y le queda más de 1 zanahoria. ¿Cuántas zanahorias le quedan?

____

____

____

ACTIVIDAD PARA LA CASA • Diga un problema de resta a su niño. Pida a su niño que escriba el problema para restar de dos maneras. Luego pida a su niño que halle la diferencia.

© Houghton Mifflin Harcourt Publishing Company

Nombre ________________________________

Resta de 10 o menos

Estándares comunes **ESTÁNDAR COMÚN—1.OA.6**
Suman y restan hasta el número 20.

Escribe la diferencia.

1. $\begin{array}{r} 5 \\ -1 \\ \hline \end{array}$

2. $\begin{array}{r} 3 \\ -2 \\ \hline \end{array}$

3. $\begin{array}{r} 8 \\ -3 \\ \hline \end{array}$

4. $\begin{array}{r} 6 \\ -4 \\ \hline \end{array}$

5. $\begin{array}{r} 7 \\ -0 \\ \hline \end{array}$

6. $\begin{array}{r} 5 \\ -3 \\ \hline \end{array}$

7. $\begin{array}{r} 4 \\ -4 \\ \hline \end{array}$

8. $\begin{array}{r} 8 \\ -1 \\ \hline \end{array}$

Resolución de problemas

Resuelve.

9. Hay 6 aves en el árbol.
Ninguna se va volando.
¿Cuántas aves quedan?

10. ESCRIBE Matemáticas Halla 10 − 3.
Escribe la operación de resta de dos maneras.

____

____

____

© Houghton Mifflin Harcourt Publishing Company

Repaso de la lección (1.OA.C.6)

1. Escribe la diferencia.

$$\begin{array}{r} 4 \\ -\ 0 \\ \hline \end{array}$$

Repaso en espiral (1.OA.A.1, 1.OA.B.3)

2. Resuelve. Escribe un enunciado numérico. Hay 8 bolígrafos. 3 son azules. Los demás son rojos. ¿Cuántos bolígrafos rojos hay?

____ − ____ = ____

3. Encierra en un círculo los enunciados numéricos que muestran los mismos sumandos en otro orden.

$4 + 5 = 9$ $5 + 4 = 9$ $9 - 4 = 5$

© Houghton Mifflin Harcourt Publishing Company

PRACTICA MÁS CON EL
Entrenador personal en matemáticas

Nombre ______________________________

Repaso y prueba del Capítulo 2

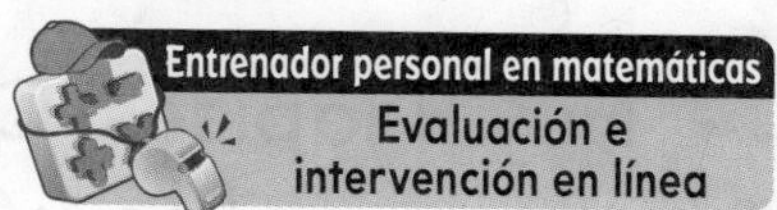

1. Encierra en un círculo la parte que quitas del grupo. Luego táchala. Escribe cuántas quedan.

5 cebras 3 cebras se van caminando. Quedan ______ cebras.

MÁS AL DETALLE Encierra en un círculo la parte que quitas del grupo. Luego táchala. Escribe la diferencia.

2. Hay 6 gatos.
Cinco gatos se van corriendo.

$6 - 5 =$ ______

3. Hay 4 perros.
Un perro se va corriendo.

$4 - 1 =$ ______

---

4. ¿Es correcto el enunciado de resta? Elige Sí o No.

$5 - 5 = 0$	○ Sí	○ No
$2 - 2 = 2$	○ Sí	○ No
$4 - 0 = 4$	○ Sí	○ No

© Houghton Mifflin Harcourt Publishing Company

APRENDE EN LÍNEA Opciones de evaluación
Prueba del capítulo

5. Colorea las ● para resolver. Escribe el enunciado numérico y cuántos hay.

Hay 9 lápices. Cinco lápices son rojos. Los demás son amarillos. ¿Cuántos lápices amarillos hay?

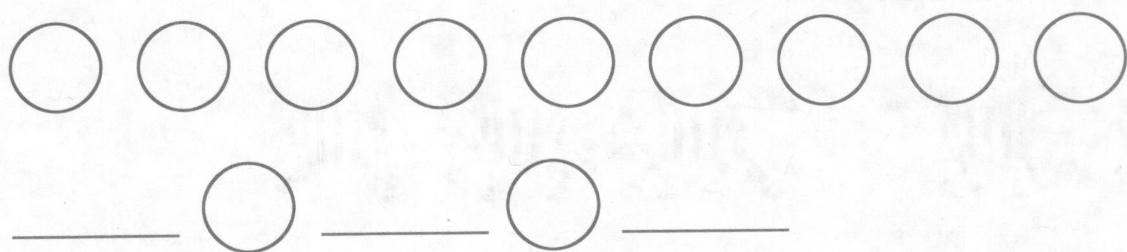

____ ◯ ____ ◯ ____

____ lápices amarillos

6. Lee el problema. Utiliza el modelo para resolver. Completa el modelo y el enunciado numérico.

Hay 6 ranas en un tronco. Una rana es grande. Las demás son pequeñas. ¿Cuántas ranas pequeñas hay?

$6 - 1 =$ ____

7. Observa la ilustración. ¿Cuántos bates menos que pelotas hay? Elige el número.

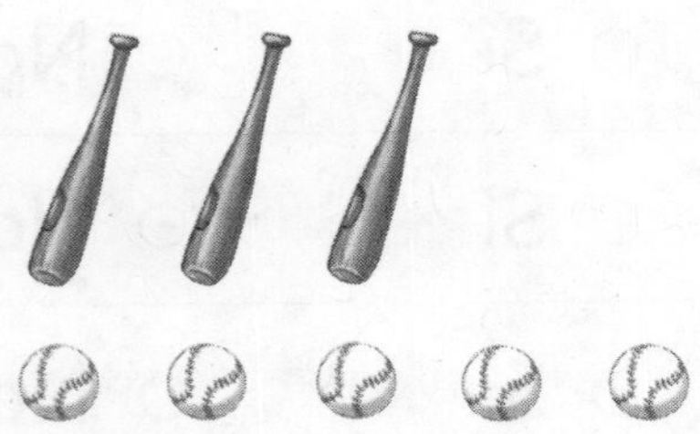

5
3
2

bates menos

© Houghton Mifflin Harcourt Publishing Company

Nombre ______________________

8. Lee el problema. Utiliza el modelo de barras para resolver.

María tiene 2 piedras. Peter tiene 8 piedras. ¿Cuántas piedras más que María tiene Peter?

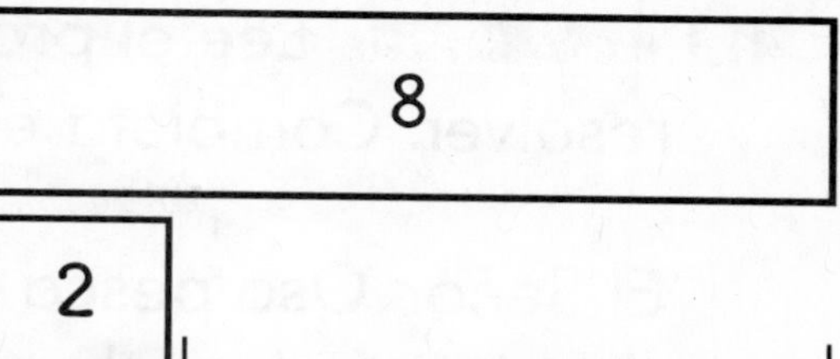

_______ piedras

9. Los modelos muestran dos formas de separar 6. Completa los enunciados de resta. Utiliza estos números.

1 2 4 5

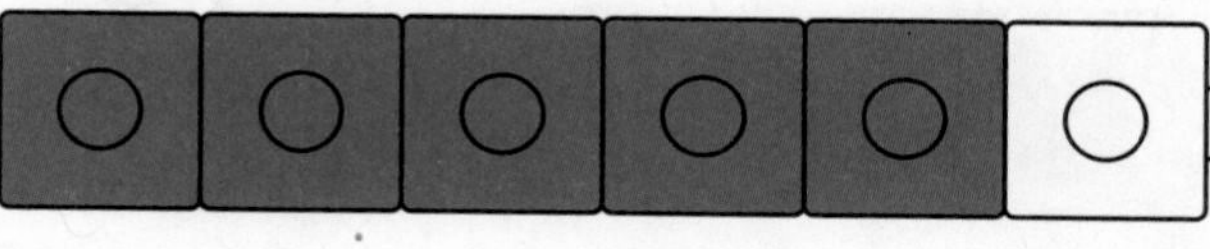

6 − _____ = _____

6 − _____ = _____

10. Escribe el enunciado de resta en la columna que muestra la diferencia.

$$\begin{array}{r} 10 \\ -\ 5 \\ \hline \end{array} \qquad \begin{array}{r} 5 \\ -\ 1 \\ \hline \end{array} \qquad \begin{array}{r} 7 \\ -\ 4 \\ \hline \end{array}$$

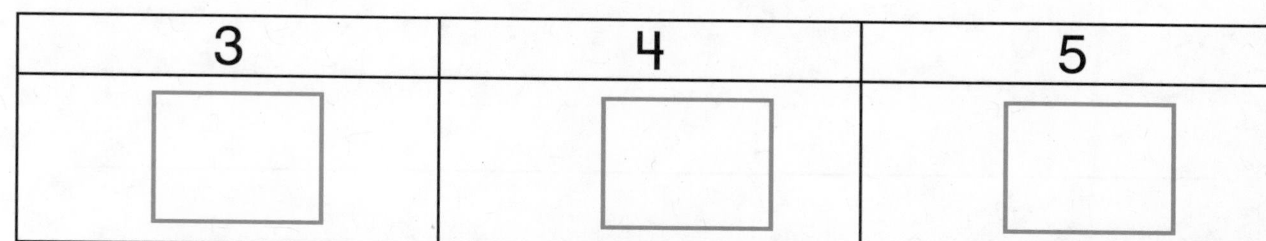

3	4	5

© Houghton Mifflin Harcourt Publishing Company

11. PIENSA MÁS + Lee el problema. Dibuja un modelo para resolver. Completa el enunciado numérico.

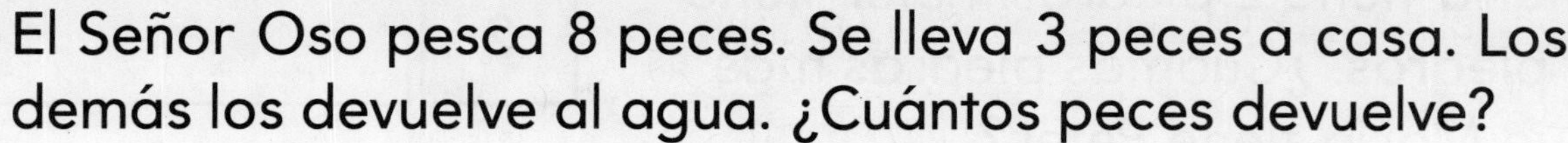

El Señor Oso pesca 8 peces. Se lleva 3 peces a casa. Los demás los devuelve al agua. ¿Cuántos peces devuelve?

_______ − _______ = _______ peces

12. Escribe el enunciado de resta que muestra el dibujo.

_______ − _______ = _______

Explica.

____

____

____

© Houghton Mifflin Harcourt Publishing Company

Capítulo 3

Estrategias de suma

Aprendo más con
Jorge el Curioso

Hay 4 peces en la pecera. Si doblaras el número de peces, ¿cuántos peces habría?

© Houghton Mifflin Harcourt Publishing Company.
Curious George by Margret and H.A. Rey. Copyright © 2010 by Houghton Mifflin Harcourt Publishing Company.
All rights reserved. The character Curious George®, including without limitation the character's name and the character's likenesses, are registered trademarks of Houghton Mifflin Harcourt Publishing Company.

Nombre ___________________________

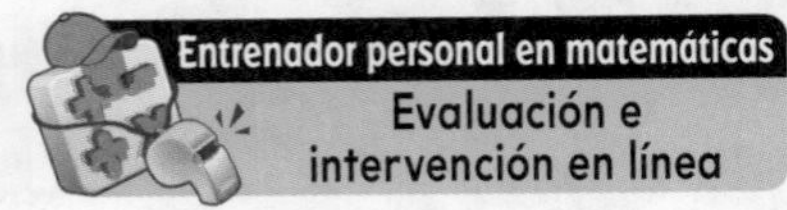

Haz un modelo de la suma

Usa [cubo] para mostrar cada número. Dibuja los cubos. Escribe cuántos hay en total. (K.OA.A.I)

I.

2 + 3 ______

Usa los signos para sumar

Usa la ilustración. Luego escribe el enunciado de suma. (K.OA.A.I)

2.

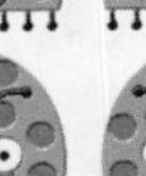

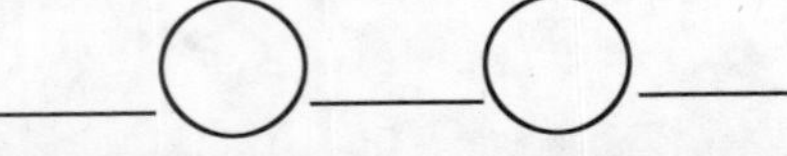

3.

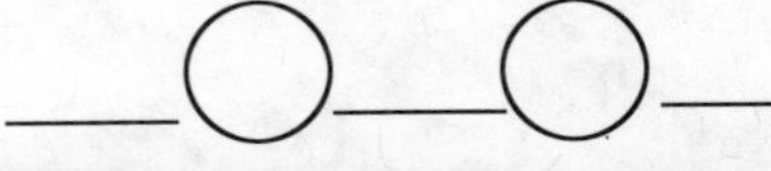

Suma en cualquier orden

Usa [cubo] y [cubo] para sumar. Colorea para emparejar. Escribe cada suma. (K.OA.A.I)

4.

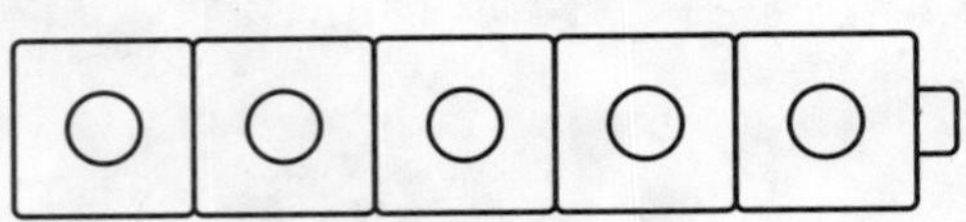

I + 4 = ____

5.

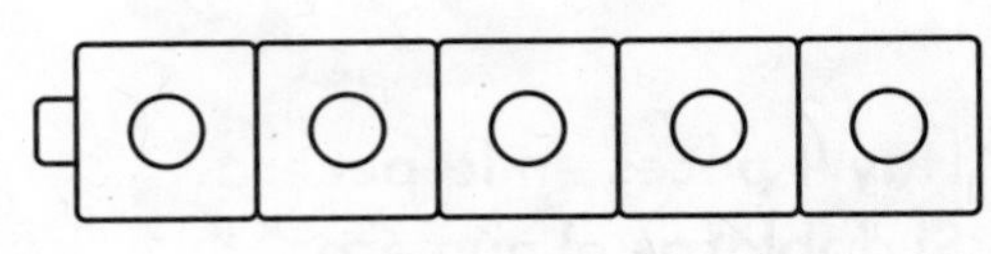

4 + I = ____

Esta página es para verificar la comprensión de las destrezas importantes que se necesitan para tener éxito en el Capítulo 3.

© Houghton Mifflin Harcourt Publishing Company

Nombre ______________________________

Desarrollo del vocabulario

Palabras de repaso

sumar
sumandos
enunciado de suma
suma

Visualízalo

Escribe los sumandos y la suma del enunciado de suma.

enunciado de suma
$7 + 2 = 9$

sumandos
____ y ____

suma
____

Comprende el vocabulario

Completa los enunciados con las palabras de repaso.

1. En $4 + 3 = 7$, 4 y 3 son los ____________________.

2. $4 + 3 = 7$ es un ____________________.

3. Juntas 4 cubos y 3 cubos para

____________________ los grupos.

© Houghton Mifflin Harcourt Publishing Company

APRENDE EN LÍNEA
• Libro interactivo del estudiante
• Glosario multimedia

Capítulo 3

Juego Sumas de patitos

Materiales •  • lápiz • clip
 • rueda

Juega con un compañero.

1. Coloca tu ficha en la SALIDA.
2. Lanza el cubo. Mueve tu ficha ese número de espacios.
3. Haz una rueda giratoria con una rueda, un clip y un lápiz. Hazla girar.
4. Suma el número que te tocó en la rueda giratoria y el número en el que está tu ficha. Tu compañero verifica la suma.
5. Túrnense. El ganador es el primer jugador que alcanza la LLEGADA.

SALIDA

8 9 4 6 5 7 3 8 5 9 6 7 4 8 3 6 5 7 9

LLEGADA

© Houghton Mifflin Harcourt Publishing Company

Vocabulario del Capítulo 3

contar hacia adelante count on 7	**dobles** doubles 18
dobles más uno doubles plus one 19	**dobles menos uno** doubles minus one 20
enunciado de suma addition sentence 24	**formar una decena** make a ten 29
sumando addend 54	**sumar** add 55

© Houghton Mifflin Harcourt Publishing Company

$5 + 5 = 10$

Con **dobles**, los dos sumandos son iguales.

© Houghton Mifflin Harcourt Publishing Company

Di 7. Cuenta 2 **hacia adelante**.

7

8, 9

$7 + 2 = 9$

© Houghton Mifflin Harcourt Publishing Company

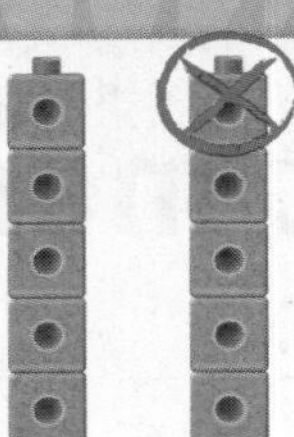

$5 + 5 = 10$, entonces
$5 + 4 = 9$

© Houghton Mifflin Harcourt Publishing Company

$5 + 5 = 10$, entonces
$5 + 6 = 11$

© Houghton Mifflin Harcourt Publishing Company

Mueve 2 fichas al cuadro de diez.
Forma una decena.

$$\begin{array}{r} 8 \\ +\,4 \\ \hline 12 \end{array}$$

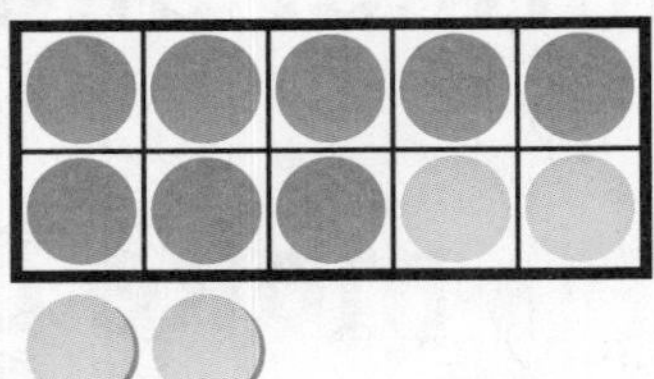

© Houghton Mifflin Harcourt Publishing Company

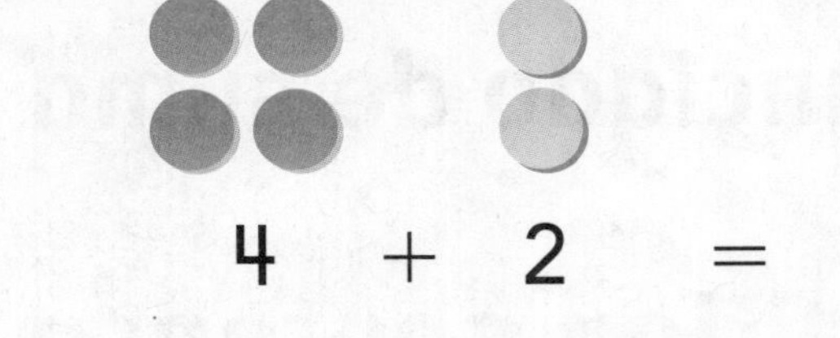

$4 + 2 = 6$

es un **enunciado de suma**.

© Houghton Mifflin Harcourt Publishing Company

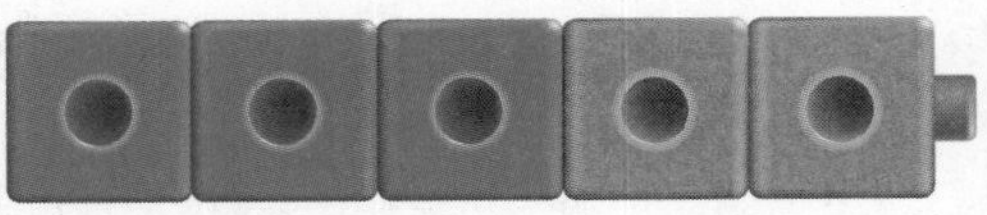

$3 + 2 = 5$

© Houghton Mifflin Harcourt Publishing Company

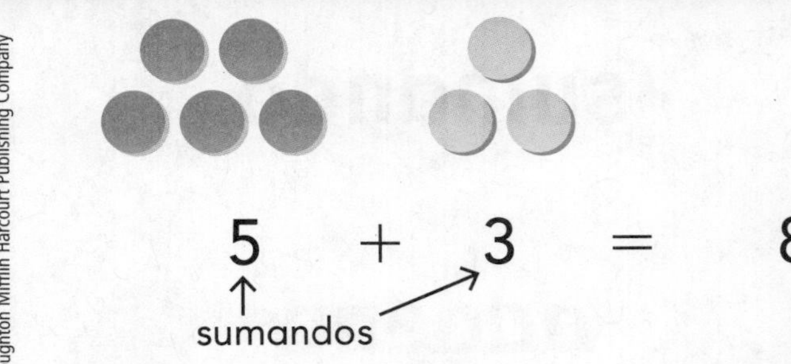

$5 + 3 = 8$

sumandos

Concentración

Materiales

2 juegos de tarjetas de palabras

Instrucciones

Juega con un compañero.

1. Mezcla las tarjetas. Coloca las tarjetas en filas con el lado en blanco hacia arriba.
2. Voltea las dos tarjetas.
   - Si las dos palabras son iguales, consérvalas.
   - Si las palabras no son iguales, regrésalas con el lado en blanco hacia arriba.
3. Es el turno del otro jugador.
4. Halla todos los pares. Gana el jugador que tenga más pares.

Recuadro de palabras
sumar
sumando
enunciado de suma
contar hacia adelante
dobles
dobles menos uno
dobles más uno
formar una decena

© Houghton Mifflin Harcourt Publishing Company

Escríbelo

Reflexiona

Selecciona una idea. Dibuja y escribe sobre ella.

- Mary escribe el enunciado de suma 4 + 5.

  Rose escribe el enunciado de suma 5 + 4.

  ¿Obtendrán la misma respuesta? Di cómo lo sabes.

- Piensa en las maneras en las que aprendiste a sumar. Di cuál es tu manera favorita de sumar. Explica por qué.

© Houghton Mifflin Harcourt Publishing Company

Nombre ____________________________

Álgebra • Sumar en cualquier orden

Pregunta esencial ¿Qué pasa si cambias el orden de los sumandos al sumar?

Estándares comunes **Operaciones y pensamiento algebraico—1.OA.B.3**

PRÁCTICAS MATEMÁTICAS MP1, MP4, MP6

Escucha y dibuja En el mundo

Usa [crayón] y [crayón]. Colorea para hacer un modelo del problema. Escribe el enunciado de suma.

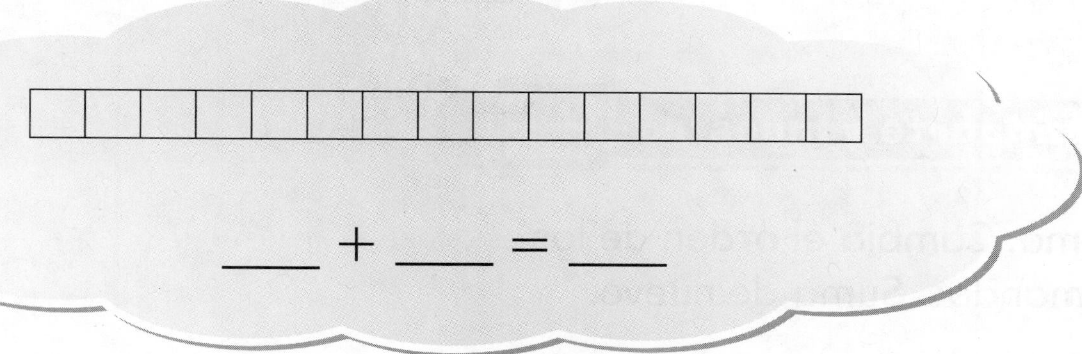

___ + ___ = ___

Usa [crayón] y [crayón]. Colorea para cambiar el orden. Escribe el enunciado de suma.

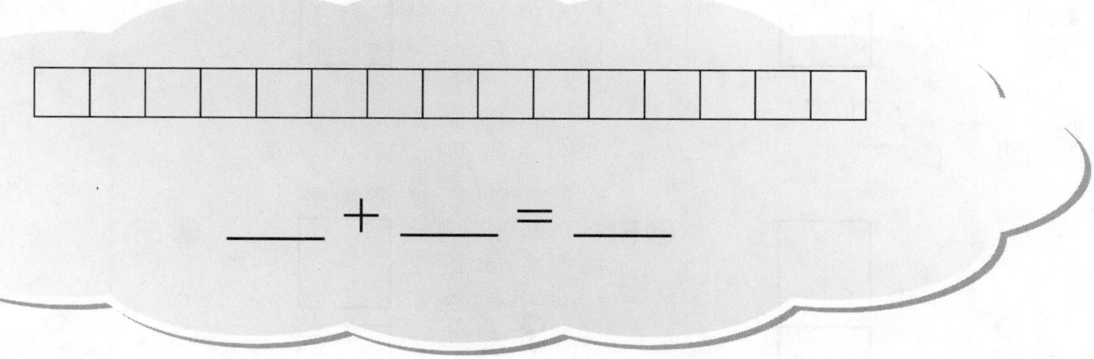

___ + ___ = ___

Charla matemática

PRÁCTICAS MATEMÁTICAS 1

Describe cómo la operación 7 + 8 te sirve para saber cuánto es 8 + 7.

PARA EL MAESTRO • Lea el problema. George ve 7 pájaros azules y 8 pájaros rojos. ¿Cuántos pájaros ve? Explique a los niños cómo trabajar en el cambio del orden de los sumandos.

© Houghton Mifflin Harcourt Publishing Company

Representa y dibuja

Si usas los mismos sumandos, ¿qué otra operación puedes escribir?

$$\begin{array}{r} 5 \\ +6 \\ \hline \end{array}$$

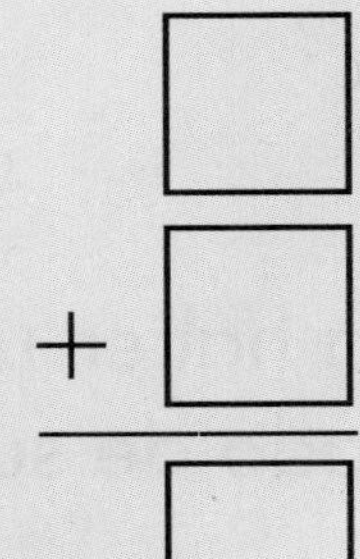

Comparte y muestra

Suma. Cambia el orden de los sumandos. Suma de nuevo.

1. $\begin{array}{r} 8 \\ +9 \\ \hline \end{array}$ $\quad + \square$

2. $\begin{array}{r} 6 \\ +7 \\ \hline \end{array}$ $\quad + \square$

3. $\begin{array}{r} 7 \\ +5 \\ \hline \end{array}$ $\quad + \square$

4. $\begin{array}{r} 2 \\ +8 \\ \hline \end{array}$ $\quad + \square$

✓5. $\begin{array}{r} 9 \\ +2 \\ \hline \end{array}$ $\quad + \square$

✓6. $\begin{array}{r} 8 \\ +4 \\ \hline \end{array}$ $\quad + \square$

© Houghton Mifflin Harcourt Publishing Company

Nombre ______________________

Por tu cuenta

PRÁCTICA MATEMÁTICA 6 **Presta atención a la precisión** Suma. Cambia el orden de los sumandos. Suma de nuevo.

7.
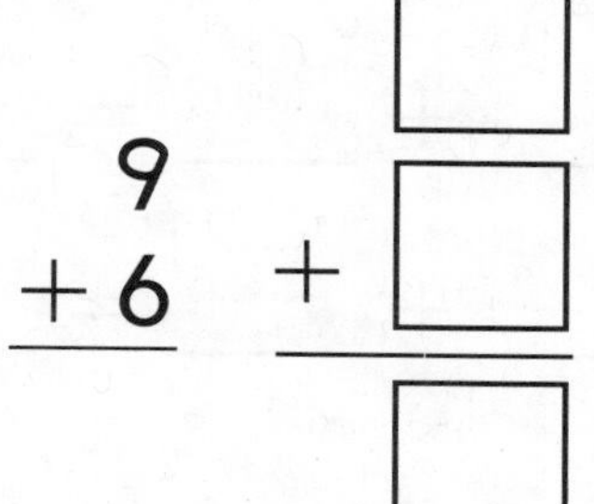

$9 + 6$

8.
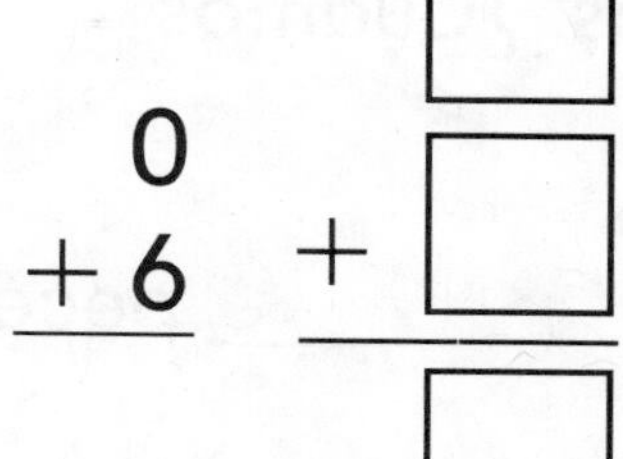

$0 + 6$

9.
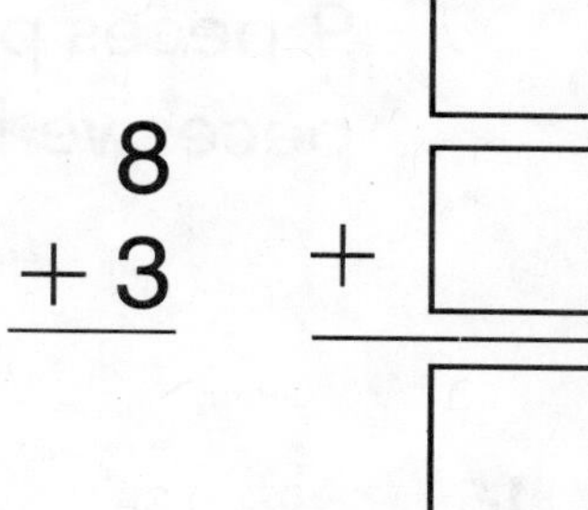

$8 + 3$

10.
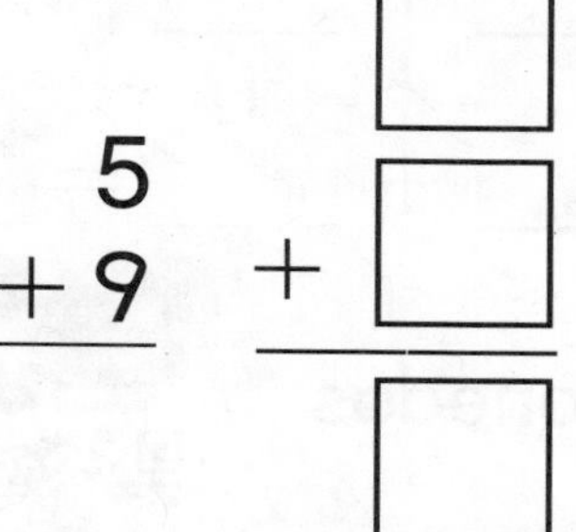

$5 + 9$

11.
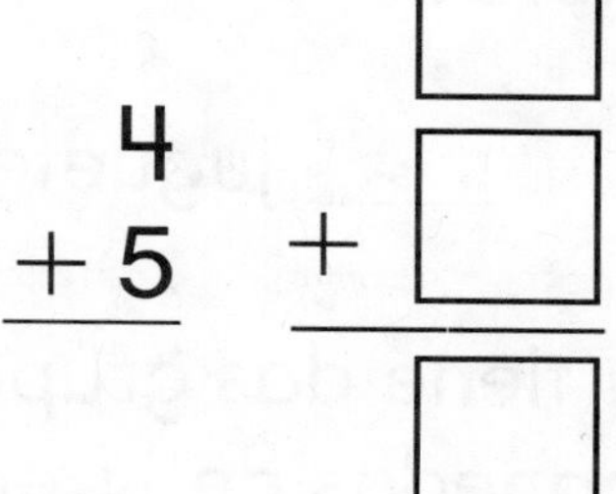

$4 + 5$

12.
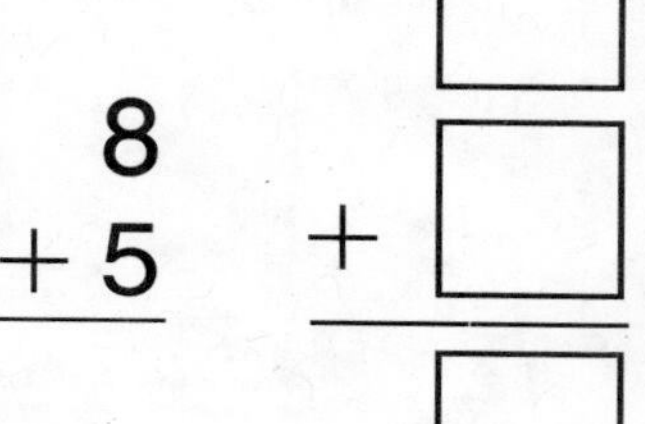

$8 + 5$

13. PIENSA MÁS Nina usa el enunciado numérico 3 + 7 para hablar sobre sus camiones de juguete. ¿Qué otro enunciado numérico podría escribir Nina para hablar de sus camiones usando los mismos sumandos? ____ = ____ + ____

14. MÁS AL DETALLE **Explica** Si Adam sabe que 4 + 7 = 11, ¿qué otra operación de suma sabe? Escribe la operación nueva en la casilla. Di cómo sabe Adam la operación nueva.

____

____

____

© Houghton Mifflin Harcourt Publishing Company • Image Credits: ©Louis D Wiyono/Shutterstock

Resolución de problemas • Aplicaciones

ESCRIBE Matemáticas

Escribe dos enunciados de suma con los que puedes resolver el problema. Escribe la respuesta.

15. Roy ve 4 peces grandes y 9 peces pequeños. ¿Cuántos peces ve Roy?

____ peces

____ + ____ = ____

____ + ____ = ____

16. PIENSA MÁS Justin tiene 6 juguetes. Le dan 8 juguetes más. ¿Cuántos juguetes tiene ahora?

____ juguetes

____ + ____ = ____

____ + ____ = ____

17. PIENSA MÁS Anna tiene dos grupos de monedas de 1¢. Tiene 10 monedas de 1¢ en total. Cuando cambia el orden de los sumandos, el enunciado de suma es el mismo. ¿Qué enunciado puede escribir Anna?

____ = ____ + ____

18. PIENSA MÁS Escribe los sumandos en diferente orden.

$3 + 4 = 7$

____ + ____ = 7

ACTIVIDAD PARA LA CASA • Pida a su niño que explique qué le sucede a la suma cuando usted cambia el orden de los sumandos.

© Houghton Mifflin Harcourt Publishing Company

Nombre ______________________________

Álgebra • Sumar en cualquier orden

Estándares comunes **ESTÁNDAR COMÚN—1.OA.B.3**
Comprenden y aplican las propiedades de operaciones, así como la relación entre la suma y la resta.

Suma. Cambia el orden de los sumandos. Suma de nuevo.

1.

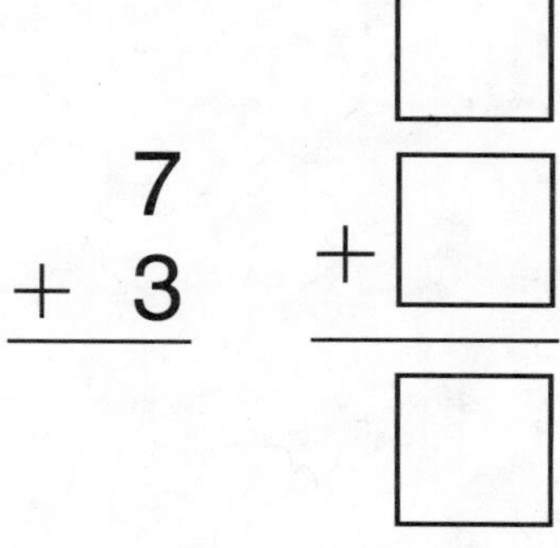

$$\begin{array}{r} 7 \\ +\ 3 \\ \hline \end{array} \qquad \begin{array}{r} \square \\ +\ \square \\ \hline \square \end{array}$$

2.

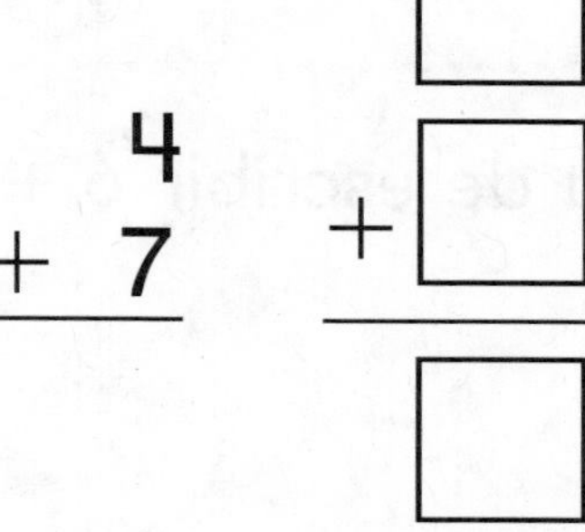

$$\begin{array}{r} 4 \\ +\ 7 \\ \hline \end{array} \qquad \begin{array}{r} \square \\ +\ \square \\ \hline \square \end{array}$$

3.

$$\begin{array}{r} 9 \\ +\ 8 \\ \hline \end{array} \qquad \begin{array}{r} \square \\ +\ \square \\ \hline \square \end{array}$$

Resolución de problemas

Escribe dos enunciados de suma que puedas usar para resolver el problema.

4. Camila tiene 5 conchas de mar. Luego encuentra 4 conchas más. ¿Cuántas conchas de mar tiene ahora?

____ + ____ = ____

____ + ____ = ____

5. ESCRIBE **Matemáticas** Usa dibujos o palabras para explicar cómo usarías la suma de 13 para mostrar cómo se suma en cualquier orden.

© Houghton Mifflin Harcourt Publishing Company

Repaso de la lección (1.OA.B.3)

1. ¿Cuál es otra manera de escribir 7 + 6 = 13?

6 + 7 = ____

2. ¿Cuál es otra manera de escribir 6 + 8 = 14?

8 + 6 = ____

Repaso en espiral (1.OA.A.1, 1.OA.C.6)

3. ¿Cuál es la suma? Escribe el número.

$$\begin{array}{r} 4 \\ +\ 3 \\ \hline \end{array}$$

4. ¿Cuántos nidos hay?
Escribe el número.

2 nidos y 1 nido más ____ nidos

© Houghton Mifflin Harcourt Publishing Company

PRACTICA MÁS CON EL
Entrenador personal en matemáticas

Nombre ___

Contar hacia adelante

Pregunta esencial ¿Cómo cuentas hacia adelante 1, 2 o 3?

Estándares comunes **Operaciones y pensamiento algebraico—1.OA.C.5**
También 1.OA.C.6, 1.OA.D.8
PRÁCTICAS MATEMÁTICAS
MP1, MP5, MP6, MP8

Escucha En el mundo

Comienza en el 9. ¿Cómo cuentas hacia adelante para sumar?

Suma 1.

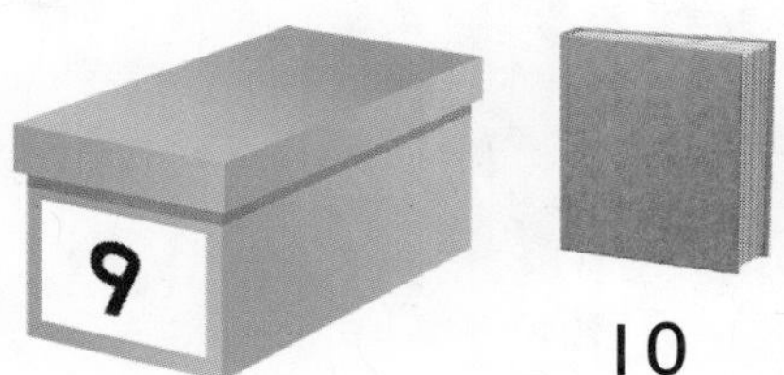

9 + 1 = ___

Suma 2.

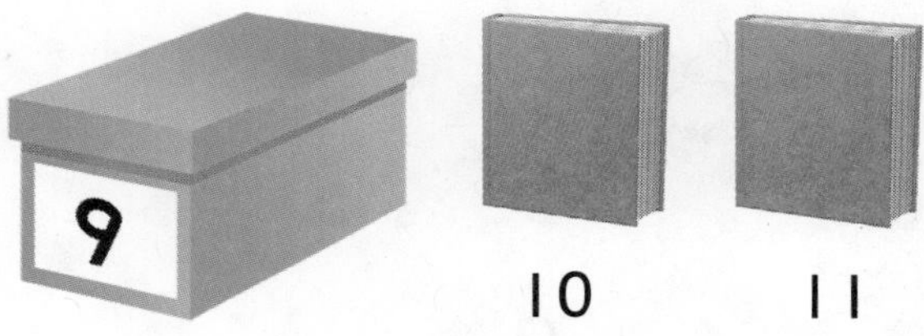

9 + 2 = ___

Suma 3.

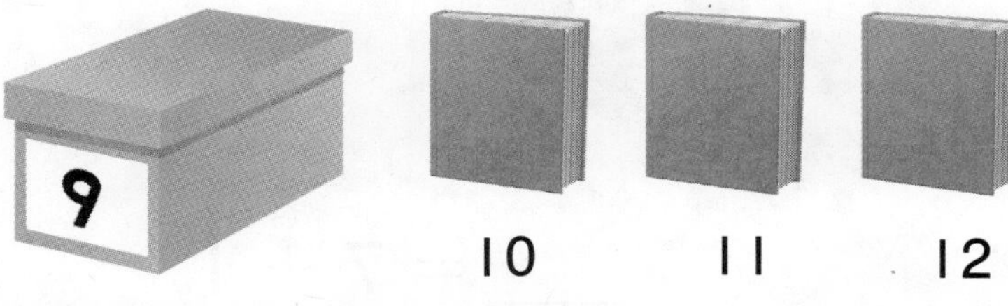

9 + 3 = ___

PRÁCTICAS MATEMÁTICAS 1

Analiza. ¿En qué se parecen contar hacia adelante 2 y sumar 2?

PARA EL MAESTRO • Lea el siguiente problema y use el espacio de arriba para resolver. Sam tiene 9 libros en una caja. Le dan 1 más. ¿Cuántos libros tiene? Repita la actividad en los otros dos espacios, diga: *Le dan 2 más* y *Le dan 3 más*.

© Houghton Mifflin Harcourt Publishing Company

Representa y dibuja

Puedes **contar hacia adelante** para sumar 1, 2 o 3. Comienza con el sumando mayor.

Comienza con 5. Cuenta hacia adelante 3.

6 7 8

3 + (5) = 8

Comparte y muestra MATH BOARD

Encierra en un círculo el sumando mayor. Dibuja para contar hacia adelante 1, 2 o 3. Escribe la suma.

1.

2 + (6) = 8

2.

6 + 3 = ____

3.

____ = 1 + 6

4.

____ = 7 + 1

5.

2 + 7 = ____

6.

____ = 7 + 3

© Houghton Mifflin Harcourt Publishing Company

Nombre ______________________________

Por tu cuenta

PRÁCTICA MATEMÁTICA 5 Encierra en un círculo el sumando mayor. Cuenta hacia adelante para hallar la suma.

7. $1 + 9$	8. $8 + 3$	9. $1 + 8$	10. $1 + 6$	11. $9 + 3$	12. $7 + 2$
13. $2 + 6$	14. $5 + 3$	15. $7 + 1$	16. $3 + 7$	17. $9 + 2$	18. $3 + 4$

19. MÁS AL DETALLE Adam tiene 6 sombreros. Molly tiene 3 sombreros. Apilan todos sus sombreros. Luego Blake coloca 2 sombreros más sobre la pila. ¿Cuántos sombreros hay en la pila?

_____ + _____ = _____ sombreros

_____ + _____ = _____ sombreros

20. PRÁCTICA MATEMÁTICA 6 **Explica** Terry sumó 3 y 7. Obtuvo una suma de 9. Su resultado **no** es correcto. Describe cómo puede Terry hallar el resultado correcto.

____

____

____

© Houghton Mifflin Harcourt Publishing Company

Resolución de problemas • Aplicaciones

Haz un dibujo para resolver. Escribe el enunciado de suma.

21. PIENSA MÁS Cindy y Joe cosechan 8 **naranjas**. Luego cosechan 3 naranjas más. ¿Cuántas naranjas cosechan?

_____ + _____ = _____ naranjas

¿Qué tres números puedes usar para completar el problema?

22. PIENSA MÁS Jennifer tiene _____ estampillas.

Le dan _____ estampillas más.
¿Cuántas estampillas tiene ahora?

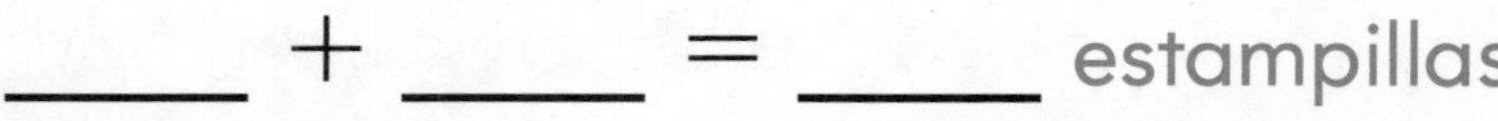

_____ + _____ = _____ estampillas

23. PIENSA MÁS Cuenta hacia adelante a partir de 3. Escribe en el siguiente cuadro el número que muestra 2 más.

ACTIVIDAD PARA LA CASA • Pida a su niño que le diga cómo contar hacia adelante para hallar la suma de 6 + 3.

© Houghton Mifflin Harcourt Publishing Company

Nombre ______________________________

Contar hacia adelante

Estándares comunes **ESTÁNDAR COMÚN—1.OA.C.5** *Suman y restan hasta el número 20.*

Encierra en un círculo el sumando mayor.
Cuenta hacia adelante para hallar la suma.

1. $\begin{array}{r} 8 \\ +\ 2 \\ \hline \end{array}$

2. $\begin{array}{r} 1 \\ +\ 7 \\ \hline \end{array}$

3. $\begin{array}{r} 3 \\ +\ 9 \\ \hline \end{array}$

4. $\begin{array}{r} 5 \\ +\ 3 \\ \hline \end{array}$

Resolución de problemas

Haz un dibujo para resolver.
Escribe el enunciado de suma.

5. Jon come 6 galletas.
Luego come 3 galletas más.
¿Cuántas galletas come?

____ + ____ = ____ galletas

5. ESCRIBE **Matemáticas** Usa dibujos o palabras para explicar cómo hallar 9 + 3 al contar hacia adelante.

© Houghton Mifflin Harcourt Publishing Company

Repaso de la lección (1.OA.C.5)

1. Cuenta hacia adelante para resolver **5 + 2**. Escribe la suma.

_____

2. Cuenta hacia adelante para resolver 1 + 9. Escribe la suma.

_____

Repaso en espiral (1.OA.A.1)

3. ¿Qué muestra el modelo?

_____ + _____ = _____

4. Hay 4 patos nadando en el estanque. Llegan 2 patos más. ¿Cuántos patos hay en el estanque ahora?

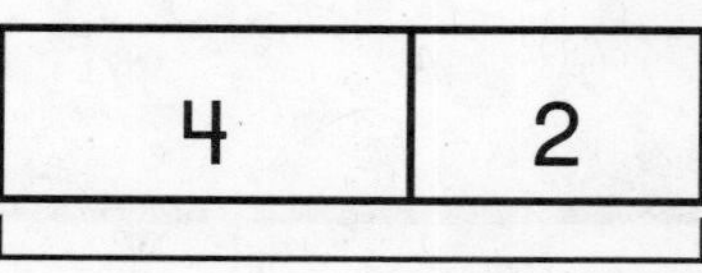

_____

Completa el modelo y el enunciado numérico.

4 + 2 = _____

© Houghton Mifflin Harcourt Publishing Company

PRACTICA MÁS CON EL
Entrenador personal en matemáticas

Nombre ______________________________

Sumar dobles

Pregunta esencial ¿Qué son las operaciones de dobles?

Estándares comunes **Operaciones y pensamiento algebraico— 1.0A.C.6**
También 1.0A.D.8

PRÁCTICAS MATEMÁTICAS
MP5, MP7, MP8

Escucha y dibuja En el mundo

Usa ▪. Dibuja ▪ para resolver.
Escribe el enunciado de suma.

____ + ____ = ____

PARA EL MAESTRO • Lea el siguiente problema. Sal construyó dos torres. Cada torre tiene 4 cubos. ¿Cuántos cubos usó Sal para construir las dos torres?

PRÁCTICAS MATEMÁTICAS 5

Usa herramientas Describe cómo tu modelo muestra una operación de dobles.

© Houghton Mifflin Harcourt Publishing Company

Representa y dibuja

¿Por qué estas son operaciones de **dobles**?

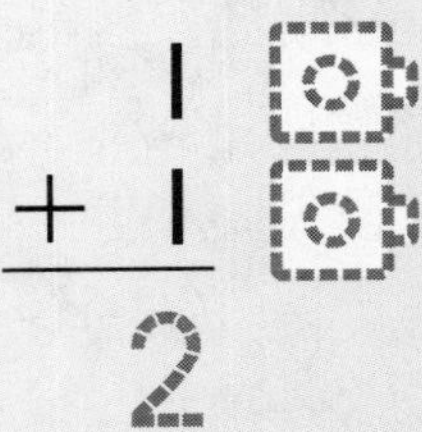

$$\begin{array}{r} 1 \\ +\ 1 \\ \hline 2 \end{array}$$

$$\begin{array}{r} 2 \\ +\ 2 \\ \hline \end{array}$$

Comparte y muestra

Usa ▪. Dibuja ▪ para mostrar tu trabajo.
Escribe la suma.

1.

$$\begin{array}{r} 3 \\ +\ 3 \\ \hline \end{array}$$

2.

$$\begin{array}{r} 4 \\ +\ 4 \\ \hline \end{array}$$

3.

$$\begin{array}{r} 5 \\ +\ 5 \\ \hline \end{array}$$

4.

$$\begin{array}{r} 6 \\ +\ 6 \\ \hline \end{array}$$

© Houghton Mifflin Harcourt Publishing Company • Image Credits: ©Teguh Mujiono/Shutterstock

Nombre ______________________________

Por tu cuenta

MÁS AL DETALLE Usa [cubo]. Dibuja [cubo] para mostrar tu trabajo. Escribe la suma.

5.
$$\begin{array}{r} 7 \\ +\ 7 \\ \hline \end{array}$$

6.
$$\begin{array}{r} 8 \\ +\ 8 \\ \hline \end{array}$$

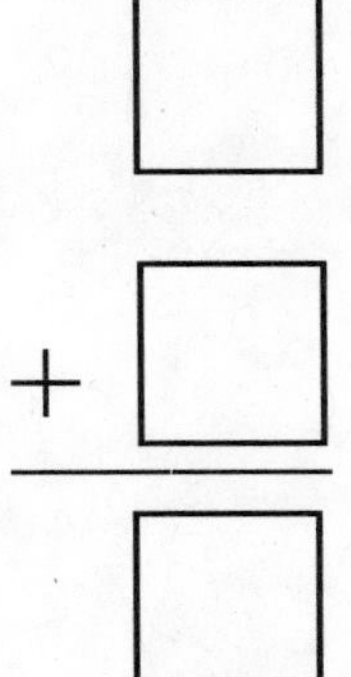

7. PRÁCTICA MATEMÁTICA 7 **Busca un patrón** Vuelve a ver los Ejercicios 1 a 6. Escribe la operación que seguiría en el patrón. Dibuja [cubo] para mostrar tu trabajo.

$$\begin{array}{r} \square \\ +\ \square \\ \hline \square \end{array}$$

Suma.

8.	9.	10.	11.	12.	13.
$\begin{array}{r} 5 \\ +\ 5 \\ \hline \end{array}$	$\begin{array}{r} 7 \\ +\ 7 \\ \hline \end{array}$	$\begin{array}{r} 6 \\ +\ 6 \\ \hline \end{array}$	$\begin{array}{r} 10 \\ +\ 10 \\ \hline \end{array}$	$\begin{array}{r} 4 \\ +\ 4 \\ \hline \end{array}$	$\begin{array}{r} 8 \\ +\ 8 \\ \hline \end{array}$

© Houghton Mifflin Harcourt Publishing Company • Image Credits: ©Teguh Mujiono/Shutterstock

Resolución de problemas • Aplicaciones

Escribe una operación de dobles para resolver.

14. PIENSA MÁS Meg y Paul ponen 8 manzanas en una canasta cada uno. ¿Cuántas manzanas hay en la canasta?

____ + ____ = ____ manzanas

15. PIENSA MÁS Hay 18 invitados en la fiesta. Hay niños y niñas. El número de niños es igual al número de niñas.

____ = ____ + ____

16. PIENSA MÁS Los cubos muestran una operación de dobles. Elige la operación de dobles y la suma.

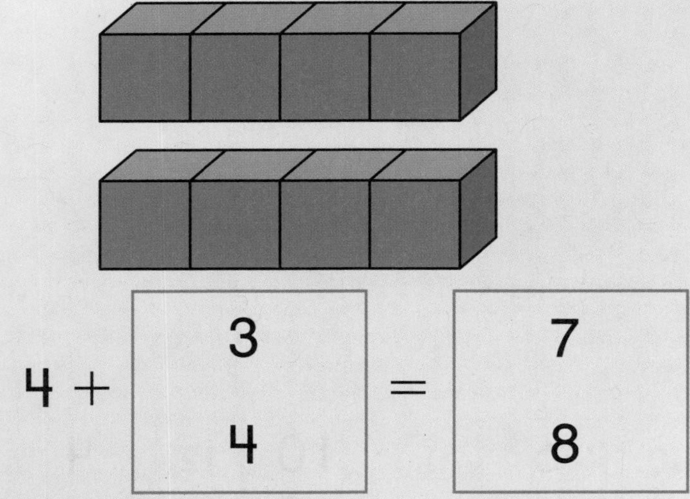

4 + [3 / 4] = [7 / 8]

ACTIVIDAD PARA LA CASA • Pida a su niño que elija un número del 1 al 10 y que haga una operación de dobles con ese número. Repita la actividad con otros números.

© Houghton Mifflin Harcourt Publishing Company • Image Credits: (t) ©xiangdong Li/Fotolia

Nombre ______________________________

Sumar dobles

Estándares comunes **ESTÁNDAR COMÚN—1.OA.C.6**
Suman y restan hasta el número 20.

Usa ▪. Dibuja ▪ para mostrar tu trabajo.
Escribe la suma.

1. $\begin{array}{r} 4 \\ +\ 4 \\ \hline \end{array}$

2. $\begin{array}{r} 6 \\ +\ 6 \\ \hline \end{array}$

3. $\begin{array}{r} 3 \\ +\ 3 \\ \hline \end{array}$

4. $\begin{array}{r} 8 \\ +\ 8 \\ \hline \end{array}$

Resolución de problemas En el mundo

Escribe una operación de dobles para resolver.

5. Hay 16 crayones en la caja.
Unos son verdes y otros son rojos.
El número de crayones verdes es
igual al número de crayones rojos.

_____ = _____ + _____

6. ESCRIBE **Matemáticas** Usa dibujos o palabras para explicar cómo podrías hallar la suma de 7 + 7.

© Houghton Mifflin Harcourt Publishing Company

Repaso de la lección (1.OA.C.6)

1. Escribe una operación de dobles con la suma de 18.

____ + ____ = 18

2. Escribe una operación de dobles con la suma de 12.

____ + ____ = 12

Repaso en espiral (1.OA.A.1, 1.OA.B.3)

3. ¿Cuál es la suma de 3 y 2?

Dibuja el ▢. Escribe la suma.

____ + ____ = ____

4. Dibuja círculos para mostrar los números.
Escribe la suma.

____ + ____ = ____

PRACTICA MÁS CON EL
Entrenador personal en matemáticas

© Houghton Mifflin Harcourt Publishing Company

Nombre ____________________

Usar dobles para sumar

Pregunta esencial ¿Cómo puedes usar los dobles para ayudarte a sumar?

Operaciones y pensamiento algebraico—1.OA.C.6
También 1.OA.D.8

PRÁCTICAS MATEMÁTICAS
MP1, MP5, MP7

Escucha y dibuja

En el mundo

Haz un dibujo que muestre el problema.
Escribe el número de peces.

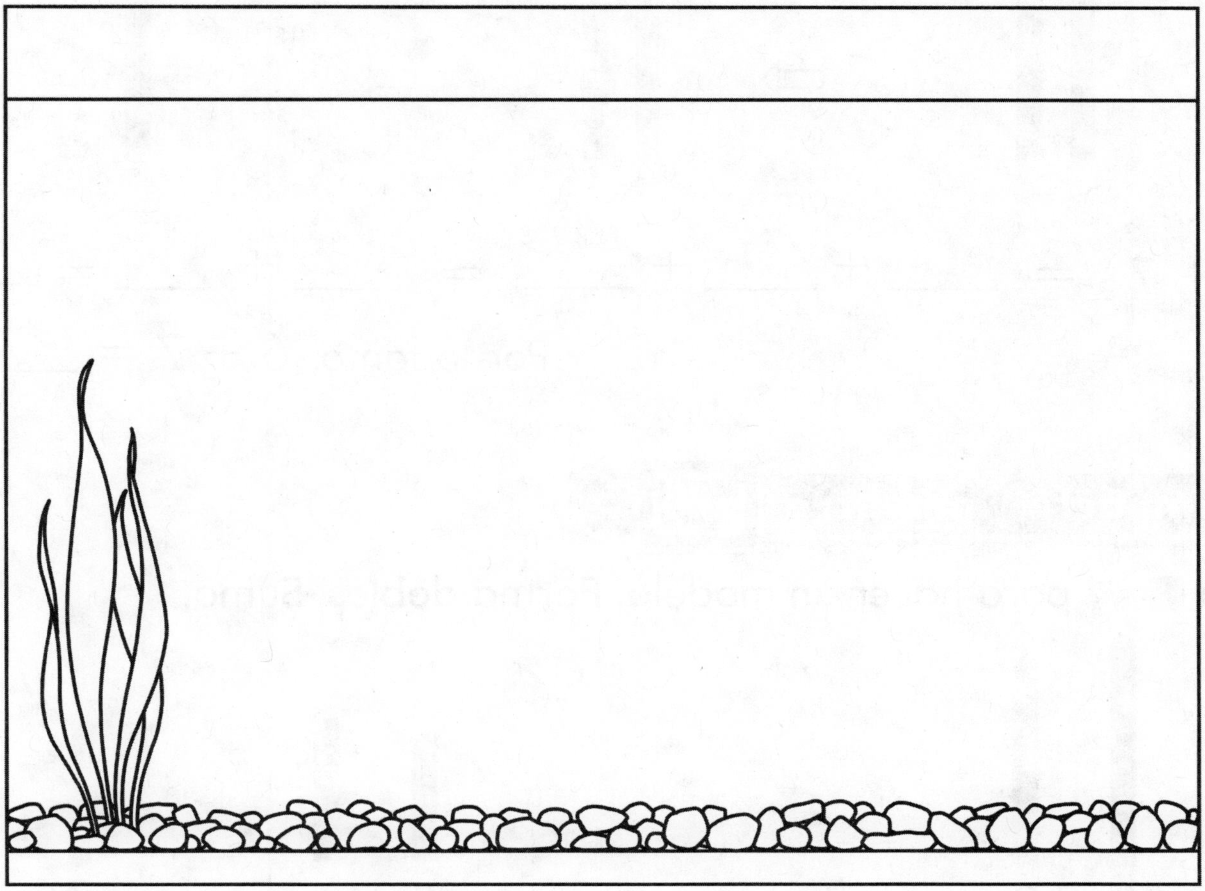

Hay ____ peces.

PARA EL MAESTRO • Lea el siguiente problema. Hay 3 peces anaranjados, 3 peces rojos y 1 pez blanco en la pecera. ¿Cuántos peces hay en la pecera?

PRÁCTICAS MATEMÁTICAS 7

Busca estructuras ¿Cómo te ayuda conocer 3 + 3 a resolver el problema?

© Houghton Mifflin Harcourt Publishing Company

Representa y dibuja

¿Cómo te sirve una operación de dobles para resolver $6 + 7$?

Separa el 7: 7 es lo mismo que 6 + 1. ⇨ Resuelve la operación de dobles 6 + 6. ⇨ **PIENSA** ¿Cuánto es uno más que 12?

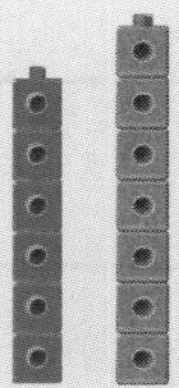

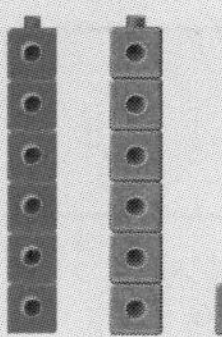

$6 + 7 = $ 6 + 6 + 1 = 12 + 1 = 13

Por lo tanto, $6 + 7 =$ ____.

Comparte y muestra

Usa cubos para hacer un modelo. Forma dobles. Suma.

1.

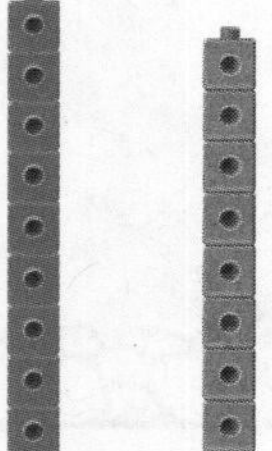

$9 + 8$

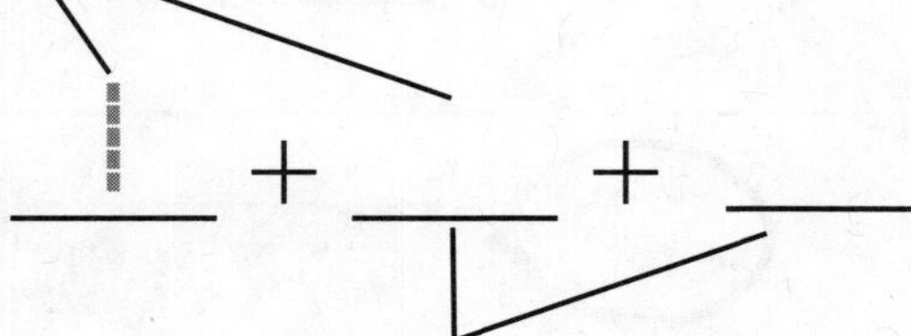

1 + ____ + ____

____ + ____ = ____

Por lo tanto, $9 + 8 =$ ____.

2.

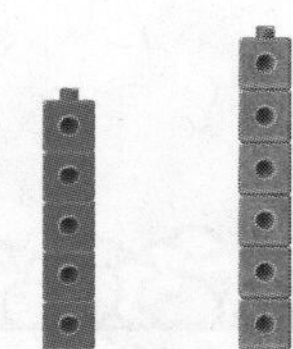

$5 + 6$

____ + ____ + ____

____ + ____ = ____

Por lo tanto, $5 + 6 =$ ____.

© Houghton Mifflin Harcourt Publishing Company

Nombre ______________________________

Por tu cuenta

PRÁCTICA MATEMÁTICA 5 **Usa un modelo concreto**

Usa ▪▪. Forma dobles y suma.

3.

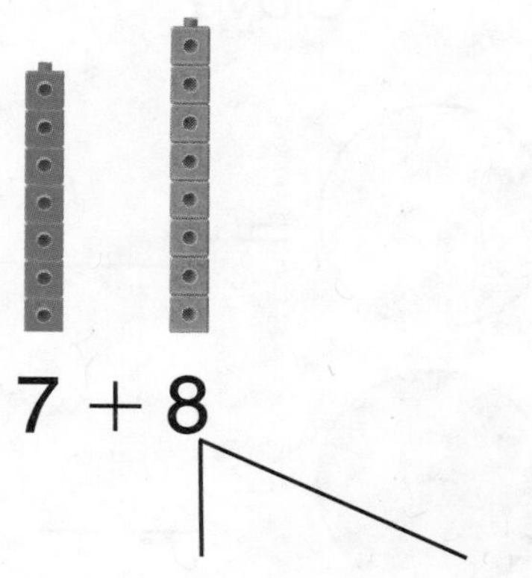

$7 + 8$

_____ + _____ + _____

Por lo tanto, $7 + 8 =$ _____.

4.

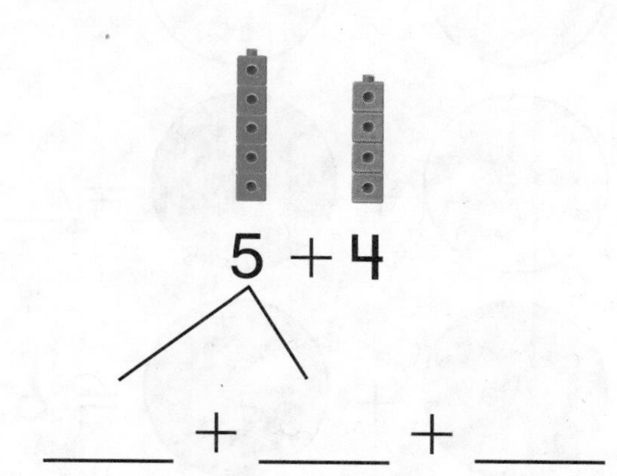

$5 + 4$

_____ + _____ + _____

Por lo tanto, $5 + 4 =$ _____.

5. PIENSA MÁS Mandy tiene el mismo número de hojas rojas y amarillas. Luego encuentra otra hoja amarilla. Tiene 17 hojas en total. ¿Cuántas hojas rojas tiene? ¿Cuántas hojas amarillas tiene?

_____ hojas rojas _____ hojas amarillas

MÁS AL DETALLE **Explica** ¿Resolverías contando hacia adelante o usando dobles? ¿Por qué?

6. $3 + 4$

____

____

____

7. $3 + 9$

____

____

____

© Houghton Mifflin Harcourt Publishing Company

Resolución de problemas • Aplicaciones

ESCRIBE Matemáticas

8. PIENSA MÁS Usa lo que sabes sobre dobles para completar la clave. Escribe las sumas que faltan.

○ + ○ = 4

○ + ● = ____

● + ● = 6

● + ● = ____

● + ● = 8

Clave

○ = ____

● = ____

● = ____

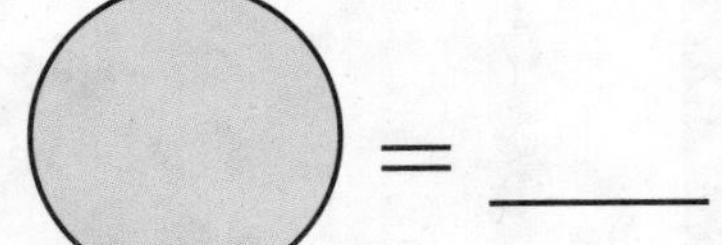

Entrenador personal en matemáticas

9. PIENSA MÁS + Hay 7 cubos rojos. Hay 8 cubos amarillos. ¿Cuántos cubos hay en total? Utiliza una operación con dobles para sumar. Escribe los números que faltan.

7 + 8 = ☐ + ☐ + 1

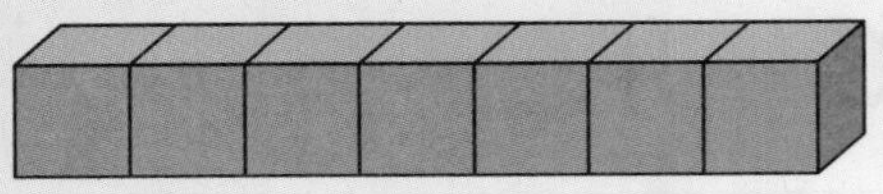

Por lo tanto, 7 + 8 = ☐

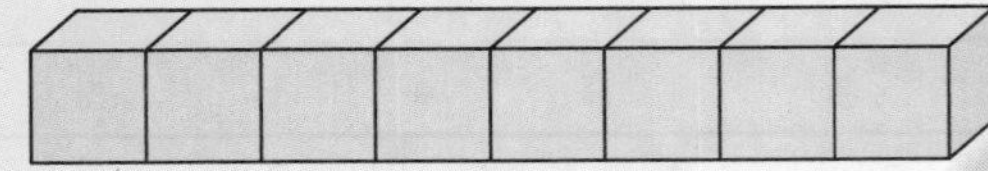

ACTIVIDAD PARA LA CASA • Pida a su niño que muestre cómo usar lo que sabe sobre dobles para resolver 6 + 5.

© Houghton Mifflin Harcourt Publishing Company

Nombre ____________________

Usar dobles para sumar

ESTÁNDAR COMÚN—1.OA.C.6
Suman y restan hasta el número 20.

Usa ▢ ■. Forma dobles. Suma.

1.

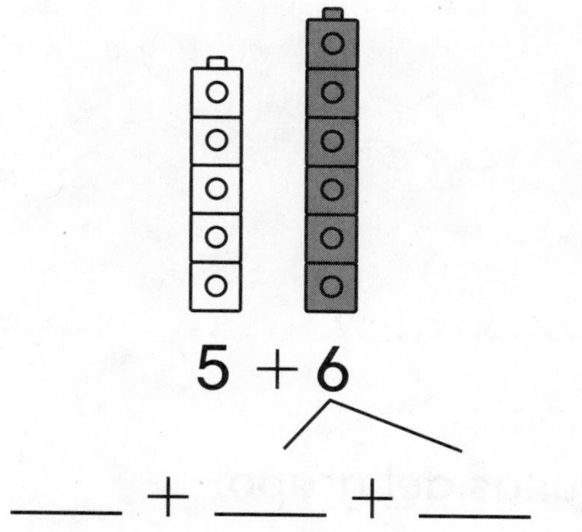

5 + 6

____ + ____ + ____

Por lo tanto, 5 + 6 = ____.

2.

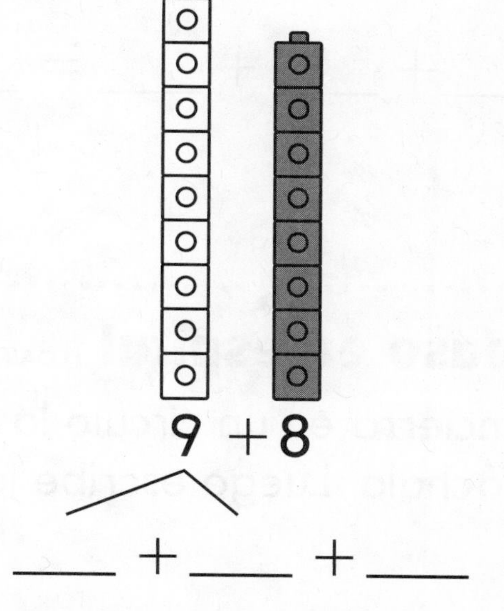

9 + 8

____ + ____ + ____

Por lo tanto, 9 + 8 = ____.

Usa dobles como ayuda para sumar.

3. 8 + 7 = ____

4. 6 + 5 = ____

5. 7 + 6 = ____

Resolución de problemas *En el mundo*

Resuelve. Dibuja o escribe la explicación.

6. Bob tiene 6 juguetes. Mila tiene 7 juguetes. ¿Cuántos juguetes tienen los dos?

____ **juguetes**

7. ESCRIBE **Matemáticas** Dibuja y rotula una ilustración para mostrar cómo conociendo 7 + 7 te ayuda a hallar 7 + 8.

© Houghton Mifflin Harcourt Publishing Company

Repaso de la lección (1.OA.C.6)

1. Usa dobles para hallar la suma de 7 + 8.
Escribe el enunciado numérico.

___ + ___ + ___ = ___

Repaso en espiral (1.OA.A.1)

2. Encierra en un círculo la parte que quitas del grupo.
Táchala. Luego escribe la diferencia.

8 − 6 = ___

3. Hay 7 gatitos grises. Hay 2 gatitos negros. ¿Cuántos gatitos negros menos que gatitos grises hay? Usa el modelo de barras para resolver. Luego escribe el enunciado numérico.

7

2 ___

___ − ___ = ___

© Houghton Mifflin Harcourt Publishing Company

PRACTICA MÁS CON EL Entrenador personal en matemáticas

Nombre ______________________________

Dobles más 1 y dobles menos 1

Pregunta esencial ¿Cómo puedes usar lo que sabes sobre dobles para hallar otras sumas?

Estándares comunes **Operaciones y pensamiento algebraico—1.OA.C.6**
También 1.OA.D.8
PRÁCTICAS MATEMÁTICAS
MP6, MP7

Escucha y dibuja

¿Cómo usarías la operación de dobles 4 + 4, para resolver cada problema? Haz un dibujo que lo muestre. Completa el enunciado de suma.

4 + ___ = 9

4 + ___ = 7

PRÁCTICAS MATEMÁTICAS 6

Explica qué pasa en la operación de dobles cuando le aumentas uno o le disminuyes uno a un sumando.

PARA EL MAESTRO • Lea los problemas. Observa la operación de dobles 4 + 4. En el primer espacio haz un dibujo que muestre 1 más. En el segundo espacio haz un dibujo que muestre 1 menos.

© Houghton Mifflin Harcourt Publishing Company

Representa y dibuja

Usa la operación de dobles 5 + 5 para sumar.

Usa **dobles más uno**. Suma 1 a la operación de dobles 5 + 5.

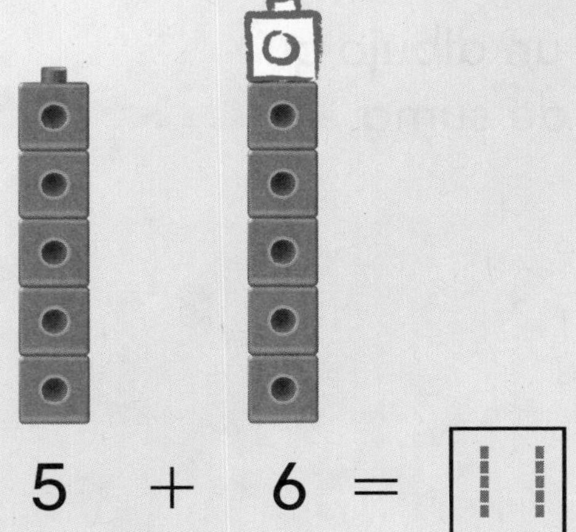

5 + 6 = 11

Usa **dobles menos uno**. Resta 1 a la operación de dobles 5 + 5.

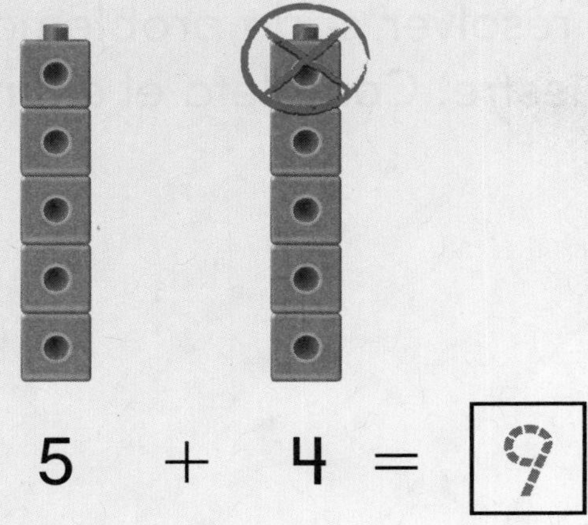

5 + 4 = 9

Comparte y muestra

Usa [cubos] para sumar. Resuelve la operación de dobles. Luego usa dobles más uno o dobles menos uno. Encierra en un círculo + o − para mostrar cómo resolviste cada problema.

1. 2 + 2 = ☐ 2 + 3 = ☐ dobles ± uno 2 + 1 = ☐ dobles ± uno

2. 3 + 3 = ☐ 3 + 4 = ☐ dobles ± uno 3 + 2 = ☐ dobles ± uno

3. 4 + 4 = ☐ 4 + 5 = ☐ dobles ± uno 4 + 3 = ☐ dobles ± uno

© Houghton Mifflin Harcourt Publishing Company

Nombre ______________________

Por tu cuenta

PRÁCTICA MATEMÁTICA 6 **Hacer conexiones** Suma. Escribe la operación de dobles que usaste para resolver el problema.

4. 8 + 9 = ____

____ ◯ ____ ◯ ____

5. 2 + 3 = ____

____ ◯ ____ ◯ ____

6. 7 + 6 = ____

____ ◯ ____ ◯ ____

7. 6 + 5 = ____

____ ◯ ____ ◯ ____

8. 3 + 4 = ____

____ ◯ ____ ◯ ____

9. 4 + 5 = ____

____ ◯ ____ ◯ ____

10. PIENSA MÁS Brianna tiene 6 patos de juguete. Ian tiene el mismo número de patos de juguete y un pez de juguete. ¿Cuántos juguetes tienen Brianna e Ian en total?

____ ◯ ____ ◯ ____ juguetes

PIENSA MÁS Suma. Escribe la operación de dobles más uno. Escribe la operación de dobles menos uno.

11. $\begin{array}{r} 6 \\ +\ 6 \\ \hline \end{array}$

dobles más uno

dobles menos uno

© Houghton Mifflin Harcourt Publishing Company

Resolución de problemas • Aplicaciones

ESCRIBE Matemáticas

12. MÁS AL DETALLE Grace quiere escribir las sumas de operaciones de dobles más uno y de dobles menos uno. Comenzó por escribir las sumas. Ayúdala a hallar el resto de las sumas.

+	0	1	2	3	4	5	6	7	8	9
0	0	1								
1	1	2	3							
2		3	4	5						
3			5	6	7					
4				7	8					
5						10	11			
6						11	12			
7								14	15	
8								15	16	
9										18

13. PIENSA MÁS Elige todas las operaciones de dobles que pueden ayudarte a resolver $4 + 5$.

- ○ $9 + 9 = 18$
- ○ $5 + 5 = 10$
- ○ $4 + 4 = 8$

ACTIVIDAD PARA LA CASA • Pida a su niño que explique cómo usar una operación de dobles para resolver la operación de dobles más uno $4 + 5$ y la operación de dobles menos uno $4 + 3$.

© Houghton Mifflin Harcourt Publishing Company

Nombre ____________________________________

Dobles más 1 y dobles menos 1

Estándares comunes **ESTÁNDAR COMÚN—1.OA.C.6**
Suman y restan hasta el número 20.

Suma. Escribe la operación de dobles que usaste para resolver el problema.

1. 8 + 7 = ____

____ ◯ ____ ◯ ____

2. 6 + 7 = ____

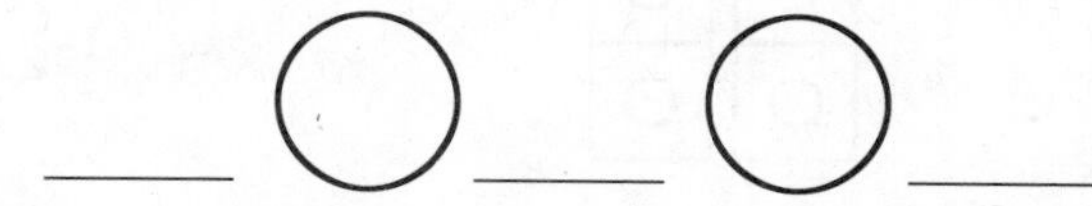

3. 4 + 3 = ____

____ ◯ ____ ◯ ____

4. 2 + 1 = ____

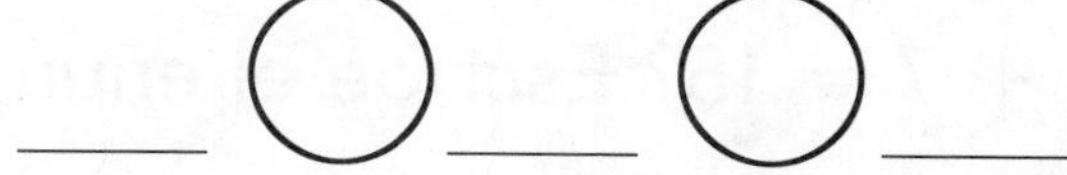

5. 8 + 9 = ____

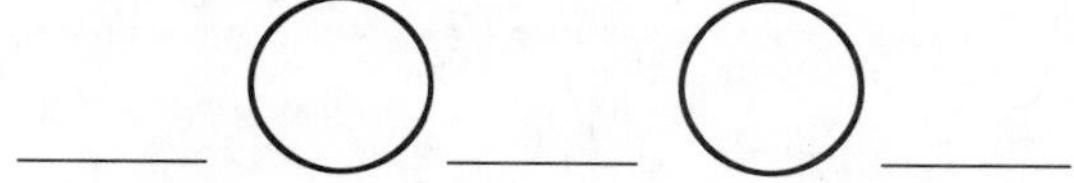

6. 3 + 2 = ____

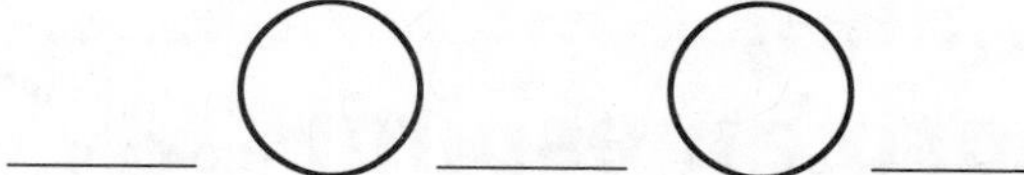

Resolución de problemas En el mundo

7. Andy escribe una operación de suma. Uno de los sumandos es 9. La suma es 17. ¿Cuál es el otro sumando? Escribe la operación de suma.

____ + ____ = 17

8. ESCRIBE **Matemáticas** Usa dibujos o palabras para explicar cómo usarías dobles más uno para resolver 4 + 5.

© Houghton Mifflin Harcourt Publishing Company

Repaso de la lección (1.OA.C.6)

1. Usa la imagen. Escribe un enunciado numérico de dobles más uno.

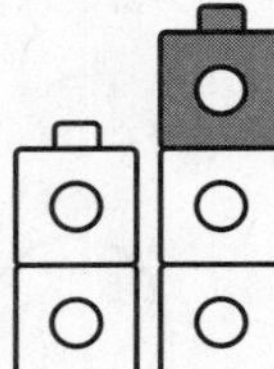

____ + ____ + ____

2. ¿Qué operación de dobles te sirve para resolver 8 + 7 = 15? Escribe el enunciado numérico.

____ + ____ + ____

Repaso en espiral (1.OA.A.1)

3. Hay 7 perros grandes y 2 perros pequeños. ¿Cuántos perros hay?

Usa ◯ para resolver. Haz un dibujo para mostrar tu trabajo. Escribe el enunciado numérico y cuántos hay.

____ perros ____ ____ ____

4. ¿Cuál es la suma de 2 y 1 más? Dibuja los ▢. Escribe la suma.

____ 2 + 1 = ____

PRACTICA MÁS CON EL Entrenador personal en matemáticas

© Houghton Mifflin Harcourt Publishing Company

Nombre ______________________

Practicar las estrategias

Pregunta esencial ¿Qué estrategias te sirven para resolver problemas de operaciones de suma?

Operaciones y pensamiento algebraico—1.OA.C.6
También 1.OA.D.8

PRÁCTICAS MATEMÁTICAS
MP3, MP7

Escucha y dibuja

Piensa en varias estrategias de suma. Escribe o haz un dibujo de dos maneras de resolver 4 + 3.

$4 + 3 = \_\_\_\_$	
Manera 1	**Manera 2**

PRÁCTICAS MATEMÁTICAS 7

Busca estructuras ¿Por qué la suma es la misma cuando usas distintas estrategias?

PARA EL MAESTRO • Anime a los niños a usar varias estrategias para mostrar dos maneras de resolver 4 + 3. Pida a los niños que compartan sus resultados y que comenten todas las estrategias.

© Houghton Mifflin Harcourt Publishing Company

Representa y dibuja

Estas son las maneras de hallar sumas que has aprendido.

Puedes contar hacia adelante.

Puedes usar dobles, dobles más 1 y dobles menos 1.

9 + 1 = 10	5 + 5 = 10
9 + 2 = ____	5 + 6 = ____
9 + 3 = ____	5 + 4 = ____

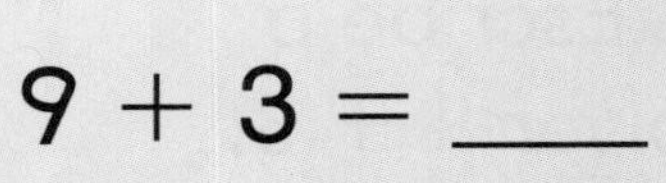
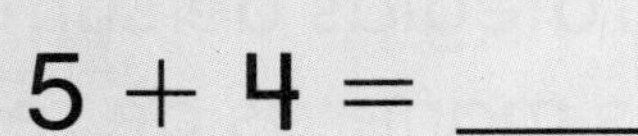

Comparte y muestra

1.

Contar hacia adelante 1
4 + 1 = ____
5 + 1 = ____
6 + 1 = ____
7 + 1 = ____

2.

Contar hacia adelante 2
5 + 2 = ____
6 + 2 = ____
7 + 2 = ____
8 + 2 = ____

✓ 3.

Contar hacia adelante 3
6 + 3 = ____
7 + 3 = ____
8 + 3 = ____
9 + 3 = ____

4.

Dobles
7 + 7 = ____
8 + 8 = ____
9 + 9 = ____
10 + 10 = ____

✓ 5.

Dobles más uno
5 + 6 = ____
6 + 7 = ____
Dobles menos uno
8 + 7 = ____
9 + 8 = ____

© Houghton Mifflin Harcourt Publishing Company

Nombre ______________________________

Por tu cuenta

PRÁCTICA MATEMÁTICA ③ **Aplica** Suma. Colorea las operaciones de dobles con [crayón]. Colorea las operaciones de contar hacia adelante con [crayón]. Colorea las operaciones de dobles más uno o de dobles menos uno con [crayón].

6. $9 + 9 =$ ____	7. $7 + 1 =$ ____	8. $5 + 3 =$ ____
9. $2 + 9 =$ ____	10. $7 + 3 =$ ____	11. $7 + 7 =$ ____
12. $6 + 5 =$ ____	13. $2 + 8 =$ ____	14. $8 + 8 =$ ____
15. $8 + 9 =$ ____	16. $9 + 3 =$ ____	17. $7 + 8 =$ ____

PIENSA MÁS Haz un problema de contar hacia adelante. Escribe los números que faltan.

18. Hay ____ pájaros en el árbol.
Llegan volando ____ pájaros más.
¿Cuántos pájaros hay en el árbol ahora?

____ pájaros

ACTIVIDAD PARA LA CASA • Pida a su niño que señale una operación de dobles, una operación de dobles más uno, una operación de dobles menos uno y una operación que resolvió contando hacia adelante. Pídale que describa cómo funciona cada estrategia.

© Houghton Mifflin Harcourt Publishing Company • Image Credits: ©Jeremy Woodhouse/PhotoDisc/Getty Images

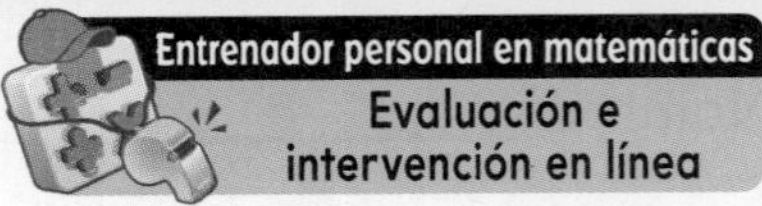

Nombre ______________________________

Revisión de la mitad del capítulo

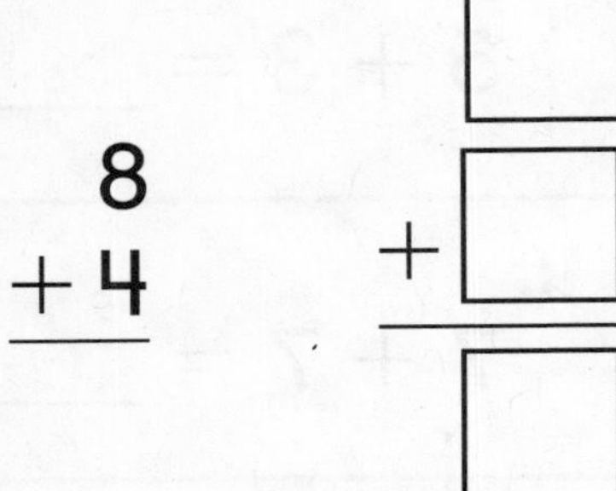

Suma. Cambia el orden de los sumandos.
Suma de nuevo. (1.OA.B.3)

1. $\begin{array}{r} 8 \\ +4 \\ \hline \end{array}$ $\begin{array}{r} \square \\ +\square \\ \hline \square \end{array}$

2. $\begin{array}{r} 7 \\ +9 \\ \hline \end{array}$ $\begin{array}{r} \square \\ +\square \\ \hline \square \end{array}$

Encierra en un círculo el sumando mayor.
Cuenta hacia adelante para hallar la suma. (1.OA.C.5)

3. $\begin{array}{r} 1 \\ +8 \\ \hline \end{array}$

4. $\begin{array}{r} 3 \\ +7 \\ \hline \end{array}$

5. $\begin{array}{r} 9 \\ +2 \\ \hline \end{array}$

6. $\begin{array}{r} 6 \\ +3 \\ \hline \end{array}$

7. $\begin{array}{r} 7 \\ +1 \\ \hline \end{array}$

8. $\begin{array}{r} 2 \\ +8 \\ \hline \end{array}$

Usa dobles como ayuda para sumar. (1.OA.C.6)

9. $7 + 8 =$ ____ 10. $6 + 7 =$ ____ 11. $9 + 8 =$ ____

Entrenador personal en matemáticas

12. PIENSA MÁS + Escribe una operación de contar hacia adelante 1 que muestre una suma de 8. Luego escribe una operación de dobles que muestre una suma de 8.

© Houghton Mifflin Harcourt Publishing Company

Nombre ______________________

Practicar las estrategias

Estándares comunes **ESTÁNDAR COMÚN—1.OA.C.6**
Suman y restan hasta el número 20.

Suma. Colorea las operaciones de dobles con ROJO.
Colorea las operaciones de contar hacia adelante con AZUL.
Colorea las operaciones de dobles más uno o de dobles menos uno con AMARILLO.

1. 8 + 8 = ____

2. 8 + 1 = ____

3. 1 + 7 = ____

4. 8 + 3 = ____

5. 5 + 5 = ____

6. 8 + 7 = ____

7. 8 + 9 = ____

8. 6 + 3 = ____

9. 6 + 6 = ____

Resolución de problemas En el mundo

Cuenta hacia adelante en el problema.
Escribe los números que faltan.

10. Hay ____ manzanas en la bolsa. Se ponen ____ manzanas más en la bolsa. ¿Cuántas manzanas hay en la bolsa ahora?

____ manzanas

11. ESCRIBE **Matemáticas** Usa dibujos o palabras para explicar una estrategia que usarías para hallar 8 + 9.

© Houghton Mifflin Harcourt Publishing Company

Repaso de la lección (1.OA.C.6)

1. ¿Qué estrategia usarías para hallar 2 + 8?
Explica cómo tomaste esta decisión.

____

____

2. ¿Cuál es la suma de 9 + 9?
Escribe el número.

____

Repaso en espiral (1.OA.A.1, 1.OA.B.3)

3. ¿Cuál es la suma de 5 + 2 o 2 + 5?
¿Por qué es igual la suma?

____

____

4. ¿Cuántas flores hay?
Escribe el número.

3 flores y 3 flores más ____ flores

© Houghton Mifflin Harcourt Publishing Company

PRACTICA MÁS CON EL Entrenador personal en matemáticas

Nombre ______________________________

Sumar 10 y más

Pregunta esencial ¿Cómo puedes usar un cuadro de diez para sumar 10 y algo más?

Operaciones y pensamiento algebraico—1.OA.C.6
También 1.OA.D.8

PRÁCTICAS MATEMÁTICAS
MP2, MP5

Escucha y dibuja *En el mundo*

¿Cuánto es 10 + 5? Usa ⬤ ⬤ y el cuadro de diez. Haz un modelo y dibuja para resolver.

PARA EL MAESTRO • Lea el siguiente problema. Ali tiene 10 manzanas rojas en una bolsa. Tiene 5 manzanas amarillas al lado de la bolsa. ¿Cuántas manzanas tiene Ali?

Charla matemática

PRÁCTICAS MATEMÁTICAS 2

Razonamiento explica cómo tu modelo muestra 10 + 5.

© Houghton Mifflin Harcourt Publishing Company

Representa y dibuja

Puedes usar un cuadro de diez para sumar 10 + 6.

$$\begin{array}{r} 10 \\ +\ 6 \\ \hline 16 \end{array}$$

Colorea las fichas para mostrar 10 rojas. Colorea las fichas para mostrar 6 amarillas.

Comparte y muestra 

Dibuja ● para mostrar 10. Dibuja ● para mostrar el otro sumando. Escribe la suma.

1. $$\begin{array}{r} 10 \\ +\ 3 \\ \hline \end{array}$$

2. $$\begin{array}{r} 10 \\ +\ 5 \\ \hline \end{array}$$

3. $$\begin{array}{r} 10 \\ +\ 1 \\ \hline \end{array}$$

4. $$\begin{array}{r} 10 \\ +\ 2 \\ \hline \end{array}$$

5. $$\begin{array}{r} 10 \\ +\ 4 \\ \hline \end{array}$$

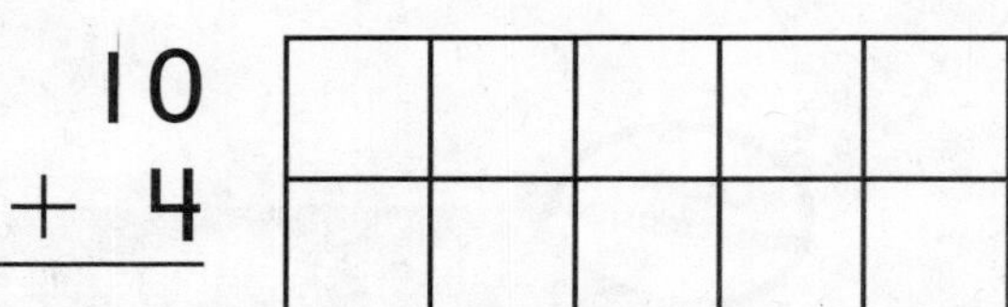

6. $$\begin{array}{r} 10 \\ +\ 7 \\ \hline \end{array}$$

© Houghton Mifflin Harcourt Publishing Company

Nombre ____________________

Por tu cuenta

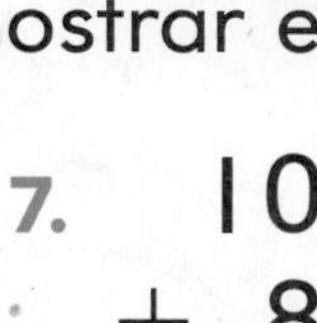

PRÁCTICA MATEMÁTICA 2 **Representa un problema**

Dibuja ● para mostrar 10. Dibuja ● para mostrar el otro sumando. Escribe la suma.

7. $10 + 8$

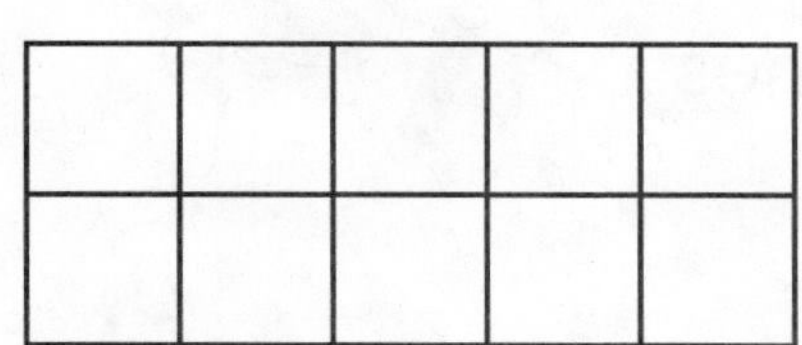

8. $10 + 2$

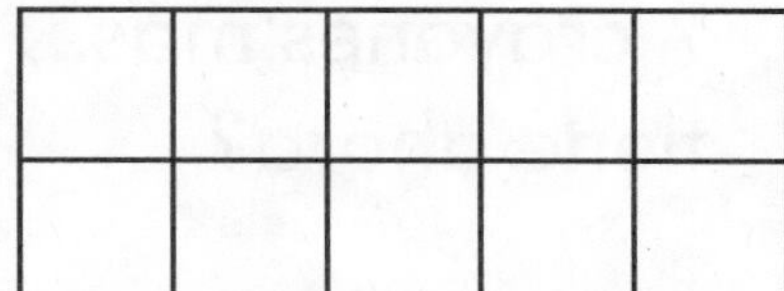

9. $10 + 6$

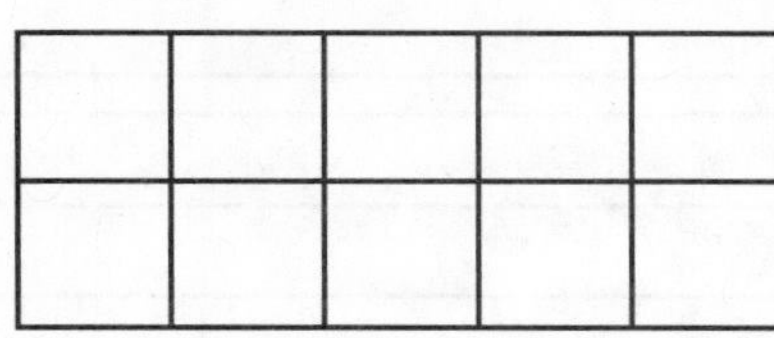

10. $10 + 9$

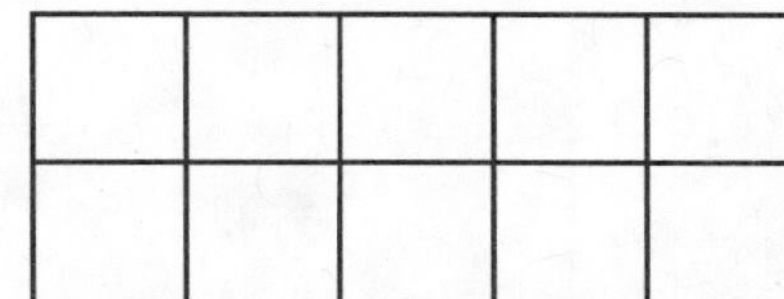

Suma.

11. $10 + 1$

12. $4 + 10$

13. $5 + 10$

14. $10 + 3$

15. $0 + 10$

16. PIENSA MÁS Dibuja ● para mostrar 10. Dibuja ● para mostrar el sumando que falta. Escribe el sumando que falta.

$10 + \square = 14$

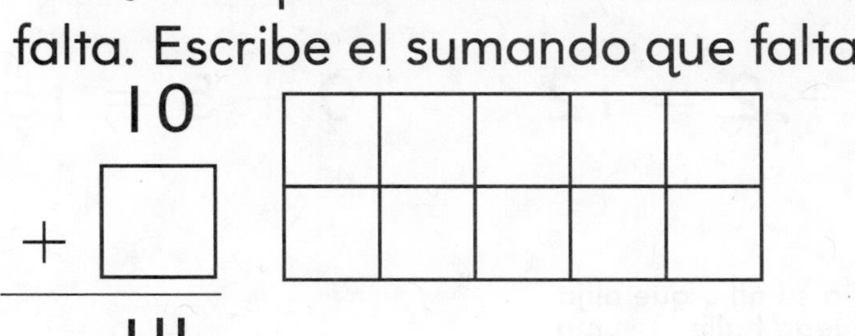

Matemáticas al instante

© Houghton Mifflin Harcourt Publishing Company • Image Credits: (t) ©Virinaflora/Shutterstock

Resolución de problemas • Aplicaciones

MÁS AL DETALLE Dibuja ● ● para resolver. Escribe el enunciado de suma. Escribe una explicación de tu modelo.

17. Marina tiene 10 crayones. Le regalan 7 crayones más. ¿Cuántos crayones tiene ahora?

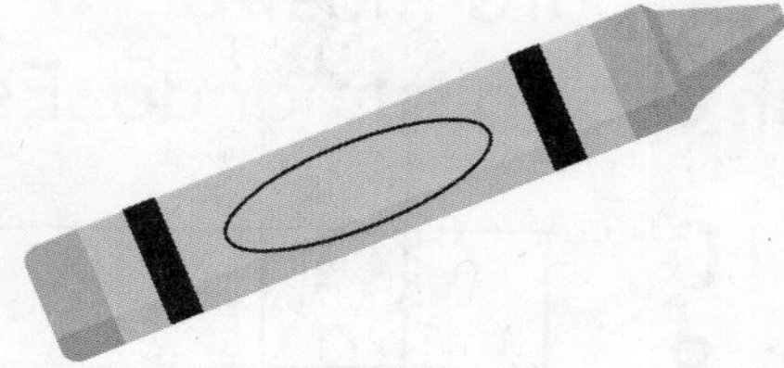

____ + ____ = ____ crayones

18. PIENSA MÁS Empareja los modelos con los enunciados numéricos.

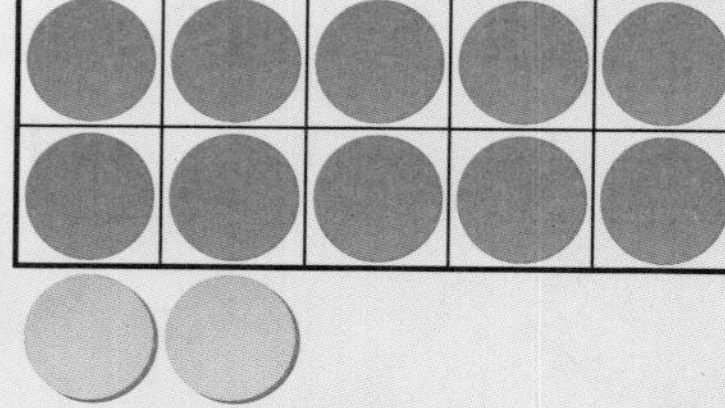

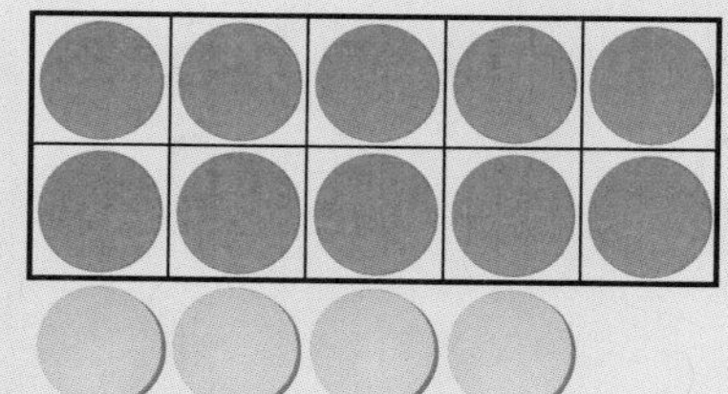

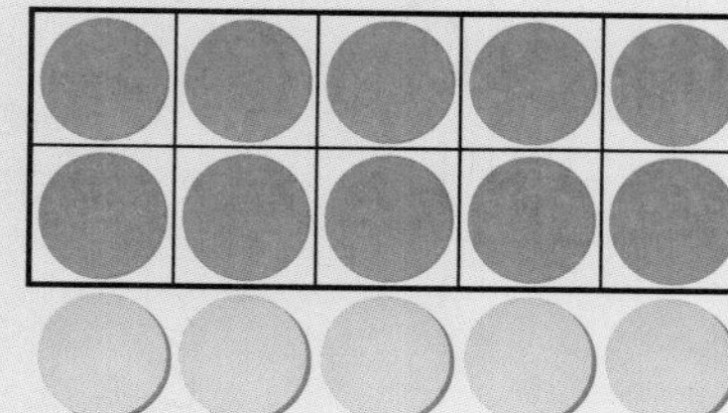

$10 + 4 = 14$ $\quad$ $10 + 2 = 12$ $\quad$ $10 + 5 = 15$

ACTIVIDAD PARA LA CASA • Pida a su niño que elija un número entre el 1 y el 10, y que luego halle la suma de 10 y ese número. Repita la actividad con otro número.

© Houghton Mifflin Harcourt Publishing Company

Nombre ______________________________

Sumar 10 y más

ESTÁNDAR COMÚN—1.OA.C.6
Suman y restan hasta el número 20.

Dibuja ◯ rojas para mostrar 10.

Dibuja ◯ amarillas para mostrar el otro sumando. Escribe la suma.

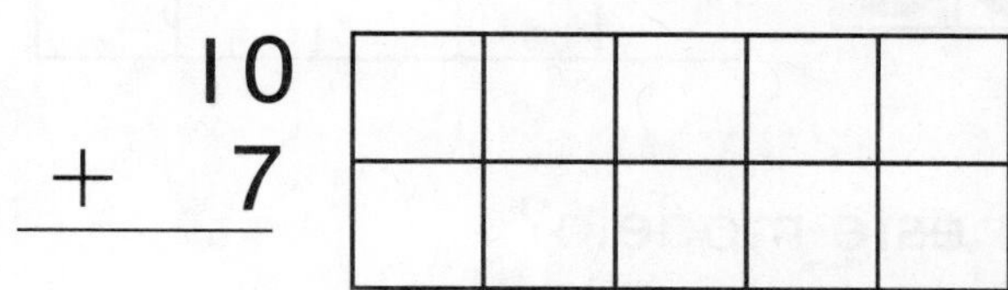

1.

$$\begin{array}{r} 10 \\ + \ 7 \\ \hline \end{array}$$

2.

$$\begin{array}{r} 10 \\ + \ 5 \\ \hline \end{array}$$

Resolución de problemas *En el mundo*

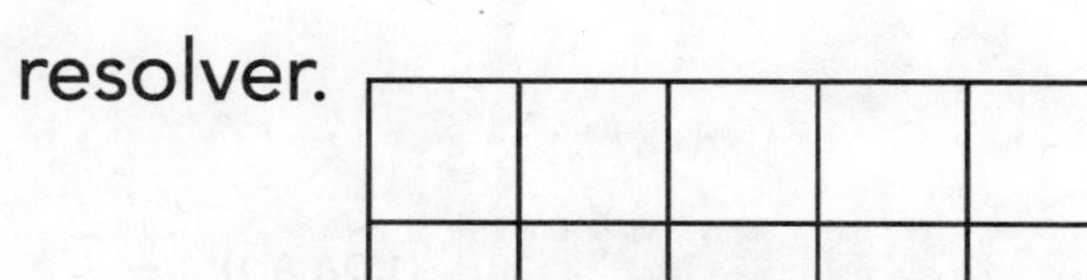

Dibuja ◯ rojas y amarillas para resolver. Escribe el enunciado de suma.

3. Linda tiene 10 carritos. Le regalan 6 carritos más. ¿Cuántos carritos tiene ahora?

____ + ____ = ____ carritos

4. ESCRIBE **Matemáticas** Usa dibujos o palabras para explicar cómo puedes resolver 10 + 6.

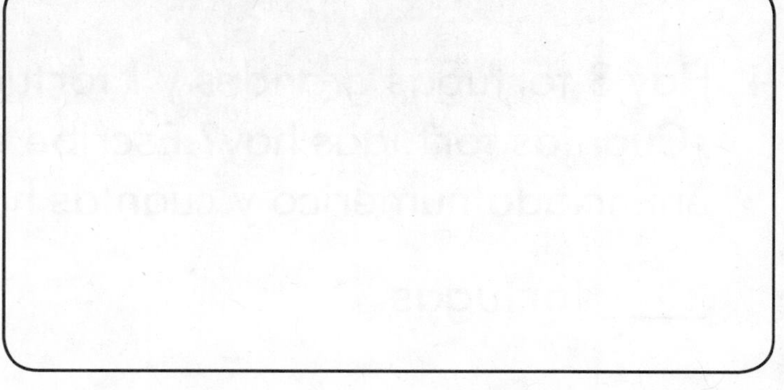

© Houghton Mifflin Harcourt Publishing Company

Repaso de la lección (1.OA.C.6)

1. Dibuja más ● para mostrar la operación de suma. Luego resuelve.

$$\begin{array}{r} 10 \\ +\ 3 \\ \hline \end{array}$$

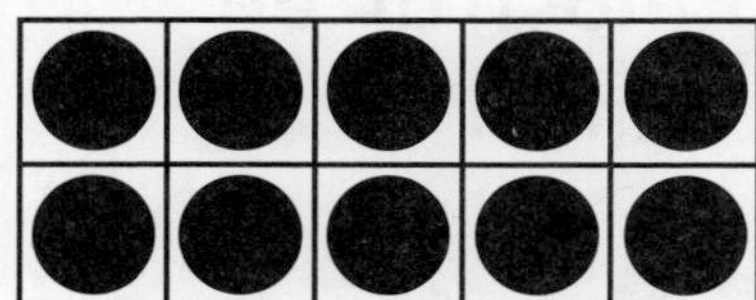

2. ¿Qué enunciado numérico muestra este modelo? Escribe el enunciado numérico.

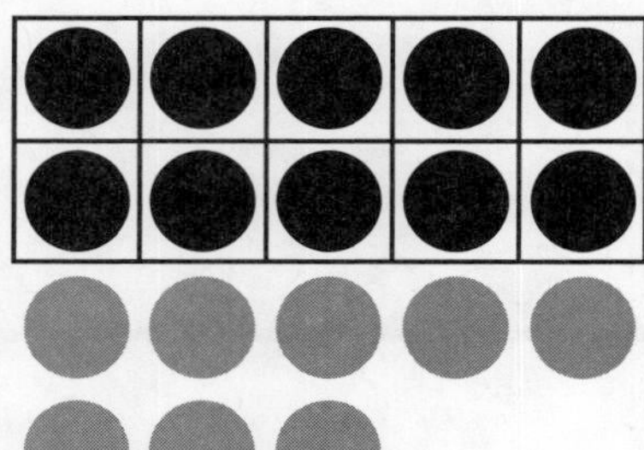

____ + ____ = ____

Repaso en espiral (1.OA.A.1)

3. Muestra tres maneras diferentes de formar 10. Escribe los enunciados numéricos.

10 = ____ + ____   10 = ____ + ____   10 = ____ + ____

4. Hay 3 tortugas grandes y 1 tortuga pequeña. ¿Cuántas tortugas hay? Escribe el enunciado numérico y cuántas hay.

____ tortugas

____ ○ ____ ○ ____

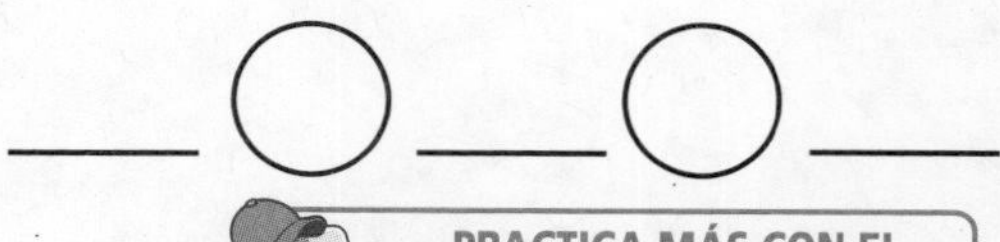

© Houghton Mifflin Harcourt Publishing Company

Nombre ____________________

Formar decenas para sumar

Pregunta esencial ¿Cómo usas la estrategia de formar una decena para sumar?

Operaciones y pensamiento algebraico—1.OA.C.6
También 1.OA.D.8

PRÁCTICAS MATEMÁTICAS
MP2, MP5

Escucha y dibuja En el mundo

¿Cuánto es 9 + 6? Usa ● ● y el cuadro de diez. Haz un modelo y dibuja para resolver.

PARA EL MAESTRO • Pregunte a los niños: ¿Cuánto es 9 + 6? Pida a los niños que hagan un modelo con fichas rojas y amarillas. Luego mueva una de las 6 fichas amarillas para formar una decena.

Charla matemática

PRÁCTICAS MATEMÁTICAS 5

Usa herramientas ¿Por qué comienzas poniendo 9 fichas en el cuadro de diez?

© Houghton Mifflin Harcourt Publishing Company

Representa y dibuja

¿Por qué muestras 8 en el cuadro de diez para hallar 4 + 8?

Coloca 8 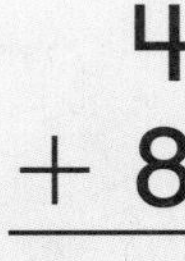 en el cuadro de diez. Luego muestra 4 .

$$\begin{array}{r} 4 \\ +\ 8 \\ \hline \end{array}$$

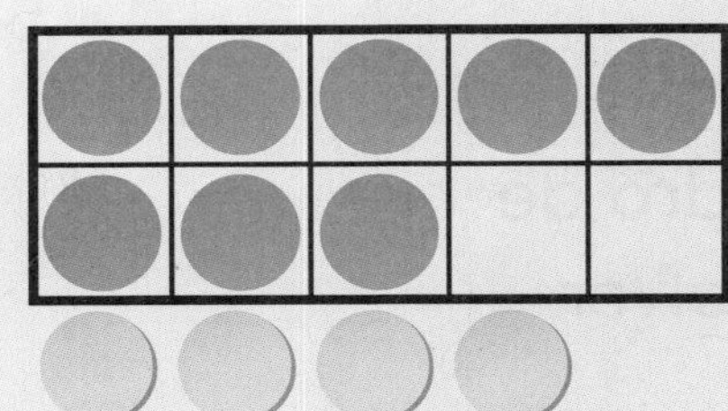

Haz un dibujo para **formar una decena**. Luego escribe la operación nueva.

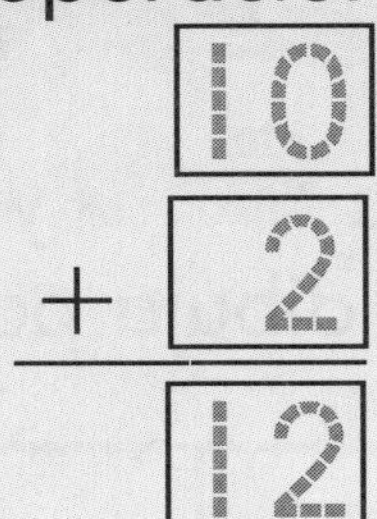

$$\begin{array}{r} 10 \\ +\ 2 \\ \hline 12 \end{array}$$

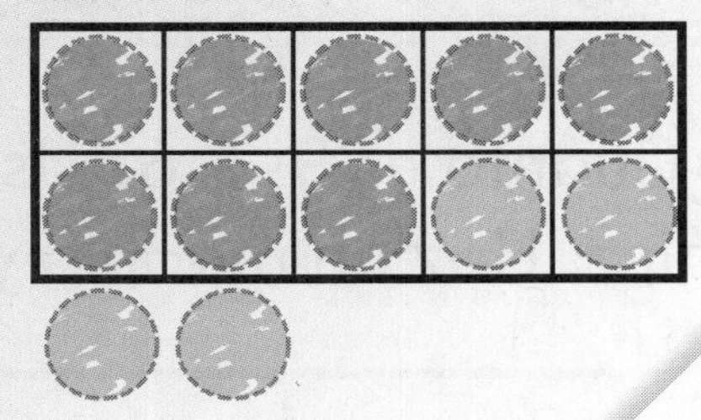

Comparte y muestra MATH BOARD

Usa y un cuadro de diez. Muestra los dos sumandos. Haz un dibujo para formar una decena. Luego escribe la operación nueva. Suma.

1.
$$\begin{array}{r} 9 \\ +\ 5 \\ \hline \end{array}$$

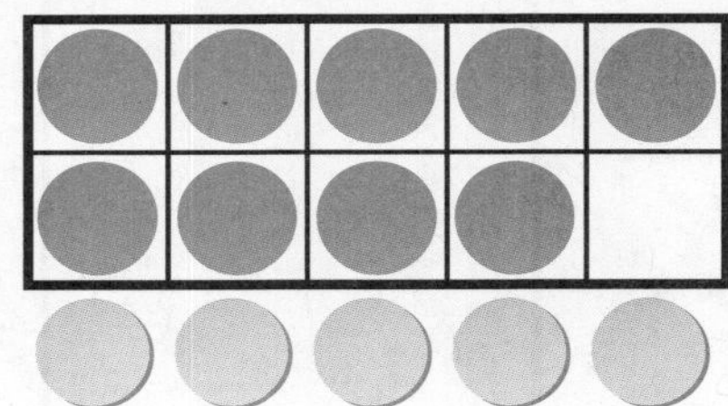

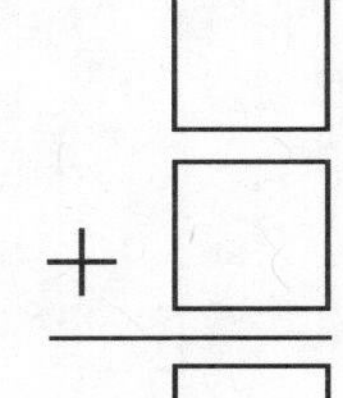

2.
$$\begin{array}{r} 4 \\ +\ 7 \\ \hline \end{array}$$

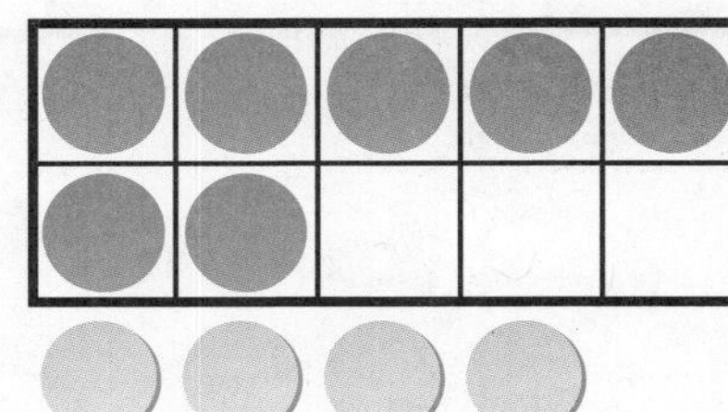

+

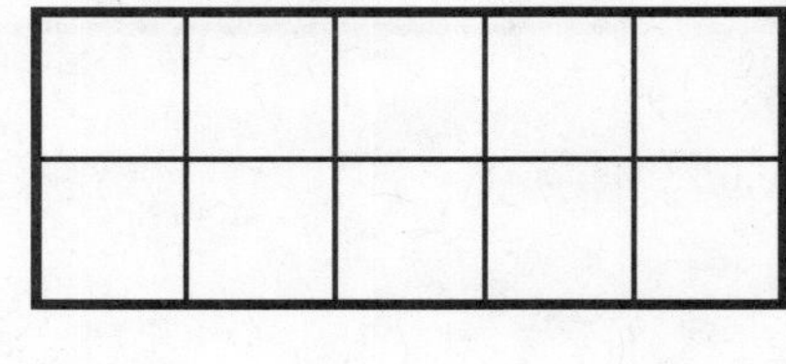

3.
$$\begin{array}{r} 9 \\ +\ 8 \\ \hline \end{array}$$

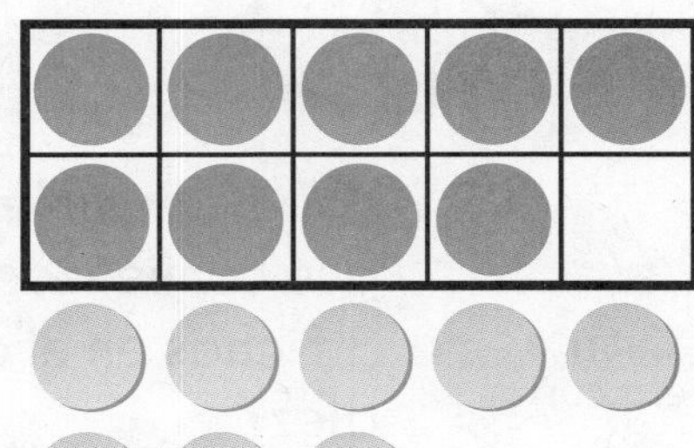

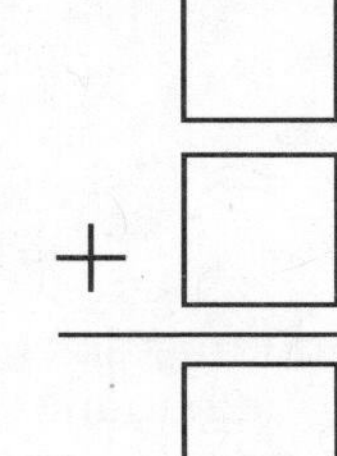

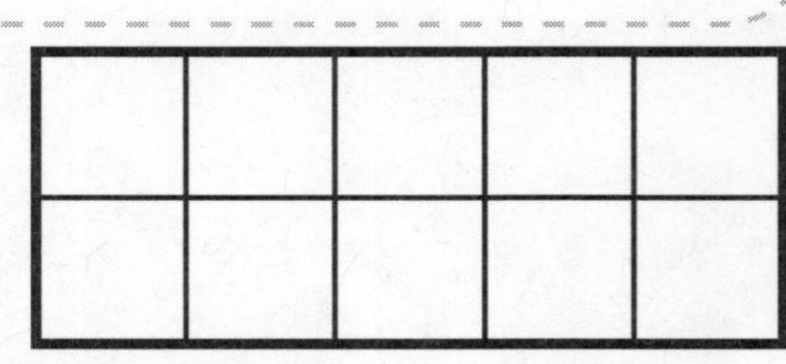

© Houghton Mifflin Harcourt Publishing Company

Nombre ______________________________

Por tu cuenta

RECUERDA
Comienza con el sumando mayor.

PRÁCTICA MATEMÁTICA 5 **Usa un modelo concreto**

Usa ● ● y un cuadro de diez. Muestra los dos sumandos. Haz un dibujo para formar una decena. Escribe la operación nueva y suma.

4. $\begin{array}{r} 5 \\ +\ 8 \\ \hline \end{array}$

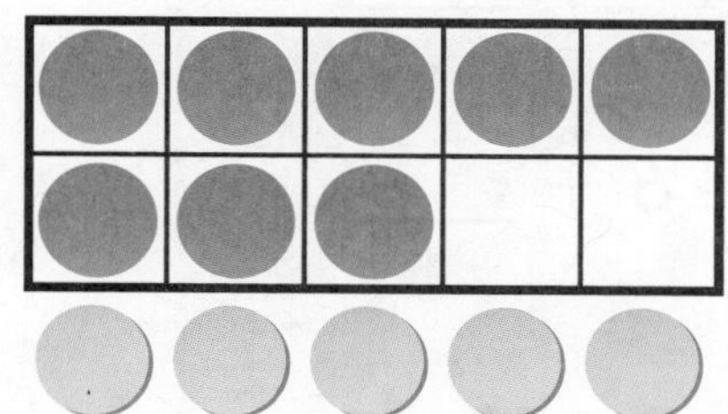

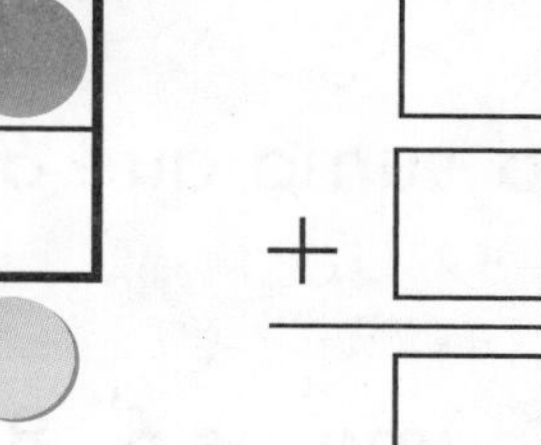

Haz un dibujo para formar una decena. Escribe el número que falta.

5. PIENSA MÁS Andrew ha visitado el Parque estatal Cedar Hill 7 veces. Cathy ha visitado el mismo parque 9 veces. ¿Cuántas veces visitaron el parque los dos?

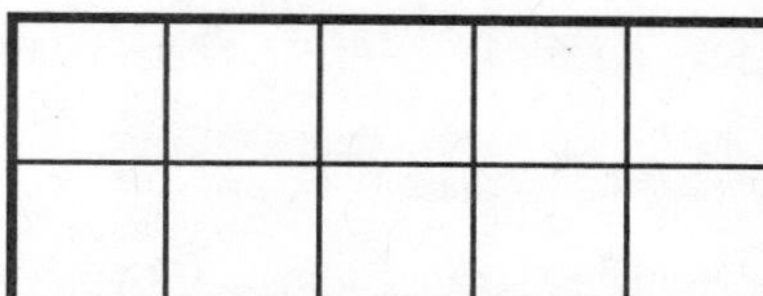

_____ visitas

6. PIENSA MÁS ¿Qué estrategia elegirías para resolver 7 + 8? ¿Por qué?

____

____

____

© Houghton Mifflin Harcourt Publishing Company

Resolución de problemas • Aplicaciones

Resuelve.

7. 10 + 8 tiene la misma suma que 9 + ____.

8. 10 + 7 tiene la misma suma que 8 + ____.

9. 10 + 5 tiene la misma suma que 6 + ____.

10. MÁS AL DETALLE Escribe los números **6, 8** o **10** para completar este enunciado. ____ + ____ tiene la misma suma que ____ + 8.

11. PIENSA MÁS El modelo muestra 7 + 4 = 11. Escribe una operación con 10 que tenga la misma suma.

ACTIVIDAD PARA LA CASA • Recorte 2 tazas de un cartón de huevos o dibuje una cuadrícula de 5 por 2 en una hoja de papel para crear un cuadro de diez. Pida a su niño que muestre cómo formar una decena con objetos pequeños para resolver 8 + 3, 7 + 6 y 9 + 9.

© Houghton Mifflin Harcourt Publishing Company

Nombre ______________________

Formar decenas para sumar

Estándares comunes **ESTÁNDAR COMÚN—1.OA.C.6**
Suman y restan hasta el número 20.

Usa ◯ rojas y amarillas y un cuadro de diez. Muestra los dos sumandos. Haz un dibujo para formar una decena. Luego escribe la operación nueva. Suma.

1. 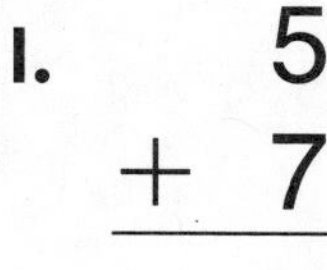

$$\begin{array}{r} 5 \\ +\ 7 \\ \hline \end{array}$$

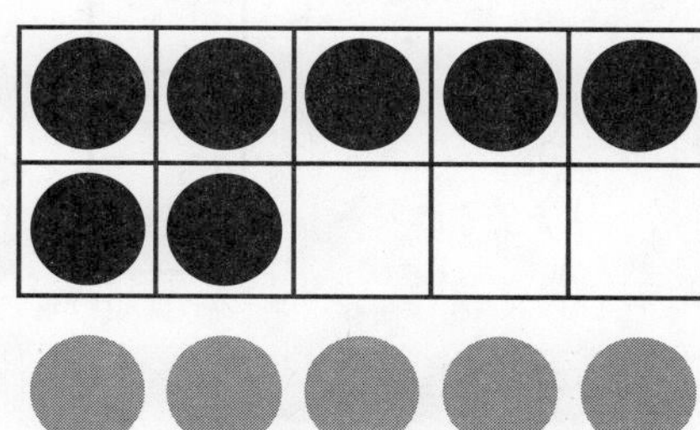

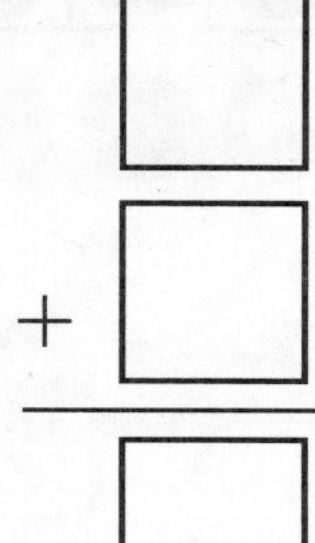

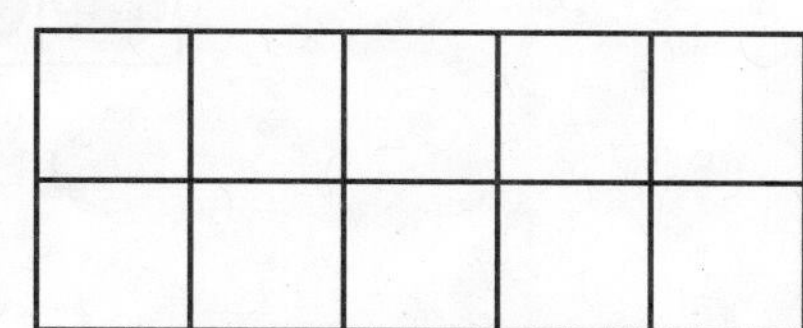

2.

$$\begin{array}{r} 9 \\ +\ 5 \\ \hline \end{array}$$

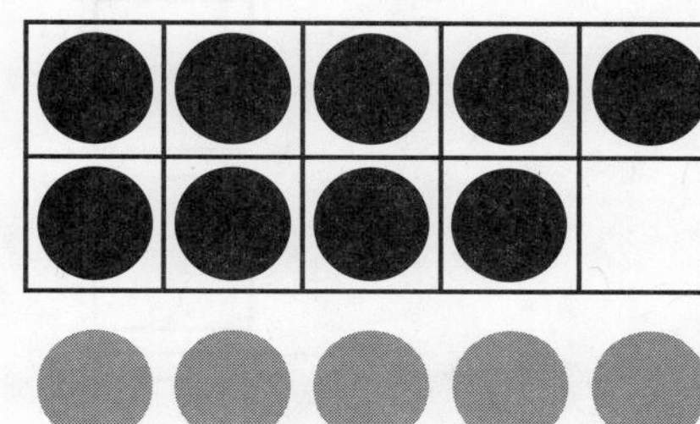

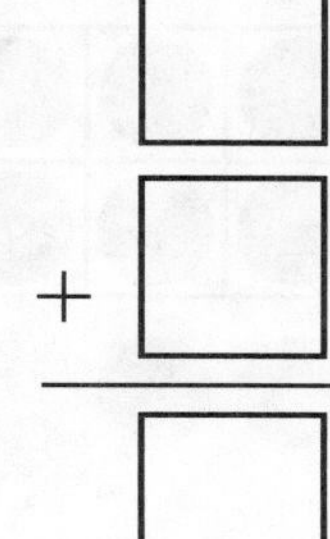

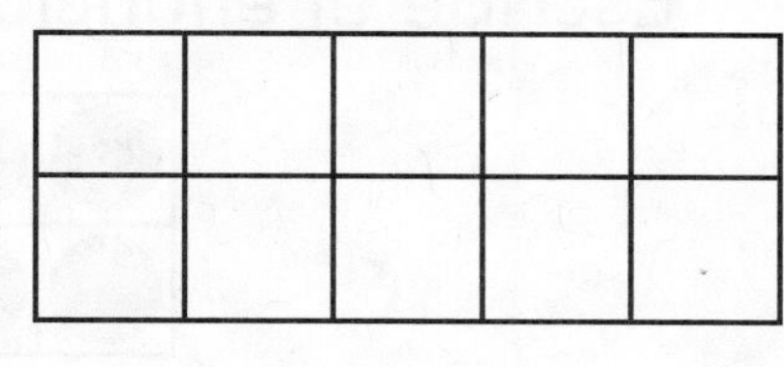

Resolución de problemas

Resuelve.

3. 10 + 6 tiene la misma suma que 7 + ____.

4. ESCRIBE Matemáticas Usa dibujos o palabras para explicar cómo usarías la estrategia de formar una decena para resolver 5 + 7.

© Houghton Mifflin Harcourt Publishing Company

Repaso de la lección (1.OA.C.6)

1. ¿Qué suma muestra este modelo?
Escribe el número.

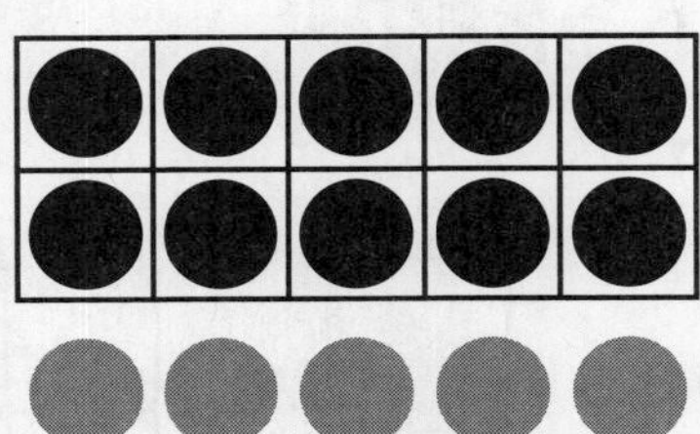

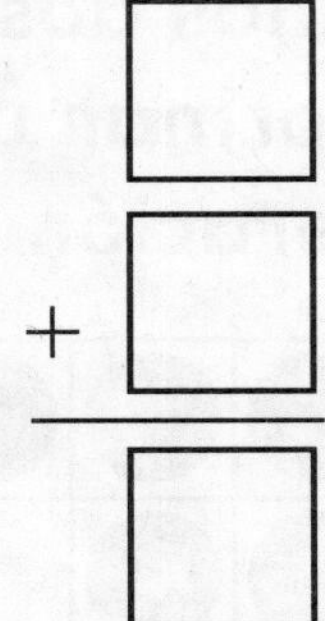

2. ¿Qué enunciado de suma muestra este modelo?
Escribe el enunciado numérico.

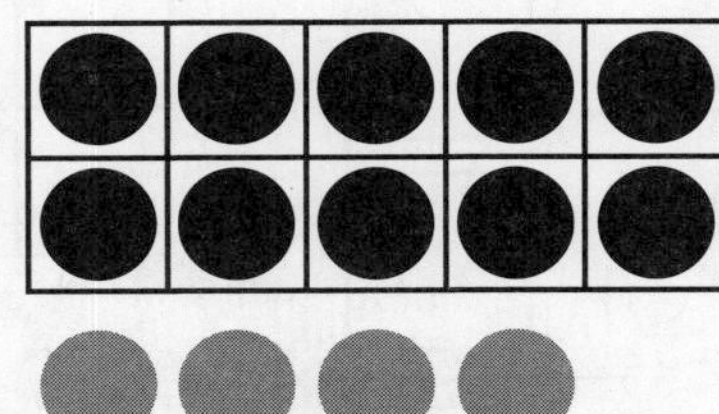

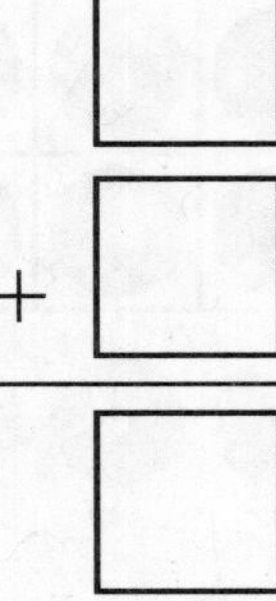

Repaso en espiral (1.OA.A.1, 1.OA.C.6)

3. ¿Cuál es la suma de 4 + 6? Escribe la suma.

____

4. Hay 2 flores grandes y 4 flores pequeñas.
¿Cuántas flores hay? Escribe el enunciado numérico y cuántas hay.

____ flores

____ ◯ ____ ◯ ____

© Houghton Mifflin Harcourt Publishing Company

Nombre ______________________________

Formar 10 para sumar

Pregunta esencial ¿Cómo puedes formar una decena para ayudarte a sumar?

Operaciones y pensamiento algebraico —1.OA.C.6
También 1.OA.D.8

PRÁCTICAS MATEMÁTICAS
MP2, MP4

Escucha y dibuja

Haz un dibujo que muestre los sumandos. Luego haz un dibujo que muestre cómo formar una decena. Escribe la suma.

$$\begin{array}{r} 6 \\ +\ 7 \\ \hline \end{array}$$

Charla matemática

PRÁCTICAS MATEMÁTICAS 4

Representa Describe cómo los dibujos muestran el modo de formar una decena para resolver 6 + 7.

PARA EL MAESTRO • Lea el siguiente problema. Sean tiene 6 bloques rojos y 7 bloques azules. ¿Cuántos bloques tiene? Pida a los niños que dibujen fichas en los cuadros de diez para mostrar cómo resolver formando una decena.

© Houghton Mifflin Harcourt Publishing Company

Representa y dibuja

¿Cuánto es $9 + 6$?

Comienza con el sumando mayor.

Forma una decena.

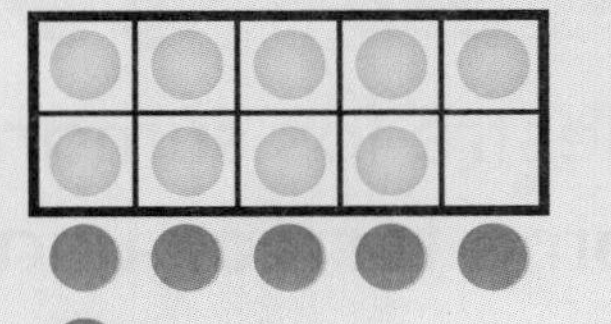

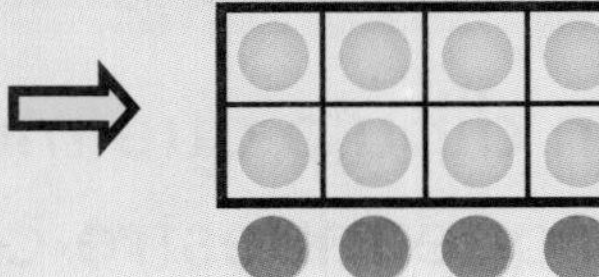

Halla la suma.

9 + 1 + 5

10 + 5 = ____

Por lo tanto, $6 + 9 =$ ____.

Comparte y muestra

Muestra cómo formas una decena. Luego suma.

1. ¿Cuánto es $8 + 4$?

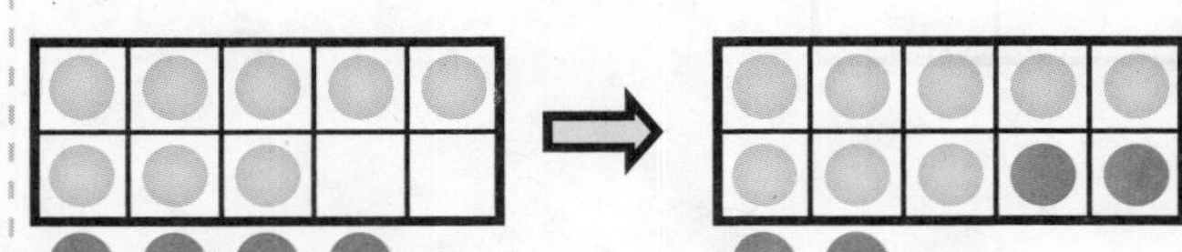

____ + ____ + 2

____ + ____ = ____

Por lo tanto, $8 + 4 =$ ____.

2. ¿Cuánto es $5 + 7$?

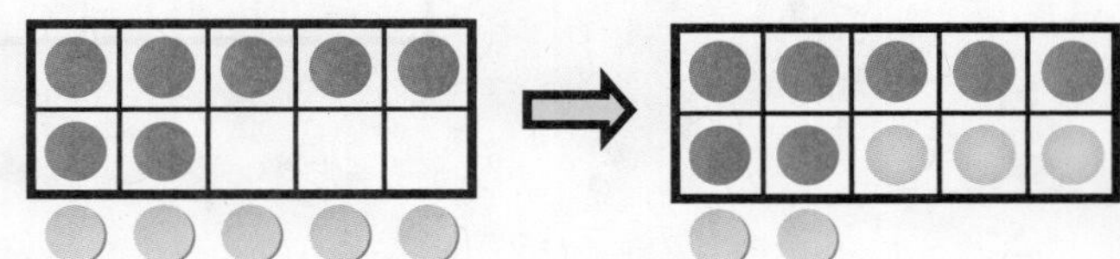

____ + ____ + 2

____ + ____ = ____

Por lo tanto, $5 + 7 =$ ____.

© Houghton Mifflin Harcourt Publishing Company

Nombre ______________________

Por tu cuenta

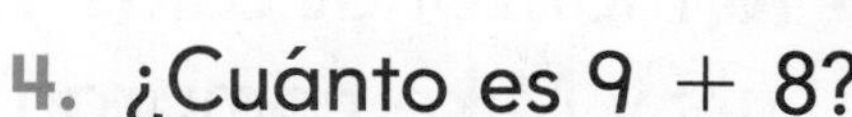

PIENSA MÁS Muestra cómo formas una decena. Luego suma.

3. ¿Cuánto es 7 + 8?

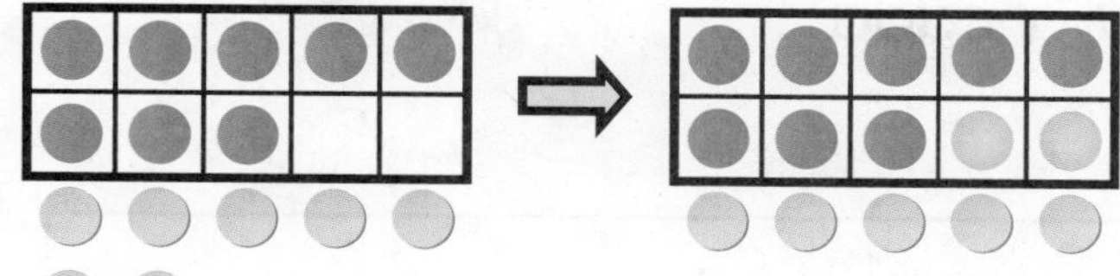

____ + ____ + ____

____ + ____ = ____

Por lo tanto, 7 + 8 = ____.

4. ¿Cuánto es 9 + 8?

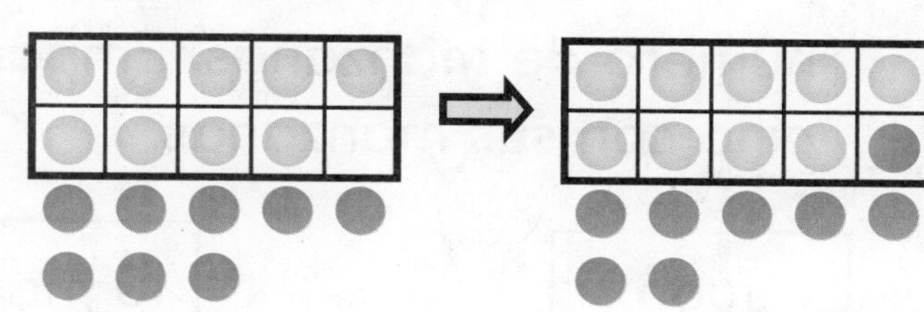

____ + ____ + ____

____ + ____ = ____

Por lo tanto, 9 + 8 = ____.

PRÁCTICA MATEMÁTICA 4 **Usa modelos**

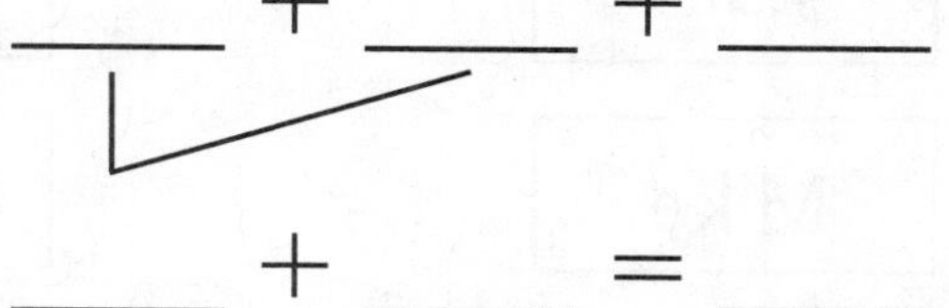

PIENSA MÁS Usa el modelo. Muestra cómo formas una decena. Luego suma.

5. Joe tiene 8 pelotas verdes de arcilla. Leah tiene 6 pelotas azules de arcilla. ¿Cuántas pelotas de arcilla tienen?

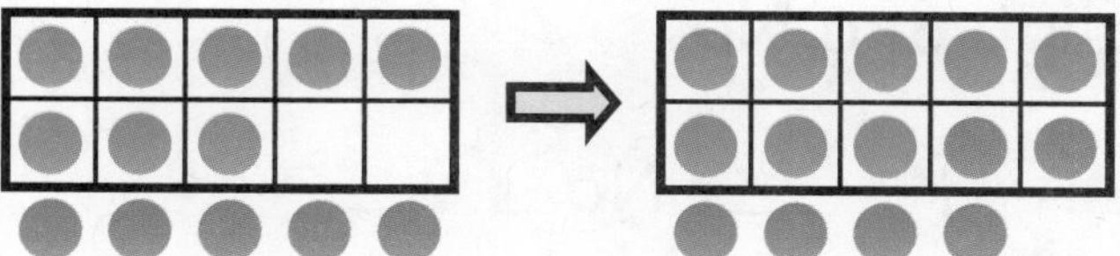

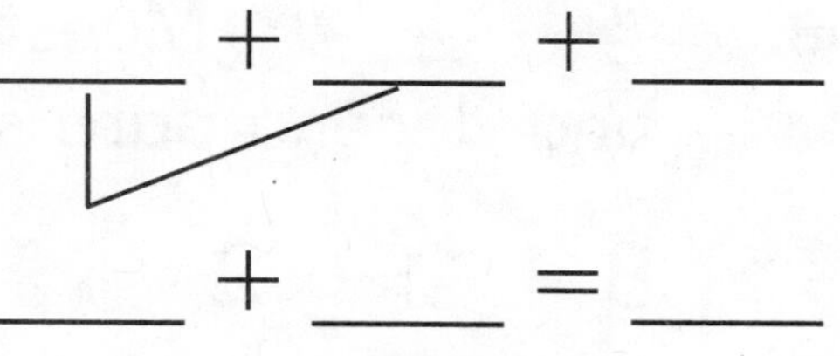

____ + ____ + ____

____ + ____ = ____

Por lo tanto, ____ + ____ = ____.

____ **pelotas de arcilla**

© Houghton Mifflin Harcourt Publishing Company

Resolución de problemas • Aplicaciones

Sigue las pistas para resolver. Dibuja líneas para emparejar.

6. Juan, Luis y Mike compran manzanas. Mike compra 10 manzanas rojas y 4 manzanas verdes. Luis y Mike compran el mismo número de manzanas. Empareja a cada niño con sus manzanas.

Juan	10 manzanas rojas y 4 manzanas verdes
Luis	6 manzanas rojas y 8 manzanas verdes
Mike	8 manzanas rojas y 7 manzanas verdes

7. MÁS AL DETALLE Observa el Ejercicio 6. Juan come una manzana. Ahora tiene el mismo número de manzanas que Luis y Mike. ¿Cuántas manzanas rojas y verdes podría tener?

_____ manzanas rojas y _____ manzanas verdes

8. PIENSA MÁS ¿Muestra la suma la forma de formar una decena para sumar? Elige Sí o No.

8 + 2 + 2	○ Sí	○ No
5 + 4 + 3	○ Sí	○ No
6 + 7 + 3	○ Sí	○ No

© Houghton Mifflin Harcourt Publishing Company • Image Credits: ©Artville/Getty Images

Nombre ______________________

Formar una decena para sumar

ESTÁNDAR COMÚN—1.OA.C.6
Suman y restan hasta el número 20.

Muestra cómo formas una decena. Luego suma.

1. ¿Cuánto es 9 + 7?

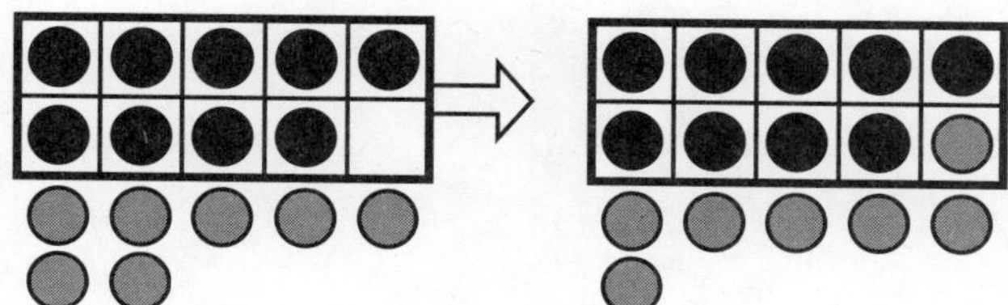

____ + ____ + ____

____ + ____ = ____

Por lo tanto, 9 + 7 = ____.

2. ¿Cuánto es 5 + 8?

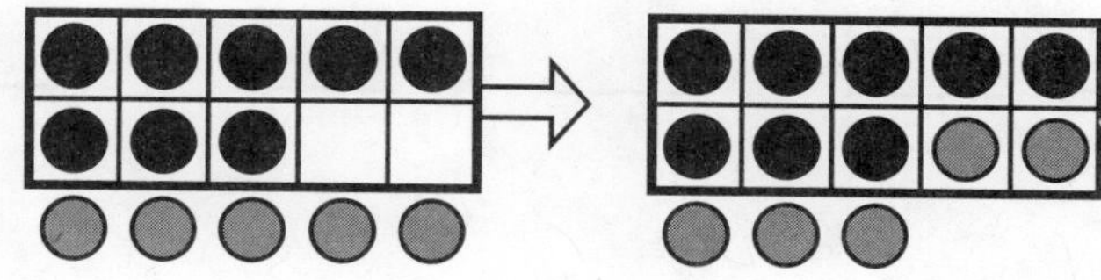

____ + ____ + ____

____ + ____ = ____

Por lo tanto, 5 + 8 = ____.

Resolución de problemas En el mundo

Usa las pistas para resolver.
Empareja trazando líneas.

3. Ann come 10 uvas verdes y 6 uvas rojas. Gia come el mismo número de uvas que Ann. Empareja a cada persona con sus uvas.

Ann	7 uvas verdes y 9 uvas rojas
Gia	10 uvas verdes y 6 uvas rojas

4. ESCRIBE Matemáticas Dibuja para explicar cómo formarías una decena para hallar 5 + 8.

© Houghton Mifflin Harcourt Publishing Company

Repaso de la lección (1.OA.C.6)

1. Forma una decena para hallar 8 + 4.

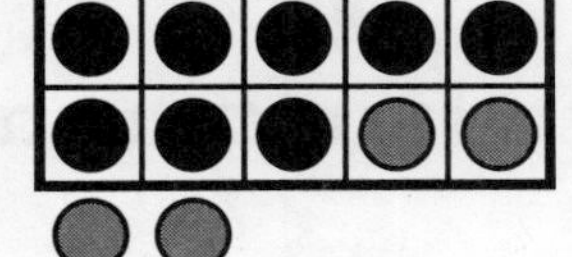

Escribe el enunciado numérico.

____ + ____ + ____ = ____

Repaso en espiral (1.OA.C.6, 1.OA.D.8)

2. ¿Cuál es la diferencia?
Completa el enunciado de resta.

$$\begin{array}{r} 5 \\ -\ 5 \\ \hline \end{array}$$

3. ¿Cuál es la diferencia?

Escribe la diferencia.

$$\begin{array}{r} 8 \\ -\ 2 \\ \hline \end{array}$$

© Houghton Mifflin Harcourt Publishing Company

PRACTICA MÁS CON EL Entrenador personal en matemáticas

Nombre ______________________________

MANOS A LA OBRA
Lección 3.10

Álgebra • Sumar 3 números

Pregunta esencial ¿Cómo puedes sumar tres sumandos?

Estándares comunes **Operaciones y pensamiento algebraico—1.OA.B.3**
También 1.OA.C.6

PRÁCTICAS MATEMÁTICAS
MP2, MP3

Escucha y dibuja En el mundo

Manos a la obra

Usa ▪ para hacer un modelo del problema.
Haz un dibujo que muestre tu trabajo.

____ pájaros

Aplica ¿Qué dos sumandos sumaste primero?

PARA EL MAESTRO • Lea el siguiente problema. Kelly ve 7 aves. Bruno ve 2 aves. Joe ve 3 aves. ¿Cuántas aves vieron los tres?

© Houghton Mifflin Harcourt Publishing Company

Representa y dibuja

$2 + 3 + 1 =$ ____

Puedes cambiar qué dos sumandos sumas primero. La suma siempre es la misma.

Suma 2 y 3. Luego suma 1.

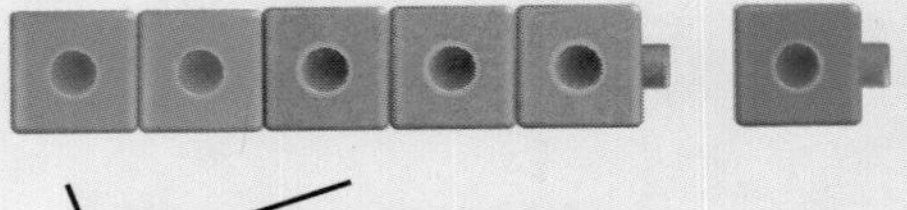

5 + 1 = 6

Suma 3 y 1. Luego suma 2.

2 + 4 = 6

Comparte y muestra

Usa cubos para cambiar qué dos sumandos sumas primero. Completa los enunciados de suma.

1. $5 + 2 + 3 =$ ____

____ + ____ = ____ ____ + ____ = ____

2. $3 + 4 + 6 =$ ____

____ + ____ = ____ ____ + ____ = ____

© Houghton Mifflin Harcourt Publishing Company

Nombre ______________________

Por tu cuenta

PRÁCTICA MATEMÁTICA 3 **Compara modelos**
Observa los cubos. Completa los enunciados de suma mostrando dos maneras de hallar la suma.

3. 7 + 3 + 1 = ____

____ + ____ = ____ ____ + ____ = ____

4. 3 + 6 + 3 = ____

____ + ____ = ____ ____ + ____ = ____

MÁS AL DETALLE Resuelve de las dos maneras.

5. 2 + 3 + 7 = ____ 2 + 3 + 7 = ____

____ + ____ = ____ ____ + ____ = ____

6. PIENSA MÁS Usé cubos para hacer un modelo de 3 sumandos. Usa mi modelo. Escribe los 3 sumandos.

Mi modelo

____ + ____ + ____ = 7

© Houghton Mifflin Harcourt Publishing Company • Image Credits: (t) ©Virinaflora/Shutterstock

Resolución de problemas • Aplicaciones

ESCRIBE Matemáticas

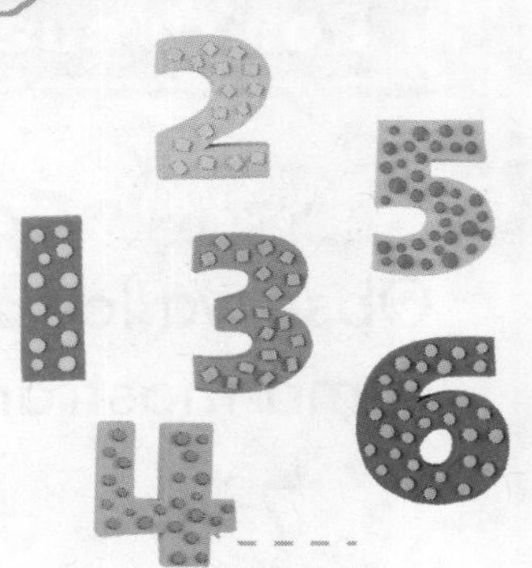

7. PIENSA MÁS Elige tres números del 1 al 6. Escribe los números en un enunciado de suma. Muestra dos maneras de hallar la suma.

8. PIENSA MÁS Escribe cada enunciado de suma en la columna que muestra la suma.

2 + 2 + 8 | 5 + 3 + 5 | 6 + 0 + 6 | 4 + 4 + 5

12	13

ACTIVIDAD PARA LA CASA • Pida a su niño que haga un dibujo que muestre dos maneras de sumar los números 2, 4 y 6.

© Houghton Mifflin Harcourt Publishing Company

Nombre ____________________

Álgebra • Sumar 3 números

ESTÁNDARES COMUNES—1.OA.B.3 *Comprenden y aplican las propiedades de operaciones, así como la relación entre la suma y la resta.*

Observa los cubos. Completa los enunciados de suma mostrando dos maneras de hallar la suma.

1. $5 + 4 + 2 =$ ____

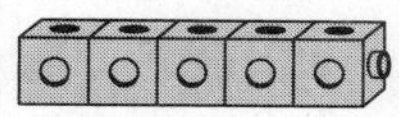  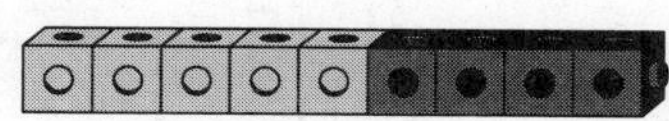

____ + ____ = ____ ____ + ____ = ____

Resolución de problemas

2. Elige tres números del 1 al 6.
Escribe los números en un enunciado de suma.
Muestra dos maneras de hallar la suma.

3. **ESCRIBE Matemáticas** Usa dibujos o palabras para explicar cómo puedes hallar la suma de $3 + 5 + 2$.

© Houghton Mifflin Harcourt Publishing Company

Repaso de la lección (1.OA.B.3)

1. ¿Cuál es la suma de 3 + 4 + 2?
Escribe la suma.

______

2. ¿Cuál es la suma de 5 + 1 + 4?
Escribe la suma.

______

Repaso en espiral (1.OA.A.1, 1.OA.C.6)

3. ¿Cuál es la suma de 3 y 7?

$$\begin{array}{r} 3 \\ +\ 7 \\ \hline \end{array}$$

4. Hay 4 vacas en el establo. Llegan 2 vacas más. ¿Cuántas vacas hay en el establo ahora?

______

Completa el modelo y el enunciado numérico.

______ vacas

4 + 2 = ______

© Houghton Mifflin Harcourt Publishing Company

PRACTICA MÁS CON EL
Entrenador personal en matemáticas

Nombre ______________________________

Álgebra • Sumar 3 números

Pregunta esencial ¿Cómo puedes agrupar los números para sumar tres sumandos?

Estándares comunes **Operaciones y pensamiento algebraico—1.OA.B.3**
También 1.OA.C.6

PRÁCTICAS MATEMÁTICAS
MP3, MP6, MP8

Escucha y dibuja En el mundo

Escucha el problema. Muestra dos maneras de agrupar y sumar los números.

3 6 3

PARA EL MAESTRO • Lea el siguiente problema. Hay 3 niños en una mesa. Hay 6 niños en otra mesa. Hay 3 niños en la fila. ¿Cuántos niños hay?

Charla matemática

PRÁCTICAS MATEMÁTICAS 3

Aplica Describe las dos maneras en que agrupaste los números para sumarlos.

© Houghton Mifflin Harcourt Publishing Company

Representa y dibuja

Puedes agrupar los sumandos en cualquier orden y en diferentes maneras para hallar la suma.

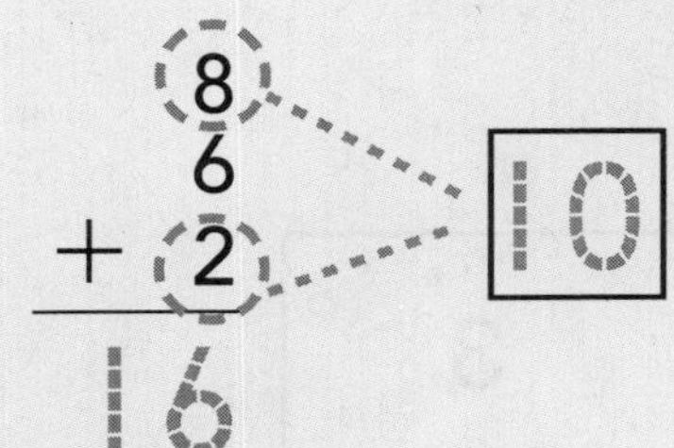

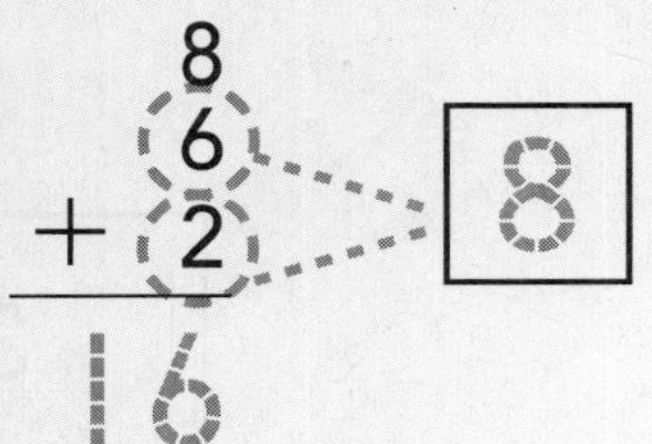

$$\begin{array}{r} 8 \\ 6 \\ +\ 2 \\ \hline 16 \end{array} \quad \boxed{10} \qquad\qquad \begin{array}{r} 8 \\ 6 \\ +\ 2 \\ \hline 16 \end{array} \quad \boxed{8}$$

Comparte y muestra

Elige una estrategia. Encierra en un círculo los dos sumandos que sumarás primero. Escribe la suma. Luego halla la suma total. Luego usa otra estrategia y suma de nuevo.

PIENSA
Cuenta hacia adelante, usa dobles, dobles más uno, dobles menos uno o forma una decena para sumar.

1. $\begin{array}{r} 6 \\ 4 \\ +\ 2 \\ \hline \end{array}$ ☐ $\begin{array}{r} 6 \\ 4 \\ +\ 2 \\ \hline \end{array}$ ☐

2. $\begin{array}{r} 3 \\ 4 \\ +\ 4 \\ \hline \end{array}$ ☐ $\begin{array}{r} 3 \\ 4 \\ +\ 4 \\ \hline \end{array}$ ☐

3. $\begin{array}{r} 2 \\ 5 \\ +\ 0 \\ \hline \end{array}$ ☐ $\begin{array}{r} 2 \\ 5 \\ +\ 0 \\ \hline \end{array}$ ☐

4. $\begin{array}{r} 5 \\ 4 \\ +\ 5 \\ \hline \end{array}$ ☐ $\begin{array}{r} 5 \\ 4 \\ +\ 5 \\ \hline \end{array}$ ☐

© Houghton Mifflin Harcourt Publishing Company

Nombre ______________________

Por tu cuenta 

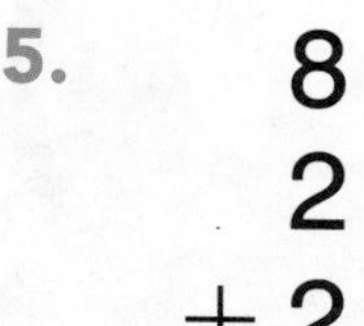

Usa el razonamiento repetitivo

Elige una estrategia. Encierra en un círculo los dos sumandos que sumarás primero. Escribe la suma.

5. 8 + 2 + 2 = ____

6. 6 + 0 + 8 = ____

7. 3 + 4 + 6 = ____

8. 2 + 3 + 7 = ____

9. 7 + 7 + 2 = ____

10. 1 + 9 + 1 = ____

11. 5 + 4 + 4 = ____

12. 5 + 5 + 5 = ____

13. PIENSA MÁS Susan tiene 7 conchas. Kai tiene 3 conchas. Zach tiene 5. ¿Cuántas conchas tienen?

____ + ____ + ____ = ____ conchas

PIENSA MÁS Escribe los sumandos que faltan. Suma.

14.

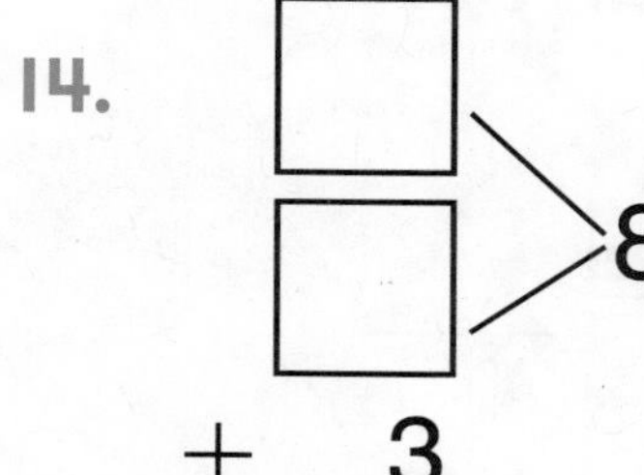

15.

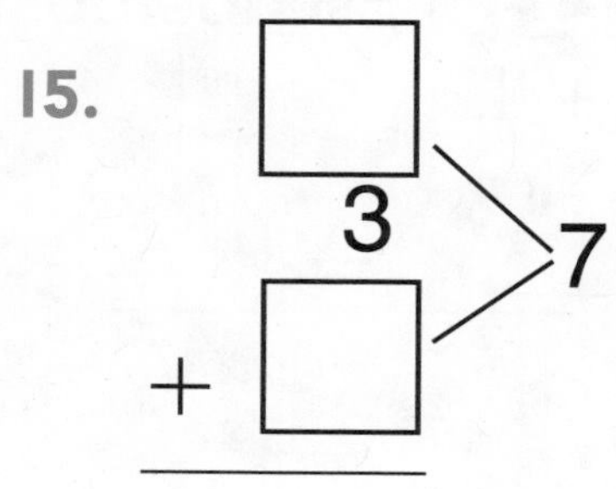

© Houghton Mifflin Harcourt Publishing Company

Resolución de problemas • Aplicaciones

Haz un dibujo. Escribe el enunciado numérico.

16. María tiene 3 gatos. Jim tiene 2 gatos. Cheryl tiene 5 gatos. ¿Cuántos gatos tienen los tres?

____ + ____ + ____ = ____ gatos

17. Tony ve 5 tortugas pequeñas. Ve 0 tortugas medianas. Ve 4 tortugas grandes. ¿Cuántas tortugas ve en total?

____ + ____ + ____ = ____ tortugas

18. MÁS AL DETALLE Kathy ve 13 peces en la pecera. Hay 6 peces dorados. El resto son azules o rojos. ¿Cuántos tipos de cada uno podría ver?

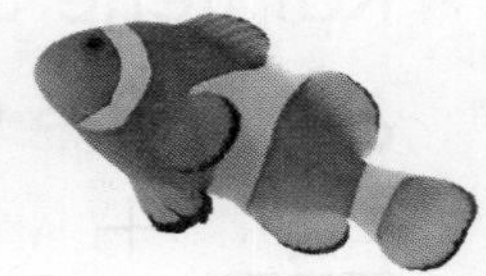

____ + ____ + 6 = 13 peces

19. PIENSA MÁS Escribe dos maneras de agrupar y sumar 2 + 3 + 4.

____ + ____ = ____   ____ + ____ = ____

ACTIVIDAD PARA LA CASA • Pida a su niño que observe el Ejercicio 18. Pida a su niño que le explique cómo decidió qué números usar. Pídale que le diga dos números nuevos que podrían funcionar.

© Houghton Mifflin Harcourt Publishing Company • Image Credits: (c) ©Shutterstock; (b) ©JupiterImages/Polka Dot/Alamy; (t) ©PhotoDisc/Getty Images

Nombre ______________________________

Álgebra • Sumar 3 números

Estándares comunes

ESTÁNDARES COMUNES—1.OA.B.3
Comprenden y aplican las propiedades de operaciones, así como la relación entre la suma y la resta.

Elige una estrategia.
Encierra en un círculo los dos sumandos que sumarás primero.
Escribe la suma.

1.

$$\begin{array}{r} 7 \\ 3 \\ +\ 3 \\ \hline \end{array}$$

2.

$$\begin{array}{r} 2 \\ 2 \\ +\ 6 \\ \hline \end{array}$$

3.

$$\begin{array}{r} 6 \\ 6 \\ +\ 3 \\ \hline \end{array}$$

4.

$$\begin{array}{r} 2 \\ 0 \\ +\ 8 \\ \hline \end{array}$$

Resolución de problemas

Haz un dibujo. Escribe el enunciado numérico.

5. Dany tiene 4 perros negros.
Tim tiene 3 perros pequeños.
Sue tiene 3 perros grandes.
¿Cuántos perros tienen los tres?

____ + ____ + ____ = ____ perros

6. ESCRIBE Matemáticas Usa dibujos o palabras para explicar cómo hallarías 6 + 4 + 4.

© Houghton Mifflin Harcourt Publishing Company

Repaso de la lección (1.OA.B.3)

1. ¿Cuál es la suma de 4 + 4 + 2?

____

2. Encierra en un círculo dos sumandos para sumarlos primero. Halla la suma. Explica tu estrategia.

$$\begin{array}{r} 7 \\ 3 \\ +\ 2 \\ \hline \end{array}$$

____

____

Repaso en espiral (1.OA.C.6)

3. Escribe una operación de dobles más uno para la suma de 7.

____ + ____ = ____

4. ¿Qué enunciado de suma muestra este modelo? Escribe el enunciado numérico.

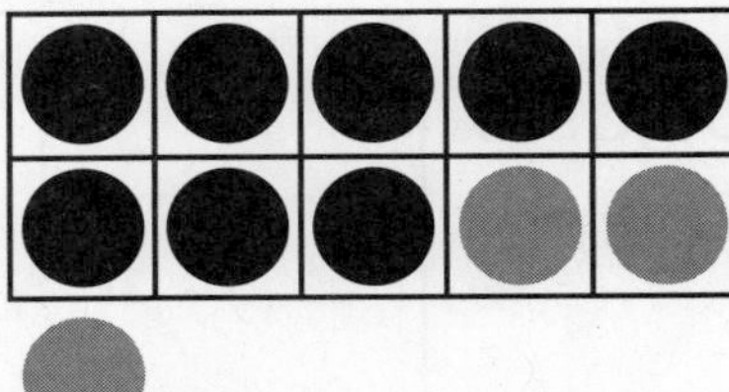

____ + ____ = ____

PRACTICA MÁS CON EL Entrenador personal en matemáticas

© Houghton Mifflin Harcourt Publishing Company

Nombre ____________________

Resolución de problemas • Usar las estrategias de suma

Pregunta esencial ¿Cómo resuelves problemas de suma haciendo un dibujo?

Operaciones y pensamiento algebraico—1.OA.A.2
También 1.OA.C.6

PRÁCTICAS MATEMÁTICAS
MP1, MP2, MP4

Megan pone 8 peces en la pecera. Tess pone 2 peces más. Luego Bob pone 3 peces más. ¿Cuántos peces hay en la pecera ahora?

Soluciona el problema (En el mundo)

¿Qué debo hallar?

cuántos peces hay en la pecera

¿Qué información debo usar?

Megan pone 8 peces.

Tess pone 2 peces.

Bob pone 3 peces.

Muestra cómo resolver el problema.

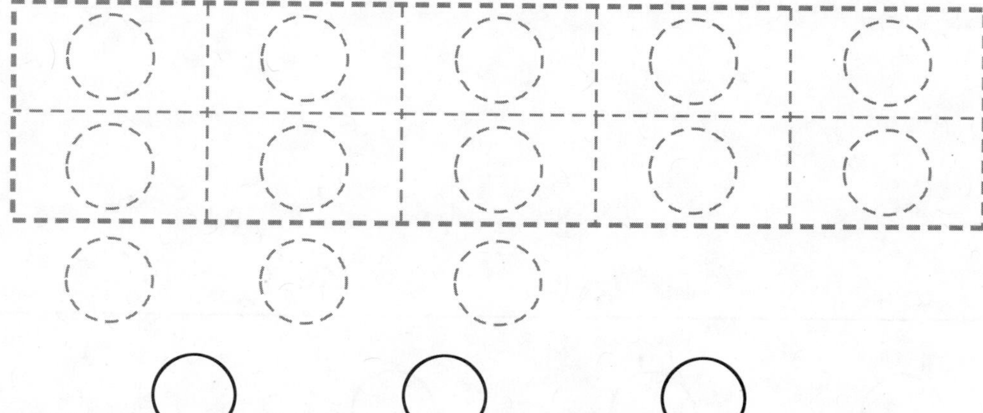

___ ◯ ___ ◯ ___ ◯ ___

___ peces

NOTA A LA FAMILIA • Su niño continuará usando esta tabla durante el año como ayuda para solucionar problemas. En esta lección, su niño aplicó la estrategia de hacer un dibujo para resolver problemas.

© Houghton Mifflin Harcourt Publishing Company

Haz otro problema

Haz un dibujo para resolver.

- ¿Qué debo hallar?
- ¿Qué información debo usar?

1. Mark tiene 9 carritos verdes.
Tiene 1 carrito amarillo.
También tiene 5 carritos azules.
¿Cuántos carritos tiene?

____ ◯ ____ ◯ ____ ◯ ____

____ carritos

PRÁCTICAS MATEMÁTICAS 2

Razonamiento Explica por qué formar una decena te ayuda a resolver el problema.

© Houghton Mifflin Harcourt Publishing Company

Nombre ______________________________

Comparte y muestra

PRÁCTICA MATEMÁTICA 4 **Escribe una ecuación**

Haz un dibujo para resolver.

2. Ken pone 5 canicas en un frasco. Lou pone 0 canicas. Mae pone 5 canicas. ¿Cuántas canicas hay en el frasco?

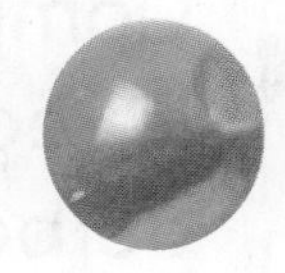

____ ◯ ____ ◯ ____ ◯ ____ ____ canicas

3. Ava tiene 3 cometas. Lexi tiene 3 cometas. Fred tiene 5 cometas. ¿Cuántas cometas tienen los tres?

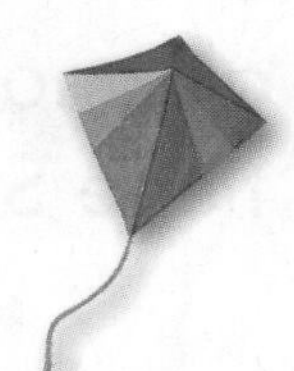

____ ◯ ____ ◯ ____ ◯ ____ ____ cometas

4. Al saca 8 libros de la biblioteca. Ryan saca 7 libros. Dee saca 1 libro. ¿Cuántos libros tienen los tres?

____ ◯ ____ ◯ ____ ◯ ____ ____ libros

5. Peter envía 4 cartas. Luego envía 3 cartas más. Más tarde envía 2 cartas más. ¿Cuántas cartas envió Peter?

____ cartas

© Houghton Mifflin Harcourt Publishing Company

Por tu cuenta

Resuelve. Escribe o haz un dibujo que muestre tu trabajo.

6. Kevin tiene 8 tarjetas de béisbol. Compra 2 tarjetas más. Su amigo le regala 5. ¿Cuántas tarjetas de béisbol tiene?

_______ tarjetas de béisbol

7. Hay 14 lápices en total. Haley tiene 6 lápices. Mac tiene 4 lápices. Sid tiene algunos lápices. ¿Cuántos lápices tiene Sid?

_______ lápices

8. MÁS AL DETALLE Hay 12 canicas en una bolsa. Shelly saca 3 canicas. Dany pone 4. ¿Cuántas canicas hay en la bolsa ahora?

_______ canicas

9.  Eric tiene 4 lápices. Sandy le da 3 lápices a Eric. Tracy le da 5 lápices más a Eric. ¿Cuántos lápices tiene Eric en total?

Eric tiene ☐ lápices en total.

ACTIVIDAD PARA LA CASA • Pida a su niño que observe el Ejercicio 8 y que diga cómo halló la respuesta.

© Houghton Mifflin Harcourt Publishing Company

Nombre ______________________________

Resolución de problemas • Usar las estrategias de suma

Estándares comunes

ESTÁNDARES COMUNES—1.OA.A.2
Representan y resuelven problemas relacionados a la suma y a la resta.

Haz un dibujo para resolver.

1. Franco tiene 5 crayones. Le regalan 8 crayones más. Luego le regalan 2 crayones más. ¿Cuántos crayones tiene ahora?

____ ◯ ____ ◯ ____ ◯ ____

____ crayones

2. Jackson tiene 6 bloques. Le regalan 5 bloques más. Luego le regalan 3 bloques más. ¿Cuántos bloques tiene ahora?

____ ◯ ____ ◯ ____ ◯ ____

____ bloques

3. Avni tiene 7 regalos. Recibe 2 regalos más. Luego recibe 3 regalos más. ¿Cuántos regalos tiene Avni ahora?

____ ◯ ____ ◯ ____ ◯ ____

____ regalos

4. ESCRIBE Matemáticas Haz un dibujo para mostrar cómo resolverías este problema. Jeb tiene 4 rocas grandes. Tiene 4 rocas medianas. Tiene 7 rocas pequeñas. ¿Cuántas rocas tiene Jeb?

© Houghton Mifflin Harcourt Publishing Company

Repaso de la lección (1.OA.A.2)

1. Lila tiene 3 piedras grises.
Tiene 4 piedras negras.
También tiene 7 piedras blancas.
¿Cuántas piedras tiene?

Escribe el enunciado numérico.

_____ piedras

___ ◯ ___ ◯ ___ ◯ ___

2. Patrick tiene 3 adhesivos rojos, 6 adhesivos rosados y 8 adhesivos verdes.
¿Cuántos adhesivos tiene Patrick?

Escribe el enunciado numérico.

_____ adhesivos

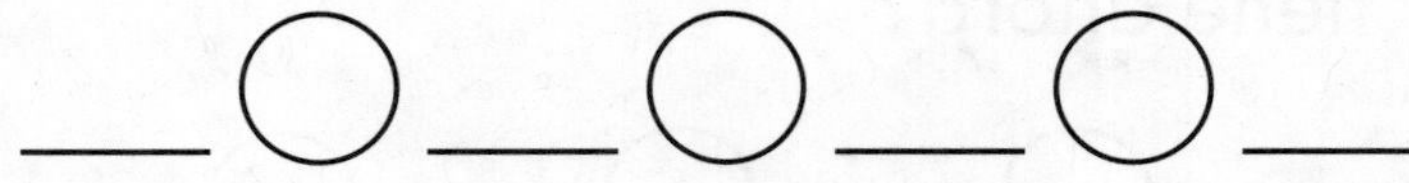

Repaso en espiral (1.OA.A.1, 1.OA.B.3)

3. ¿Cuál es la suma de 2 + 4 o 4 + 2? Escribe el número.

_____

4. Hay 6 bolígrafos negros.
Hay 3 bolígrafos azules.
¿Cuántos bolígrafos hay?
Escribe el número.

_____ bolígrafos

PRACTICA MÁS CON EL
Entrenador personal en matemáticas

© Houghton Mifflin Harcourt Publishing Company

Repaso y prueba del Capítulo 3

1. Escribe los sumandos en orden diferente.

$$5 + 4 = 9$$

_____ + _____ = _____

2. Cuenta hacia adelante 4. Escribe el número que muestra 1 más.

_____

3. Los cubos muestran una operación con dobles. Elige la operación de dobles y la suma.

_____ + [5 / 6] = [9 / 10]

© Houghton Mifflin Harcourt Publishing Company

Entrenador personal en matemáticas

4. PIENSA MÁS + Hay 3 hojas rojas. Hay 4 hojas amarillas. ¿Cuántas hojas hay en total?

Usa los dobles para sumar. Escribe los números que faltan.

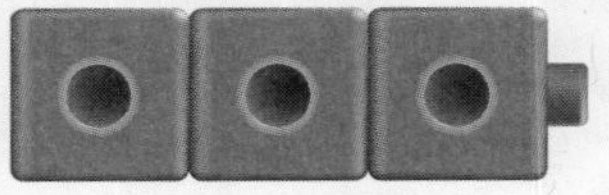

$3 + 4 = \square + \square + \square$

Por lo tanto, $3 + 4 = \square$

5. Selecciona todas las operaciones de dobles que te pueden ayudar a resolver 8 + 7.

- ○ $4 + 4 = 8$
- ○ $7 + 7 = 14$
- ○ $8 + 8 = 16$

---

6. MÁS AL DETALLE Escribe una operación de contar hacia adelante 2 que muestre una suma de 10.

Luego escribe una operación de dobles que muestre un total de 10.

$\square + \square = \square$

$\square + \square = \square$

© Houghton Mifflin Harcourt Publishing Company

Nombre ______________________

7. Empareja los modelos con los enunciados numéricos.

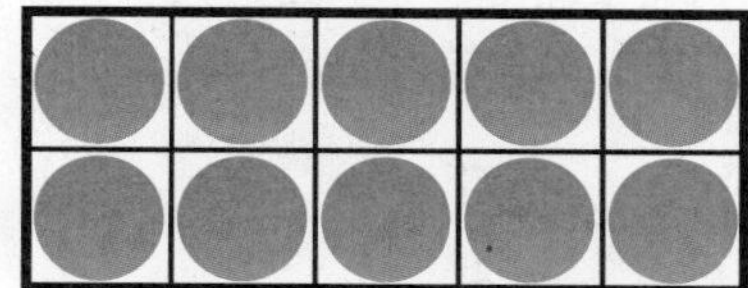

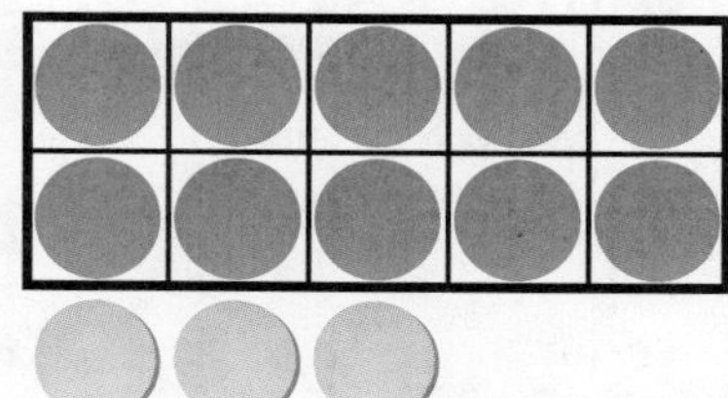

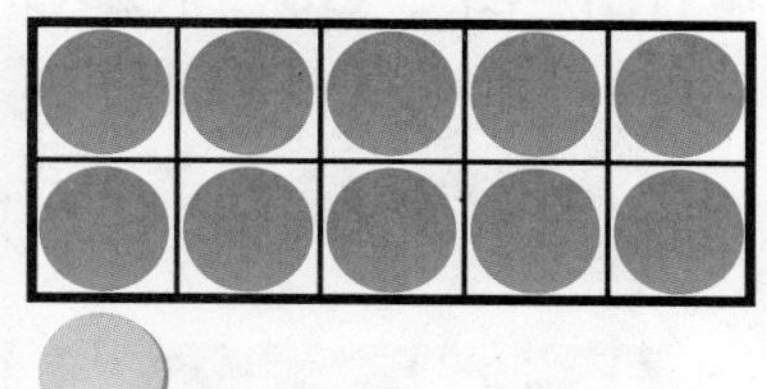

$10 + 3 = 13$ $10 + 1 = 11$ $10 + 0 = 10$

---

8. El modelo muestra $8 + 5 = 13$.

Escribe una operación con 10 que tenga la misma suma.

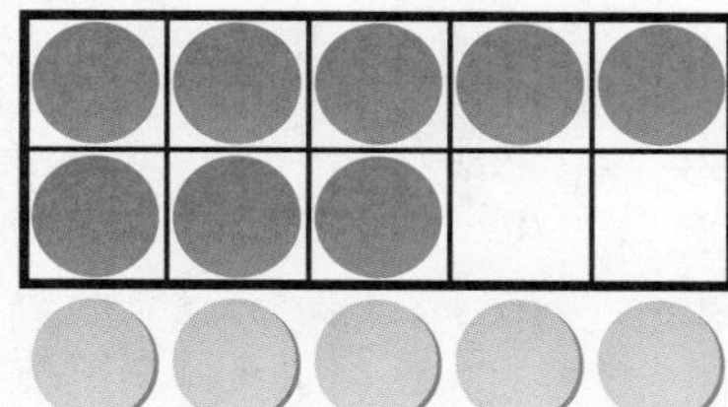

☐ + ☐ = ☐

---

9. ¿Muestra la suma cómo formar una decena para sumar? Elige Sí o No.

$7 + 3 + 2$	○ Sí	○ No
$7 + 5 + 5$	○ Sí	○ No
$5 + 4 + 7$	○ Sí	○ No

© Houghton Mifflin Harcourt Publishing Company

10. Observa los . Completa el enunciado de suma para que muestre la suma. Elige el número que falta y la suma.

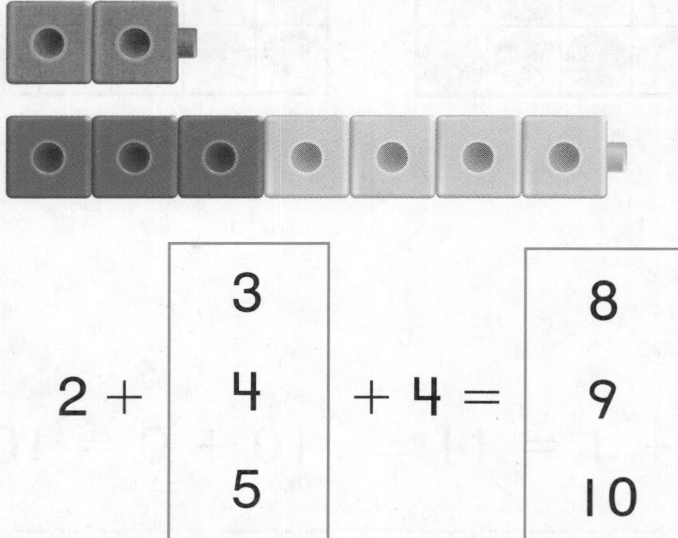

$2 + \begin{array}{|c|} \hline 3 \\ 4 \\ 5 \\ \hline \end{array} + 4 = \begin{array}{|c|} \hline 8 \\ 9 \\ 10 \\ \hline \end{array}$

---

11. Escribe dos formas de agrupar y sumar 4 + 2 + 5.

_______ + _______ = _______

_______ + _______ = _______

---

12. Beth ve 4 aves rojas. Ve 2 aves amarillas. Ve 4 aves azules. Dibuja las aves.

Beth ve ☐ aves.

© Houghton Mifflin Harcourt Publishing Company

Estrategias de resta

Aprendo más con
Jorge el Curioso

Hay seis pollitos en la cerca. Dos pollitos se fueron saltando. ¿Cuántos pollitos quedan?

© Houghton Mifflin Harcourt Publishing Company • Image Credits: (bg) ©Rene Morris/Getty Images
Curious George by Margret and H.A. Rey. Copyright © 2010 by Houghton Mifflin Harcourt Publishing Company.
All rights reserved. The character Curious George®, including without limitation the character's name and the character's likenesses, are registered trademarks of Houghton Mifflin Harcourt Publishing Company.

Nombre ______________________________

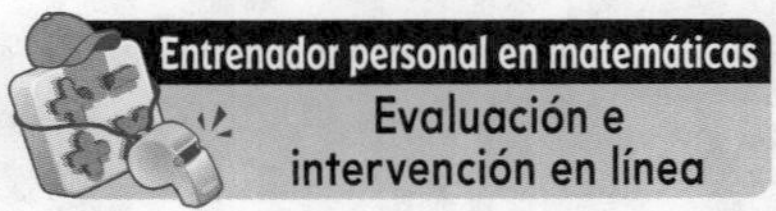

Representa la resta

Usa ■ para mostrar cada número.
Quita algunos. Escribe cuántos quedan. (K.OA.A.1)

1. 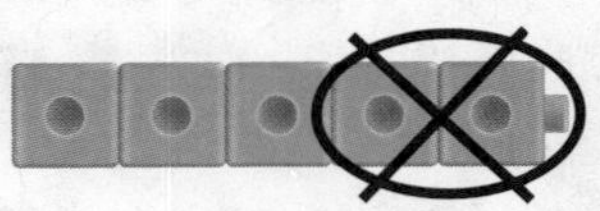

quítale 2 a 5 ____________

2. 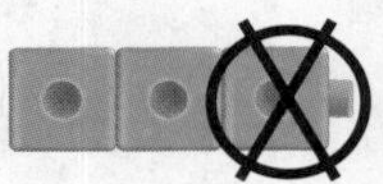

quítale 1 a 3 ____________

Usa los signos para restar

Mira la ilustración. Escribe el enunciado de resta. (1.OA.A.1)

3. 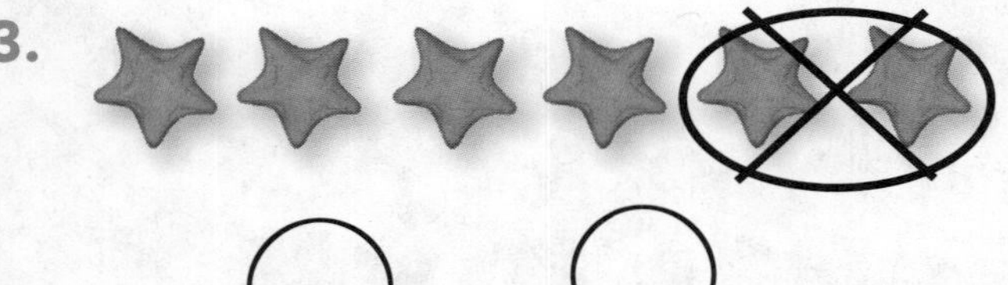

___ ◯ ___ ◯ ___

4. 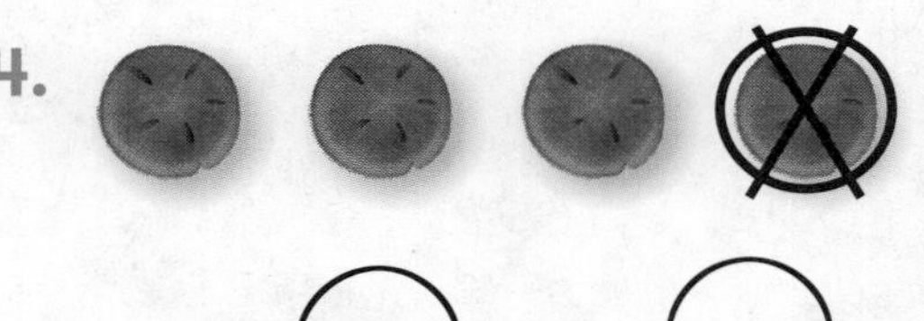

___ ◯ ___ ◯ ___

Resta todo o cero

Escribe cuántos quedan. (1.OA.B.3)

5. 

$3 - 0 =$ ____

6. 

$4 - 4 =$ ____

Esta página es para verificar la comprensión de las destrezas importantes que se necesitan para tener éxito en el Capítulo 4.

© Houghton Mifflin Harcourt Publishing Company

Nombre ______________________________

Palabras de repaso
diferencia
restar
enunciado de resta
quitar

Desarrollo del vocabulario

Visualízalo

Completa la tabla.
Marca cada fila con una ✓.

Palabra	La conozco	Suena conocida	No la conozco
diferencia			
restar			
enunciado de resta			
quitar			

Comprende el vocabulario

Completa los enunciados con las palabras de repaso.

1. Tres es la ______________________ de 5 − 2 = 3.
2. 7 − 4 = 3 es un ______________________.
3. Para resolver 5 − 1, debes ______________________.
4. Le puedes ______________________ 2 ● a 6 ●.

© Houghton Mifflin Harcourt Publishing Company

APRENDE EN LÍNEA
• Libro interactivo del estudiante
• Glosario multimedia

Juego Bajo el mar

Materiales • 2 fichas • rueda giratoria (1–2) • 12 cubos

Juega con un compañero.
Túrnense.

1. Coloca tu ficha en la SALIDA.
2. Haz girar la rueda (1–2). Muévete esa cantidad de casillas.
3. Haz girar la rueda de nuevo. Resta ese número. Verifica que está en la casilla del tablero.
4. Usa cubos para verificar tu resultado. Si no es correcto, pierdes un turno.
5. Gana el primer jugador que alcance la LLEGADA.

© Houghton Mifflin Harcourt Publishing Company

Vocabulario del Capítulo 4

contar hacia atrás count back 8	**diferencia** difference 16
enunciado de resta subtraction sentence 23	**enunciado de suma** addition sentence 24
restar subtract 52	**suma** sum 53
sumando addend 54	**sumar** add 55

© Houghton Mifflin Harcourt Publishing Company

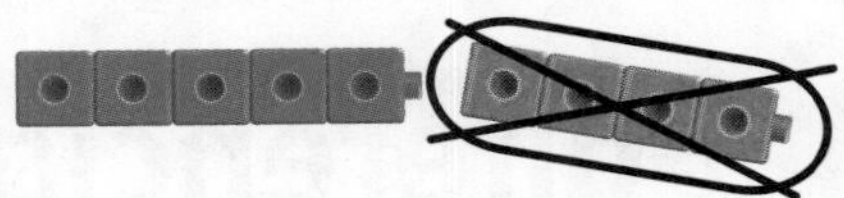

$9 - 4 = 5$

La **diferencia** es 5.

© Houghton Mifflin Harcourt Publishing Company

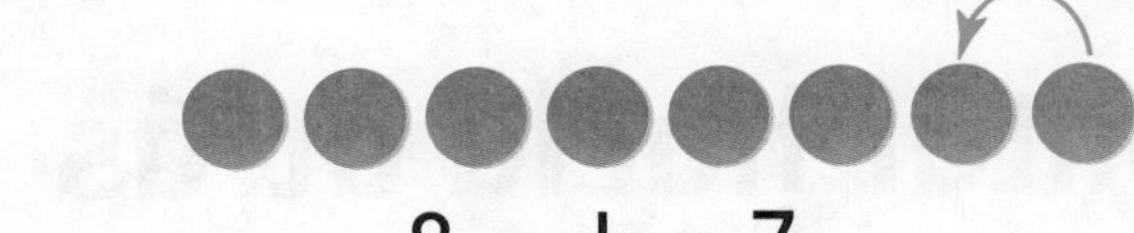

$8 - 1 = 7$

Comienza en 8.

Cuenta hacia atrás 1.

Estás en 7.

© Houghton Mifflin Harcourt Publishing Company

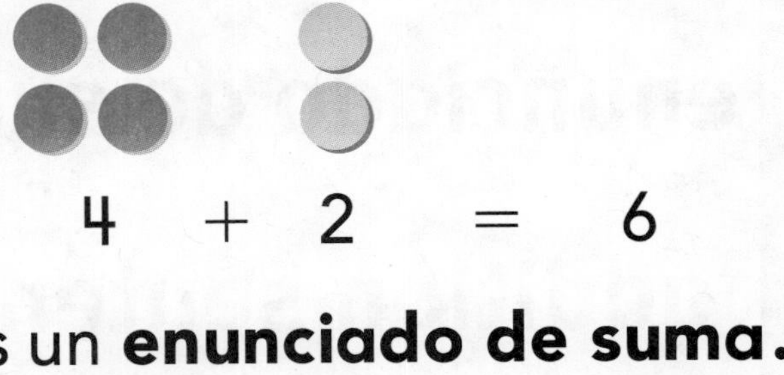

$4 + 2 = 6$

es un **enunciado de suma.**

© Houghton Mifflin Harcourt Publishing Company

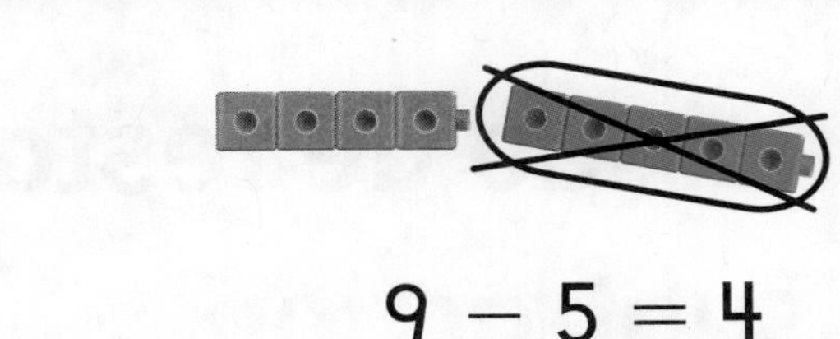

$9 - 5 = 4$

es un **enunciado de resta.**

© Houghton Mifflin Harcourt Publishing Company

2 más 1 es igual a 3.

La **suma** es 3.

© Houghton Mifflin Harcourt Publishing Company

$5 - 2 = 3$

© Houghton Mifflin Harcourt Publishing Company

$3 + 2 = 5$

© Houghton Mifflin Harcourt Publishing Company

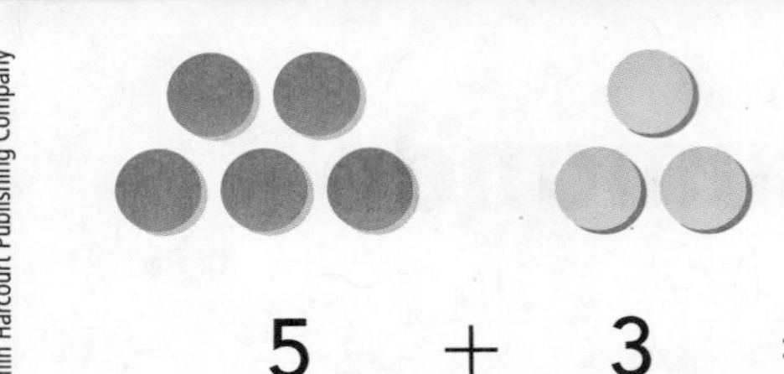

$5 + 3 = 8$

sumandos

Imagínalo

Materiales
cronómetro

Instrucciones
Juega con otros compañeros.

1. Selecciona una palabra secreta del Recuadro de palabras. No la digas a los demás jugadores.
2. Configura el cronómetro.
3. Dibuja para mostrar pistas de la palabra secreta.
4. El primer jugador en adivinar la palabra antes de que se termine el tiempo obtiene 1 punto.
5. Tomen turnos.
6. El primer jugador en juntar 5 puntos es el ganador.

Recuadro de palabras
sumar
sumando
enunciado de suma
contar hacia atrás
diferencia
restar
enunciado de resta
suma

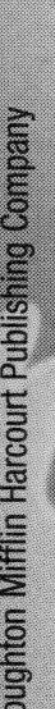
© Houghton Mifflin Harcourt Publishing Company

Escríbelo

Reflexiona

Selecciona una idea. Dibuja y escribe sobre ella.

- Escribe enunciados que usen dos de estas palabras de matemáticas.

  restar **diferencia** **contar hacia atrás** **enunciado de resta**

- MiWon necesita resolver este problema:

  $$11 - 7 = \_\_\_\_$$

  Di dos maneras que MiWon podría resolverlo.

© Houghton Mifflin Harcourt Publishing Company

Nombre ____________________

Contar hacia atrás

Pregunta esencial ¿Cómo puedes contar hacia atrás 1, 2 o 3?

Operaciones y pensamiento algebraico—1.OA.C.5
También 1.OA.C.6, 1.OA.D.8

PRÁCTICAS MATEMÁTICAS
MP2, MP4, MP6

Escucha y dibuja

Comienza en el 9. Cuenta hacia atrás para hallar la diferencia.

8 9

9 − 1 = ____

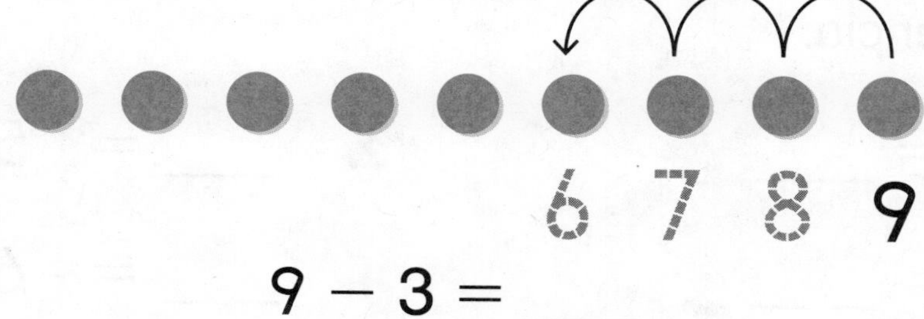

7 8 9

9 − 2 = ____

6 7 8 9

9 − 3 = ____

PARA EL MAESTRO • Pregunte a los niños: ¿Cuánto es 9 – 1? Pida a los niños que usen las fichas de la sección de arriba para contar hacia atrás 1 desde 9. Repita lo mismo con las demás secciones, pidiendo a los niños que cuenten hacia atrás 2 y luego 3 desde 9 para resolver los enunciados de resta.

PRÁCTICAS MATEMÁTICAS 2

Razonamiento ¿Por qué cuentas hacia atrás para hallar la diferencia?

© Houghton Mifflin Harcourt Publishing Company

Representa y dibuja

Puedes **contar hacia atrás** para restar.

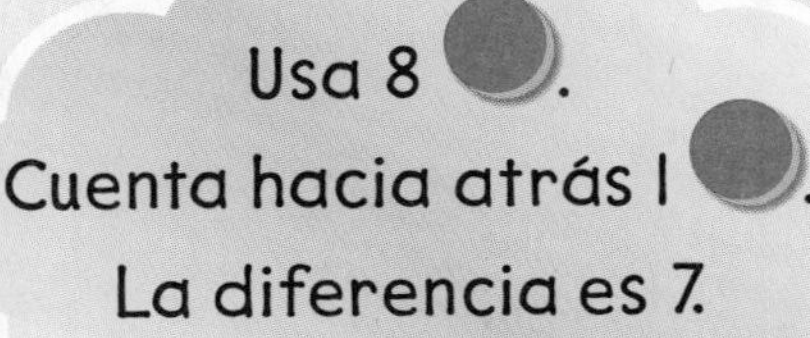

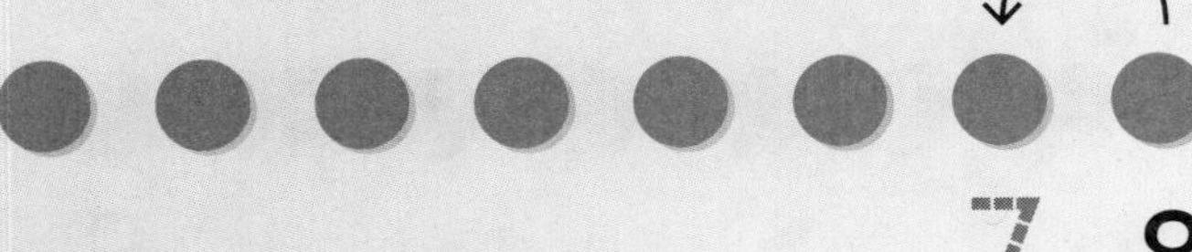

7 8

8 − 1 = 7

Comparte y muestra

Usa .
Cuenta hacia atrás 1, 2 o 3 para restar.
Escribe la diferencia.

1. 5 − 1 = ____
2. ____ = 5 − 2
3. 6 − 1 = ____
4. ____ = 6 − 3
5. 7 − 2 = ____
6. ____ = 7 − 3
7. 10 − 1 = ____
8. ____ = 10 − 2
9. 12 − 3 = ____
10. ____ = 8 − 2
11. 4 − 3 = ____
12. ____ = 9 − 1

© Houghton Mifflin Harcourt Publishing Company

Nombre ______________________________

Por tu cuenta

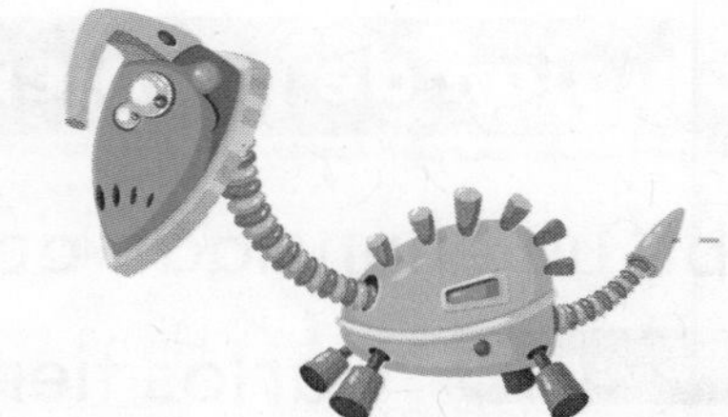

PRÁCTICA MATEMÁTICA 6 **Presta atención a la precisión** Cuenta hacia atrás 1, 2 o 3. Escribe la diferencia.

13. 9 − 3 = ____
14. ____ = 5 − 3
15. 6 − 3 = ____
16. 7 − 2 = ____
17. ____ = 10 − 1
18. 8 − 1 = ____
19. 5 − 2 = ____
20. ____ = 8 − 3
21. 11 − 3 = ____

22. PIENSA MÁS Jaime tiene 6 zanahorias en su plato. Se come 2. ¿Cuántas zanahorias hay en su plato ahora?

____ − ____ = ____ zanahorias

23. MÁS AL DETALLE Hay 12 flores en el jardín de Sasha. Ella recoge 3 flores para su papá. Luego recoge 2 para su mamá. ¿Cuántas flores hay ahora en el jardín?

____ − ____ = ____

____ − ____ = ____ flores

24. PIENSA MÁS Alex restó 3 de 10. ¿Qué enunciado de resta podría escribir?

© Houghton Mifflin Harcourt Publishing Company

Resolución de problemas • Aplicaciones

ESCRIBE Matemáticas

Escribe un enunciado de resta para resolver.

25. MÁS AL DETALLE Carlos tiene 11 vagones. Puso 2 vagones en la vía. ¿Cuántos vagones quedan fuera de la vía?

____ − ____ = ____ vagones

Luego Carlos puso 1 vagón más en la vía. ¿Cuántos vagones quedan fuera de la vía ahora?

____ − ____ = ____ vagones

26. Sofía tiene 8 gomas de borrar. Le da 2 a Ben. ¿Cuántas gomas de borrar tiene Sofía ahora?

____ − ____ = ____ gomas de borrar

27. PIENSA MÁS Escribe el número que indica 1 menos.

9 − 1 = ☐

ACTIVIDAD PARA LA CASA • Pida a su niño que muestre cómo usar la estrategia de contar hacia atrás para hallar la diferencia de 7 − 2. Repita la actividad con otros problemas de contar hacia atrás 1, 2 o 3 desde 12 o menos.

© Houghton Mifflin Harcourt Publishing Company

Nombre ____________________

Contar hacia atrás

Estándares comunes **ESTÁNDAR COMÚN—1.OA.C.5**
Suman y restan hasta el número 20.

Cuenta hacia atrás 1, 2 o 3. Escribe la diferencia.

1. ____ = 7 − 3	**2.** 8 − 3 = ____	**3.** 4 − 3 = ____
4. ____ = 9 − 1	**5.** ____ = 7 − 1	**6.** ____ = 6 − 2
7. 6 − 1 = ____	**8.** 5 − 3 = ____	**9.** ____ = 11 − 3
10. 5 − 2 = ____	**11.** 10 − 2 = ____	**12.** ____ = 10 − 3
13. ____ = 9 − 3	**14.** 4 − 2 = ____	**15.** ____ = 7 − 2

Resolución de problemas — En el mundo

Escribe un enunciado de resta para resolver.

16. Tina tiene 12 lápices. Regala 3 lápices. ¿Cuántos lápices le quedan?

____ − ____ = ____

____ lápices

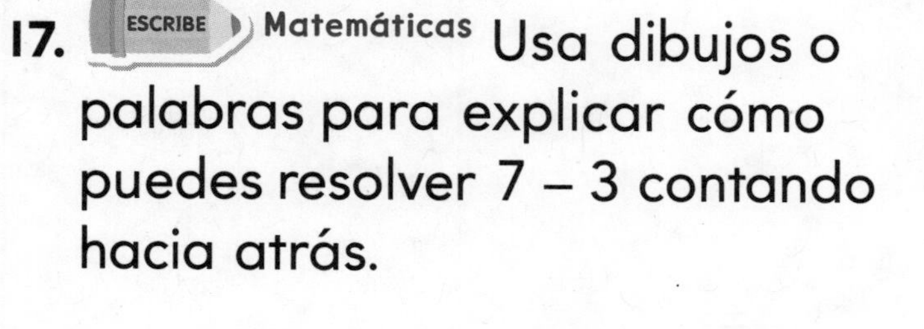

17. ESCRIBE Matemáticas Usa dibujos o palabras para explicar cómo puedes resolver 7 – 3 contando hacia atrás.

© Houghton Mifflin Harcourt Publishing Company

Repaso de la lección (1.OA.C.5)

1. Cuenta hacia atrás 3. ¿Cuál es la diferencia? Escribe el número.

$\_\_\_\_ = 10 - 3$

2. Cuenta hacia atrás 2. ¿Cuál es la diferencia? Escribe el número.

$7 - 2 = \_\_\_\_$

Repaso en espiral (1.OA.A.1, 1.OA.C.6)

3. Escribe una operación de dobles para resolver. Kai tiene 14 canicas. Algunas son azules y otras son amarillas. El número de canicas azules es igual al número de canicas amarillas.

$\_\_\_\_ = \_\_\_\_ + \_\_\_\_$

4. Haz un dibujo para hallar la suma. Escribe el enunciado numérico. Hay 4 perros grandes y 3 perros pequeños. ¿Cuántos perros hay?

$\_\_\_\_ + \_\_\_\_ = \_\_\_\_$

© Houghton Mifflin Harcourt Publishing Company

PRACTICA MÁS CON EL Entrenador personal en matemáticas

Nombre ______________________________

Pensar en la suma para restar

Pregunta esencial ¿Cómo usamos una operación de suma para hallar el resultado de una operación de resta?

Estándares comunes **Operaciones y pensamiento algebraico—1.OA.B.4**
PRÁCTICAS MATEMÁTICAS
MP3, MP4, MP7

Escucha y dibuja

¿Cuánto es 12 - 5?

Usa para hacer un modelo del problema.
Dibuja para mostrar tu trabajo.

$5 + \_\_\_ = 12$

$12 - 5 = \_\_\_$

PARA EL MAESTRO • Lea los siguientes problemas. Joey tenía 5 cubos. Sara le dio más cubos. Ahora Joey tiene 12 cubos. ¿Cuántos cubos le dio Sara? Pida a los niños que utilicen el espacio de arriba para resolver el problema. Luego pídales que resuelvan este problema: Joey tenía 12 cubos. Le dio 5 cubos a Sara. ¿Cuántos cubos tiene Joey ahora?

PRÁCTICAS MATEMÁTICAS 7

Busca estructuras
Explica cómo 5 + 7 = 12 te sirve para hallar 12 - 5.

© Houghton Mifflin Harcourt Publishing Company

Representa y dibuja

¿Cuánto es 9 − 4?

Piensa

4 + ___?___ = 9

Piensa 4 + __5__ = 9 Por lo tanto, 9 − 4 = __5__

Comparte y muestra

Usa para sumar y restar.

1. ¿Cuánto es 8 − 6?

Piensa 6 + ____ = 8

Por lo tanto, 8 − 6 = ____

2. ¿Cuánto es 8 − 4?

Piensa 4 + ____ = 8

Por lo tanto, 8 − 4 = ____

3. ¿Cuánto es 10 − 4?

Piensa 4 + ____ = 10

Por lo tanto, 10 − 4 = ____

4. ¿Cuánto es 12 − 6?

Piensa 6 + ____ = 12

Por lo tanto, 12 − 6 = ____

© Houghton Mifflin Harcourt Publishing Company

Nombre ________________________________

Por tu cuenta

PRÁCTICA MATEMÁTICA 4 **Haz un modelo de matemáticas**

Usa 🟫🟫 para sumar y restar.

5. $\begin{array}{r} 8 \\ -\ 3 \\ \hline ? \end{array}$

6. $\begin{array}{r} 9 \\ -\ 5 \\ \hline ? \end{array}$

Piensa

$\begin{array}{r} 5 \\ +\ \square \\ \hline 9 \end{array}$

Por lo tanto.

$\begin{array}{r} 9 \\ -\ 5 \\ \hline \end{array}$

7. $\begin{array}{r} 12 \\ -\ 7 \\ \hline ? \end{array}$

Piensa

$\begin{array}{r} 7 \\ +\ \square \\ \hline 12 \end{array}$

Por lo tanto.

$\begin{array}{r} 12 \\ -\ 7 \\ \hline \end{array}$

8. PIENSA MÁS Carol sabe usar los enunciados de suma para escribir enunciados de resta. Escribe un enunciado de resta que Carol pueda resolver con 6 + 8 = 14.

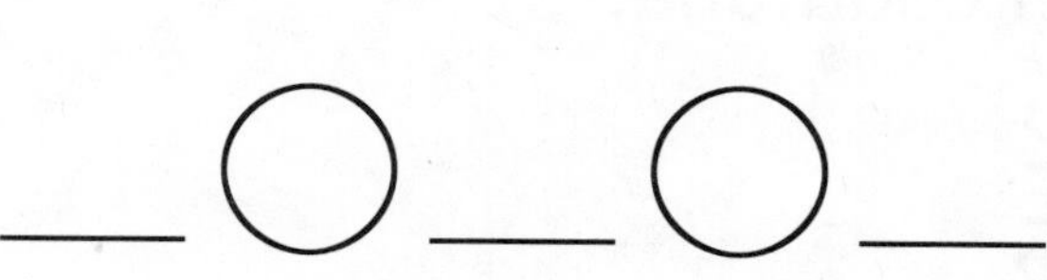

9. Escribe un enunciado de suma que le sirva a Carol para resolver 13 − 9.

© Houghton Mifflin Harcourt Publishing Company

Resolución de problemas • Aplicaciones 

Escribe un enunciado numérico para resolver.

10. Hay 14 gatos. Siete son negros. Los demás son amarillos. ¿Cuántos gatos amarillos hay?

___ ◯ ___ ◯ ___

___ gatos amarillos

11. Tenía unos lápices. Regalé 4 lápices. Ahora tengo 2 lápices. ¿Cuántos lápices tenía al comienzo?

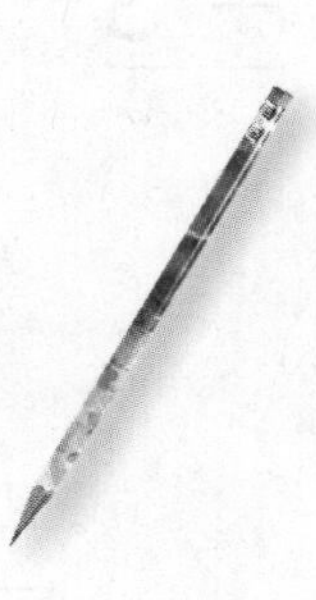

___ ◯ ___ ◯ ___

___ lápices

12. MÁS AL DETALLE Sarah tiene 8 flores menos que Ann. Ann tiene 16 flores. ¿Cuántas flores tiene Sarah?

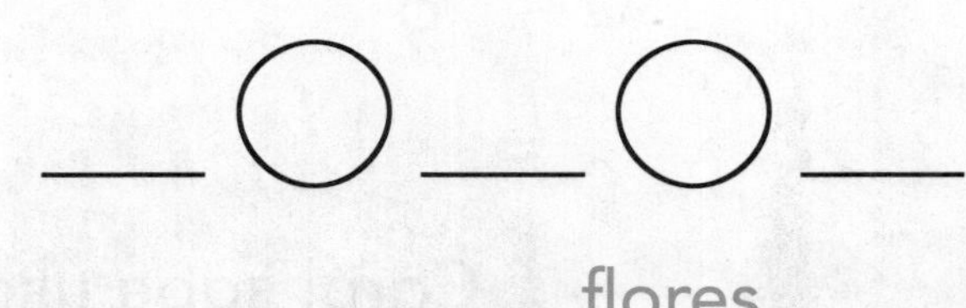

___ ◯ ___ ◯ ___

___ flores

13. PIENSA MÁS Observa las operaciones. Escribe el número que falta en cada una.

$$\begin{array}{r} 5 \\ + \square \\ \hline 12 \end{array} \qquad \begin{array}{r} 12 \\ -\ 5 \\ \hline \square \end{array}$$

ACTIVIDAD PARA LA CASA • Escriba 5 + 4 = ___ y pida a su niño que escriba la suma. Pídale que explique cómo usó 5 + 4 = 9 para resolver ___ − 4 = 5 y que luego escriba el resultado.

© Houghton Mifflin Harcourt Publishing Company • Image Credits: (t) ©GK Hart/Vikki Hart/PhotoDisc/Getty Images; (b) ©Brand X Pictures/Getty Images

Nombre ______________________________

Pensar en la suma para restar

ESTÁNDAR COMÚN—1.OA.B.4
Comprenden y aplican las propiedades de operaciones, así como la relación entre la suma y la resta.

Usa [cubos] para sumar y restar.

1. 9 − 3 = ?

Por lo tanto, 9 − 3 = ____

2. 15 − 8 = ?

Piensa: 8 + ☐ = 15

Por lo tanto, 15 − 8 = ____

3. 11 − 7 = ?

Piensa: 7 + ☐ = 11

Por lo tanto, 11 − 7 = ____

Resolución de problemas — En el mundo

4. Escribe un enunciado numérico para resolver. Tengo 18 frutas. 9 son manzanas. Las demás son naranjas. ¿Cuántas naranjas tengo?

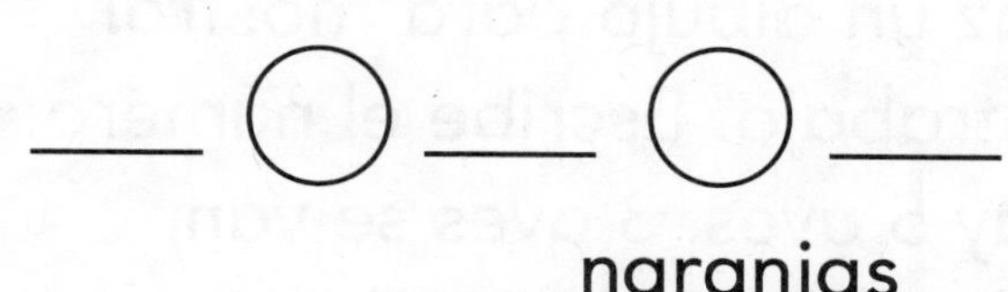

____ naranjas

5. ESCRIBE Matemáticas Usa dibujos o palabras para explicar cómo puedes usar 2 + ____ = 7 para resolver 7 – 2 = ______.

© Houghton Mifflin Harcourt Publishing Company

Repaso de la lección (1.OA.B.4)

1. Usa la suma para resolver 16 − 9.

9 + ___ = **16**   16 − 9 = ___

2. ¿Qué número falta?

$$\begin{array}{r} 5 \\ +\ \square \\ \hline 14 \end{array} \qquad \begin{array}{r} 14 \\ -\ 5 \\ \hline \square \end{array}$$

Repaso en espiral (1.OA.A.1, 1.OA.B.3)

3. Usa [cubos] para representar los 3 sumandos. Escribe la suma.

4 + 4 + 6 = ___

4. Haz un dibujo para mostrar tu trabajo. Escribe el número.
Hay 5 aves. 3 aves se van volando. ¿Cuántas aves hay ahora?

___ aves

PRACTICA MÁS CON EL Entrenador personal en matemáticas

© Houghton Mifflin Harcourt Publishing Company

Nombre ______________________

Práctica: Pensar en la suma para restar

Pregunta esencial ¿Cómo puedes usar la suma para ayudarte a hallar el resultado de una operación de resta?

Estándares comunes **Operaciones y pensamiento algebraico—1.OA.B.4** *También 1.OA.D.8*

PRÁCTICAS MATEMÁTICAS
MP1, MP4, MP5, MP6

Escucha y dibuja

¿Cuánto es 10 - 3?

Usa ▪▪. Haz un dibujo que muestre tu trabajo. Escribe los enunciados numéricos.

___ ◯ ___ ◯ ___

© Houghton Mifflin Harcourt Publishing Company

PARA EL MAESTRO • Lea el problema. María tiene 7 crayones. Le regalan 3 más. ¿Cuántos crayones tiene María en total? Pida a los niños que usen el espacio de arriba para resolver el problema. Luego pídales que resuelvan este problema: María tiene 10 crayones. Regala 3 crayones a sus amigos. ¿Cuántos crayones hay ahora?

PRÁCTICAS MATEMÁTICAS 1

Analiza ¿Tienen sentido tus resultados? Explica.

Representa y dibuja

Las operaciones de suma te sirven para restar.

¿Cuánto es 8 − 6?

Usa 6 + ___ = 8

Por lo tanto. 8 − 6 = ___

Comparte y muestra

Piensa en una operación de suma que te sirva para restar.

1. ¿Cuánto es 9 − 6?

Usa 6 + ___ = 9

Por lo tanto. 9 − 6 = ___

2. ¿Cuánto es 11 − 5?

Usa ___ + ___ = 11

Por lo tanto. 11 − 5 = ___

3. ¿Cuánto es 10 − 8?

Usa ___ + ___ = 10

Por lo tanto. 10 − 8 = ___

4. ¿Cuánto es 7 − 4?

Usa ___ + ___ = 7

Por lo tanto. 7 − 4 = ___

© Houghton Mifflin Harcourt Publishing Company

Nombre ______________________________

Por tu cuenta

PRÁCTICA MATEMÁTICA 1 **Analiza**

Piensa en una operación de suma que te sirva para restar.

5. $\begin{array}{r} 16 \\ -\ 8 \\ \hline \end{array}$ $\begin{array}{r} 8 \\ +\ \blacksquare \\ \hline 16 \end{array}$

6. $\begin{array}{r} 10 \\ -\ 6 \\ \hline \end{array}$ $\begin{array}{r} 6 \\ +\ \blacksquare \\ \hline 10 \end{array}$

7. $\begin{array}{r} 7 \\ -\ 5 \\ \hline \end{array}$

8. $\begin{array}{r} 10 \\ -\ 5 \\ \hline \end{array}$

9. $\begin{array}{r} 8 \\ -\ 5 \\ \hline \end{array}$

10. $\begin{array}{r} 11 \\ -\ 6 \\ \hline \end{array}$

11. $\begin{array}{r} 13 \\ -\ 7 \\ \hline \end{array}$

12. $\begin{array}{r} 11 \\ -\ 4 \\ \hline \end{array}$

13. $\begin{array}{r} 14 \\ -\ 7 \\ \hline \end{array}$

14. $\begin{array}{r} 9 \\ -\ 3 \\ \hline \end{array}$

15. $\begin{array}{r} 11 \\ -\ 7 \\ \hline \end{array}$

16. $\begin{array}{r} 12 \\ -\ 7 \\ \hline \end{array}$

17. PIENSA MÁS Emil tiene 13 lápices en un portalápices. Saca unos lápices y le quedan 6 lápices en el portalápices. ¿Cuántos lápices sacó?

¿Qué operación de suma te sirve para resolver este problema?

____ + ____ = ____

Por lo tanto, Emil sacó ____ lápices.

Matemáticas al instante

ACTIVIDAD PARA LA CASA • Pida a su niño que explique cómo la operación de suma 8 + 6 = 14 le sirve para hallar 14 − 6.

© Houghton Mifflin Harcourt Publishing Company

Nombre ______________________________

Revisión de la mitad del capítulo

Entrenador personal en matemáticas
Evaluación e intervención en línea

Conceptos y destrezas

Cuenta hacia atrás 1, 2 o 3 para restar.
Escribe la diferencia. (1.OA.C.5)

1. $7 - 1 =$ ____
2. ____ $= 7 - 2$
3. $12 - 3 =$ ____
4. $9 - 3 =$ ____
5. $6 - 2 =$ ____
6. $8 - 3 =$ ____
7. ____ $= 11 - 3$
8. $5 - 2 =$ ____

Usa cubos para sumar y restar. (1.OA.B.4)

9. $$\begin{array}{r} 11 \\ -\ 5 \\ \hline ? \end{array}$$

Piensa

$$\begin{array}{r} 5 \\ +\ \square \\ \hline 11 \end{array}$$

Por lo tanto.

$$\begin{array}{r} 11 \\ -\ 5 \\ \hline \end{array}$$

10. $$\begin{array}{r} 14 \\ -\ 7 \\ \hline ? \end{array}$$

Piensa

$$\begin{array}{r} 7 \\ +\ \square \\ \hline 14 \end{array}$$

Por lo tanto.

$$\begin{array}{r} 14 \\ -\ 7 \\ \hline \end{array}$$

Entrenador personal en matemáticas

11. PIENSA MÁS + Escribe un enunciado de resta que puedas resolver con $3 + 9 = 12$. (1.OA.B.4)

____ − ____ = ____

© Houghton Mifflin Harcourt Publishing Company

Nombre ____________________

Pensar en la suma para restar

Estándares comunes

ESTÁNDAR COMÚN—1.OA.B.4
Comprenden y aplican las propiedades de operaciones, así como la relación entre la suma y la resta.

Piensa en una operación de suma que te sirva para restar.

1.
$$\begin{array}{r} 13 \\ -\ 8 \\ \hline \end{array}$$

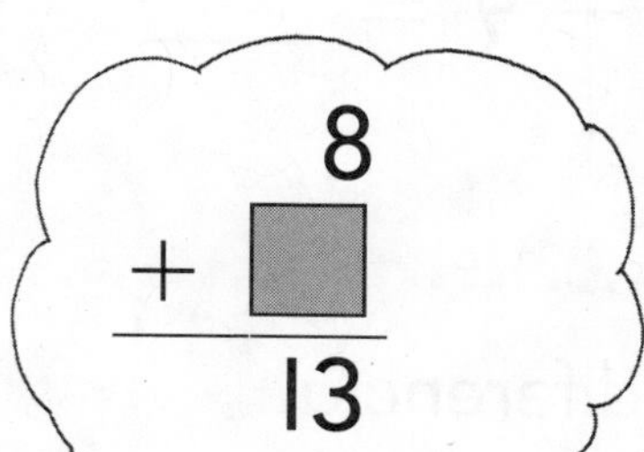

2.
$$\begin{array}{r} 12 \\ -\ 6 \\ \hline \end{array}$$

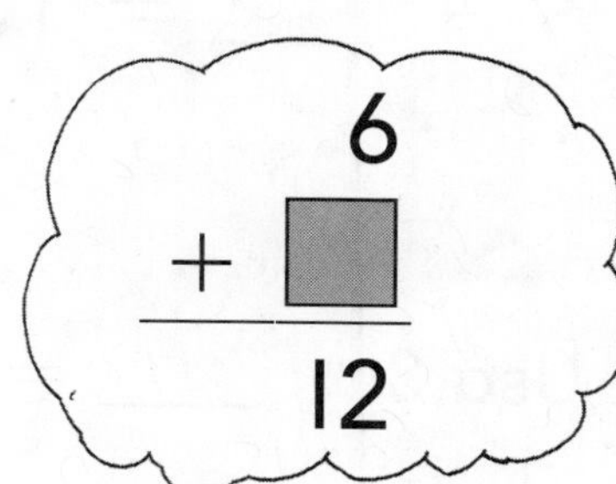

3.
$$\begin{array}{r} 6 \\ -\ 4 \\ \hline \end{array}$$

4.
$$\begin{array}{r} 14 \\ -\ 9 \\ \hline \end{array}$$

5.
$$\begin{array}{r} 9 \\ -\ 5 \\ \hline \end{array}$$

6.
$$\begin{array}{r} 13 \\ -\ 6 \\ \hline \end{array}$$

7.
$$\begin{array}{r} 10 \\ -\ 7 \\ \hline \end{array}$$

Resolución de problemas

8. Resuelve. Escribe o haz un dibujo que muestre tu trabajo.
Tengo 15 estampillas.
Alguns son viejas. 6 son nuevas.
¿Cuántas estampillas son viejas?

_____ estampillas

9. ESCRIBE **Matemáticas** Usa dibujos o palabras para explicar cómo puedes usar la suma para resolver 14 – 9.

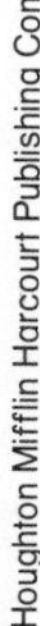
© Houghton Mifflin Harcourt Publishing Company

Repaso de la lección (1.OA.B.4)

1. Usa 9 + ____ = 13 para hallar la diferencia.

9 + ____ = 13 13 − 9 = ____

2. Usa 8 + ____ = 11 para hallar la diferencia.

8 + ____ = 11 11 − 8 = ____

Repaso en espiral (1.OA.C.5, 1.OA.C.6)

3. Suma. Escribe la operación de dobles que usaste para resolver el problema.

4 + 5 = ____

4. Encierra en un círculo el sumando mayor. Cuenta hacia adelante para sumar.

7 + 2 = ____

© Houghton Mifflin Harcourt Publishing Company

PRACTICA MÁS CON EL Entrenador personal en matemáticas

Nombre ______________________

Usar 10 para restar

Pregunta esencial ¿Cómo puedes formar una decena para ayudarte a restar?

Operaciones y pensamiento algebraico—1.OA.C.6
También 1.OA.D.8

PRÁCTICAS MATEMÁTICAS
MP2, MP4, MP5

Escucha y dibuja En el mundo

Usa ● para mostrar el problema.
Haz un dibujo que muestre tu trabajo.

PARA EL MAESTRO • Lea el siguiente problema. Austin pone 9 fichas rojas en el primer cuadro de diez. Luego pone 1 ficha amarilla en el cuadro de diez. ¿Cuántas fichas amarillas más necesita Austin para formar 15?

Charla matemática

PRÁCTICAS MATEMÁTICAS 4

Representa ¿Cómo te ayuda tu dibujo a resolver 15 − 9?

© Houghton Mifflin Harcourt Publishing Company

Representa y dibuja

Puedes formar una decena como ayuda para restar.

$13 - 9 = \underline{\ ?\ }$

Comienza en el 9.
Cuenta de menor a mayor 1 para formar 10.
Cuenta de menor a mayor 3 más hasta 13.

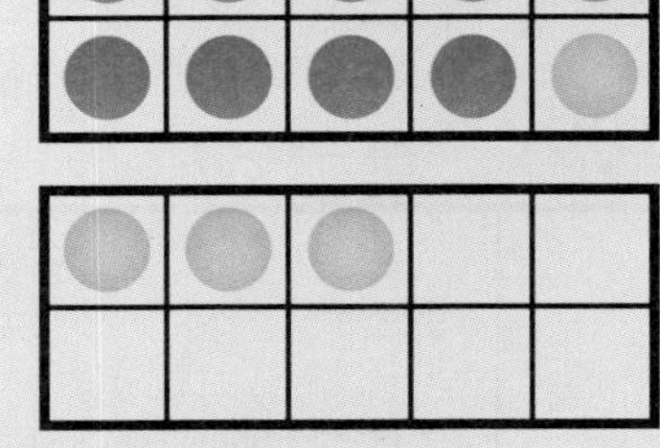

Contaste 4 de menor a mayor.

$13 - 9 = \underline{\quad}$

$17 - 8 = \underline{\ ?\ }$

Comienza en el 8.
Cuenta de menor a mayor 2 para formar 10.
Cuenta de menor a mayor 7 más hasta 17.

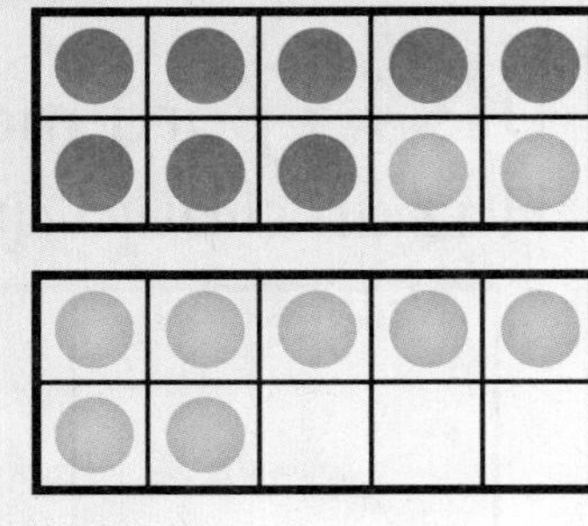

Contaste 9 de menor a mayor.

$17 - 8 = \underline{\quad}$

Comparte y muestra

MATH BOARD

Usa  y cuadros de diez. Forma una decena para restar. Haz un dibujo que muestre tu trabajo.

1. $12 - 8 = \underline{\ ?\ }$

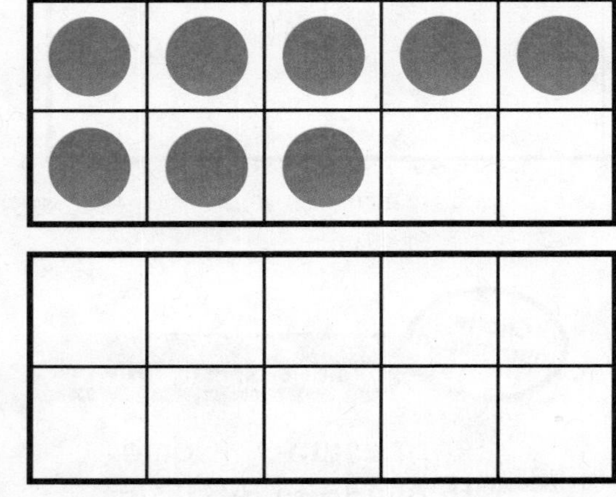

$12 - 8 = \underline{\quad}$

2. $11 - 9 = \underline{\ ?\ }$

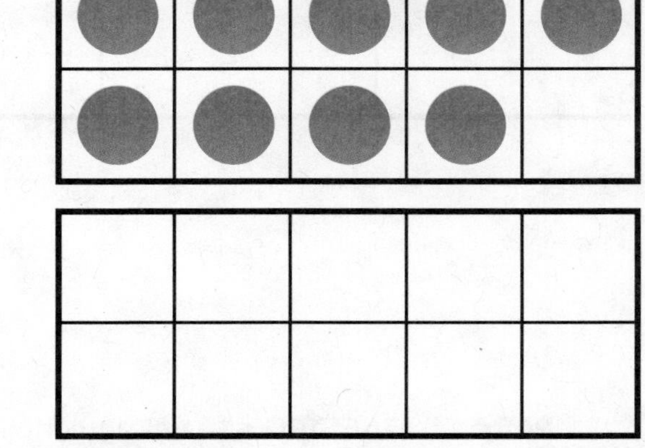

$11 - 9 = \underline{\quad}$

© Houghton Mifflin Harcourt Publishing Company

Nombre ___________________________________

Por tu cuenta

PRÁCTICA MATEMÁTICA 5 **Usa un modelo concreto**

Usa ( ) y cuadros de diez. Forma decenas para restar. Haz un dibujo que muestre tu trabajo.

3. 14 − 9 = ?

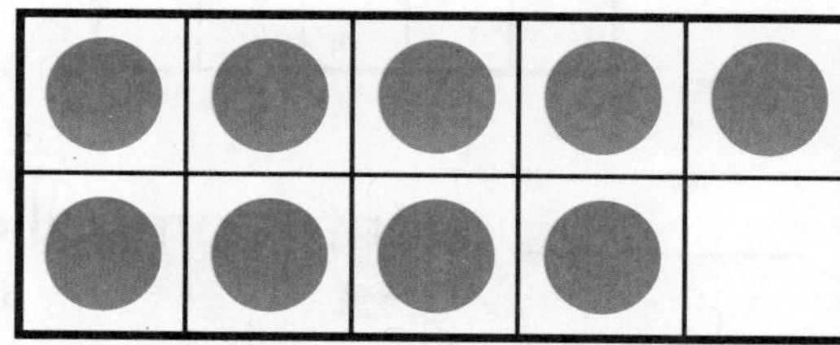

14 − 9 = ____

4. 11 − 8 = ?

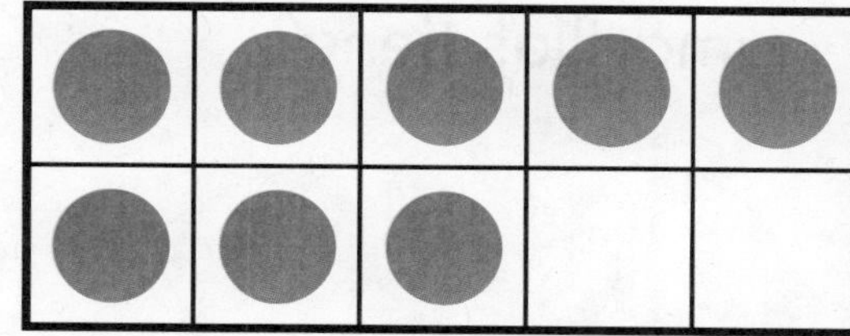

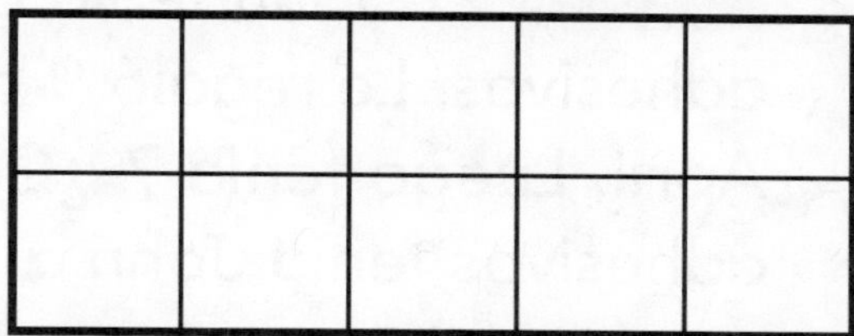

11 − 8 = ____

Resuelve. Usa los cuadros de diez para formar una decena que te ayude a restar.

5. PIENSA MÁS Hay 14 flores en el jardín. Nueve son rojas y las demás amarillas. ¿Cuántas flores son amarillas?

____ flores amarillas

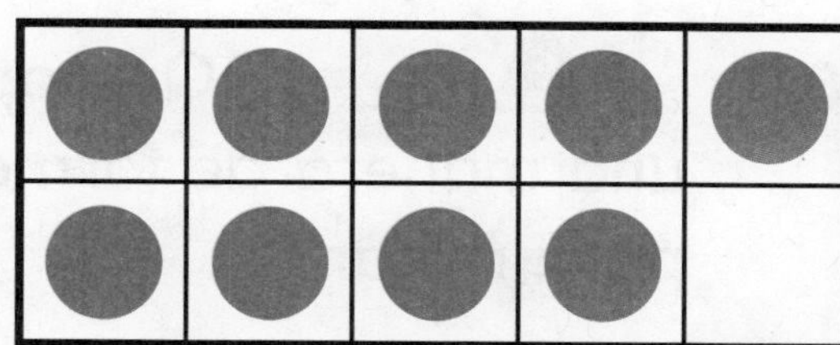

© Houghton Mifflin Harcourt Publishing Company

Resolución de problemas • Aplicaciones

Resuelve. Forma decenas en los cuadros de diez como ayuda para restar.

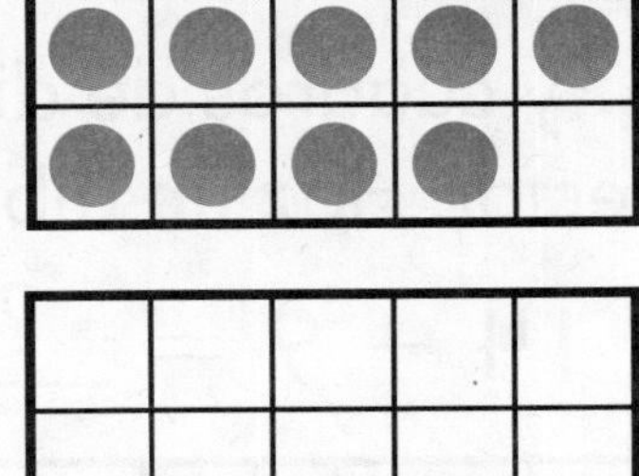

6. MÁS AL DETALLE Mia tiene 18 cuentas. 9 son rojas y las demás son amarillas. ¿Cuántas cuentas amarillas tiene?

_______ cuentas amarillas

7. PIENSA MÁS John tenía algunos adhesivos. Le regaló 9 a April. Luego tenía 7. ¿Cuántos adhesivos tenía John al comienzo?

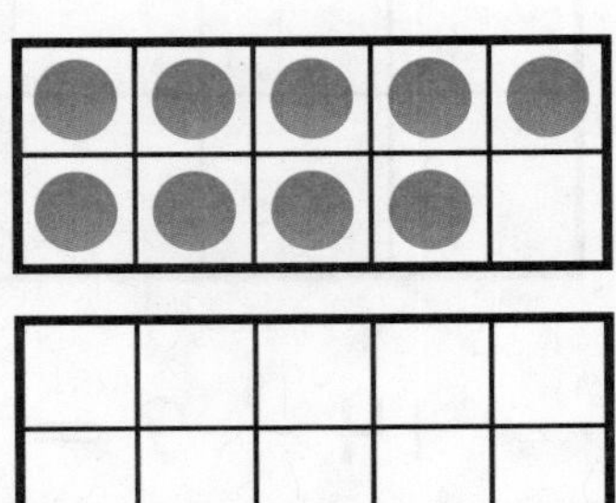

_______ adhesivos

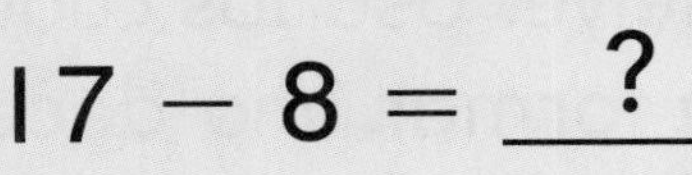

8. PIENSA MÁS + ¿Qué opción muestra una manera de formar una decena para restar?

$17 - 8 = \underline{\ ?\ }$

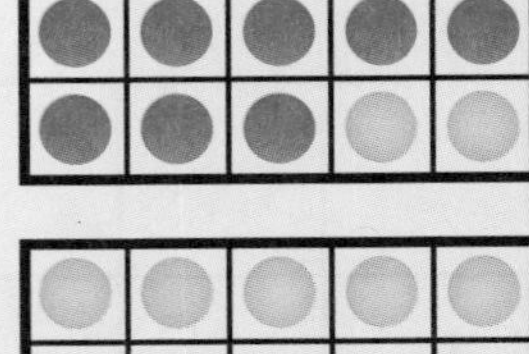
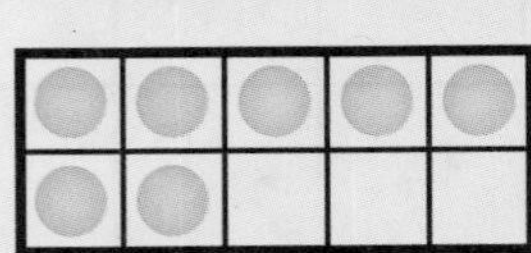
○

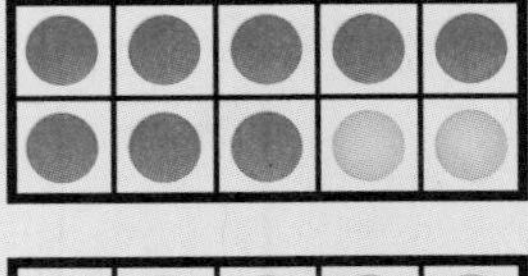
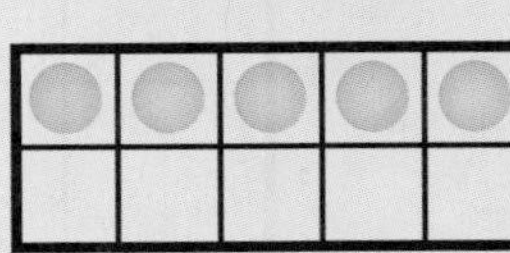
○

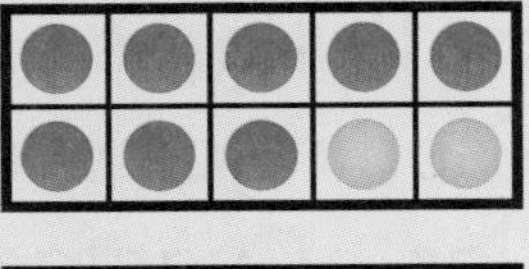
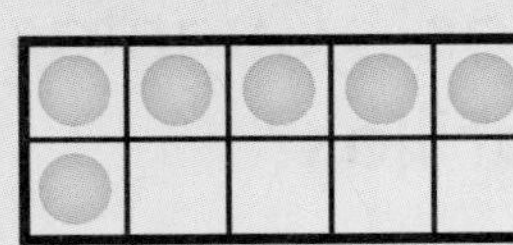
○

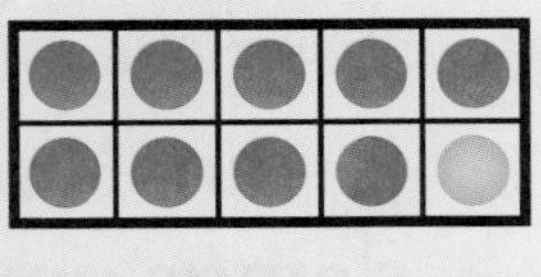
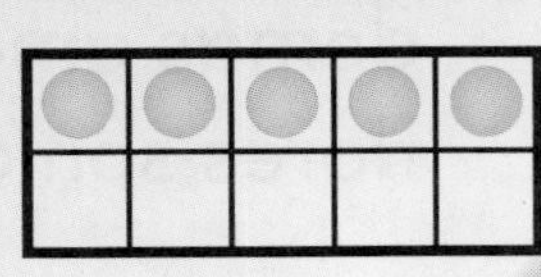
○

ACTIVIDAD PARA LA CASA • Pida a su niño que explique cómo resolvió el Ejercicio 8.

© Houghton Mifflin Harcourt Publishing Company

Nombre ______________________________

Usar 10 para restar

Estándares comunes **ESTÁNDAR COMÚN—1.OA.C.6**
Suman y restan hasta el número 20.

Usa ● y cuadros de diez.
Forma una decena para restar.
Haz un dibujo que muestre tu trabajo.

1. 12 − 9 = ?

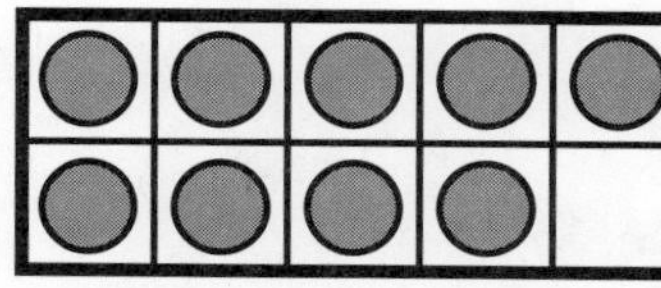

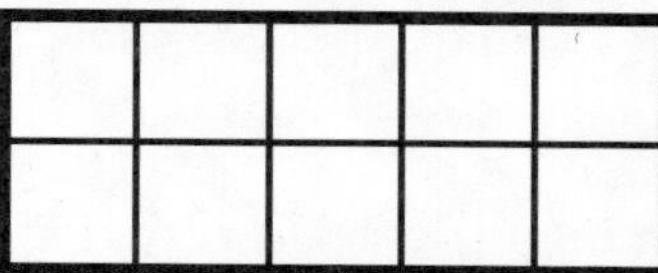

12 − 9 = ____

2. 12 − 8 = ?

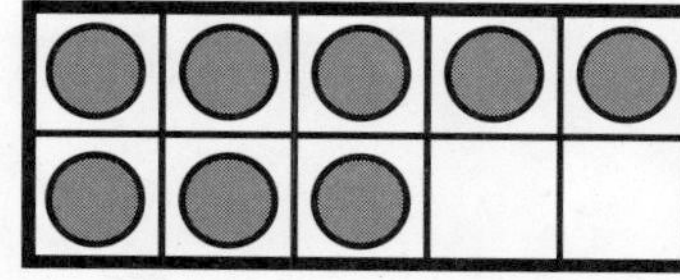

12 − 8 = ____

Resolución de problemas

Resuelve. Usa los cuadros de diez para formar una decena como ayuda para restar.

3. Marta tiene 15 adhesivos.
8 son azules y los demás son rojos.
¿Cuántos adhesivos son rojos?

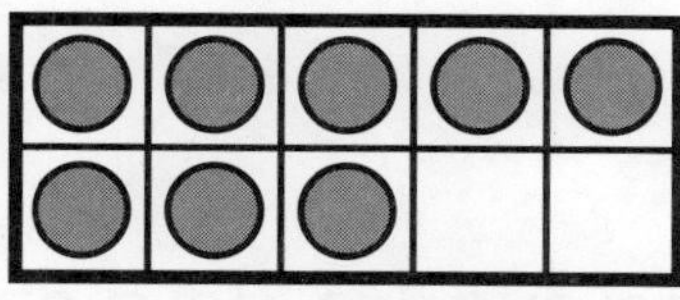

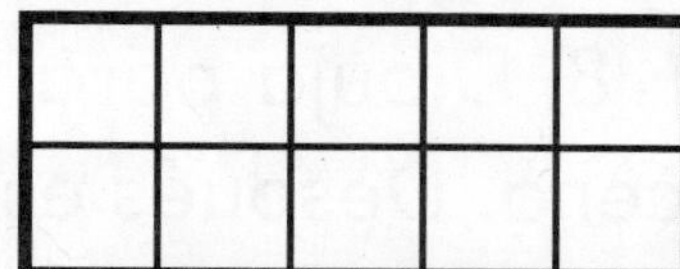

____ adhesivos

4. ESCRIBE **Matemáticas** Dibuja cuadros de diez y fichas para mostrar cómo se resuelve 18 − 9 = ____.

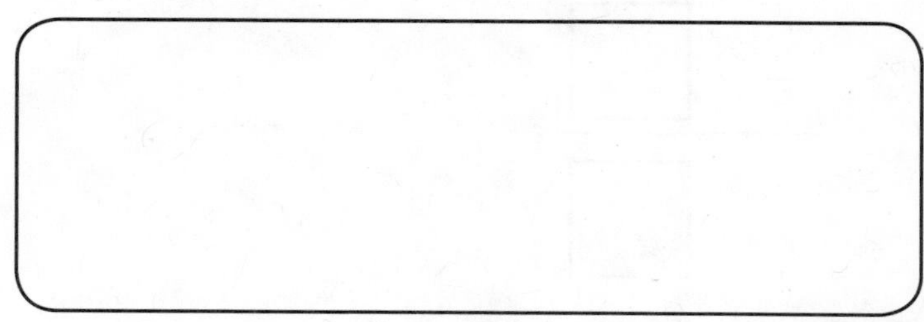

© Houghton Mifflin Harcourt Publishing Company

Repaso de la lección (1.OA.C.6)

1. Observa el modelo. Escribe el enunciado de resta que muestra el modelo.

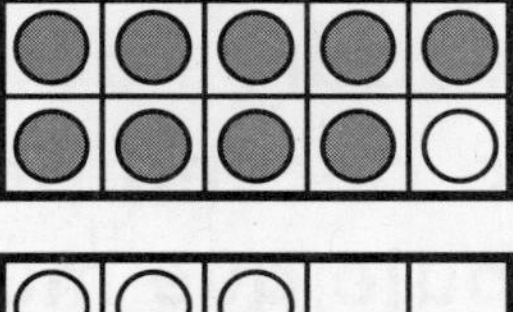

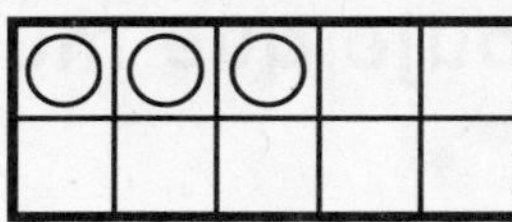

Repaso en espiral (1.OA.C.6)

2. ¿Qué enunciado numérico muestra este modelo?

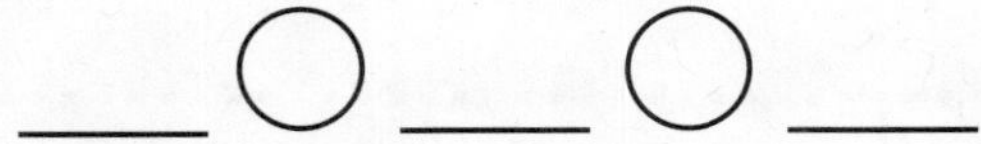

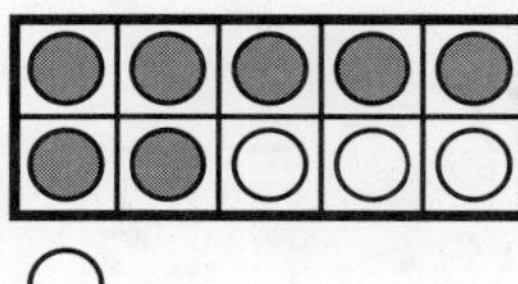

3. Este cuadro de diez muestra 5 + 8. Dibuja para formar una decena. Después escribe la operación nueva.

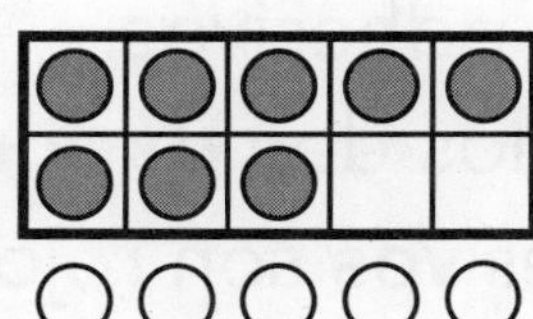

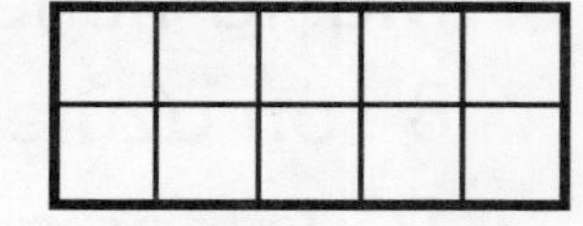

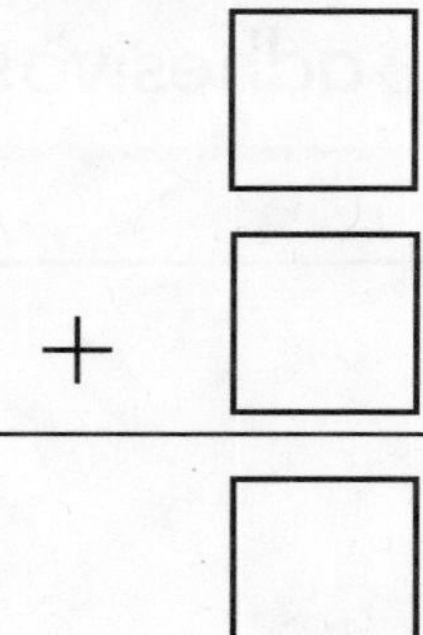

© Houghton Mifflin Harcourt Publishing Company

PRACTICA MÁS CON EL Entrenador personal en matemáticas

Nombre ______________________

Separar para restar

Pregunta esencial ¿Cómo separas un número para restar?

Operaciones y pensamiento algebraico—1.OA.C.6 *También 1.OA.D.8*

PRÁCTICAS MATEMÁTICAS
MP2, MP4, MP5

Escucha y dibuja En el mundo

Usa ● para resolver cada problema.
Haz un dibujo que muestre tu trabajo.

_______ marcadores

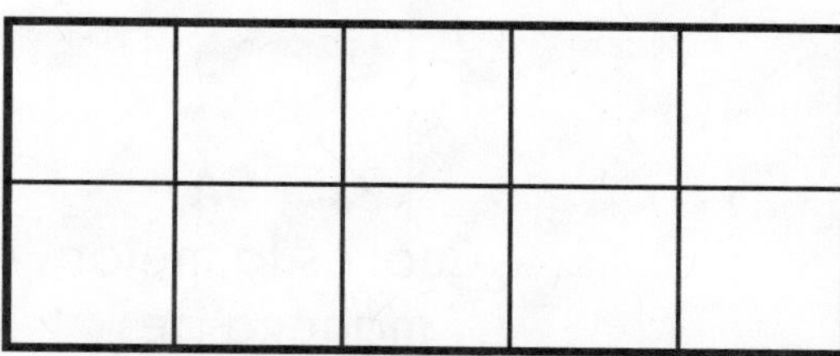

_______ marcadores

PARA EL MAESTRO • Lea el siguiente problema. Tom tenía 14 marcadores. Le dio 4 a su hermana. ¿Cuántos marcadores tiene Tom ahora? Pida a los niños que resuelvan en el espacio de arriba. Después lea esta parte del problema: Luego Tom le dio 2 marcadores a su hermano. ¿Cuántos marcadores le quedan a Tom?

PRÁCTICAS MATEMÁTICAS 2

Razonamiento ¿Cómo hallas cuántos marcadores regaló Tom? Explica.

© Houghton Mifflin Harcourt Publishing Company

Representa y dibuja

Piensa en una decena para hallar 13 − 4.
Coloca 13 fichas en dos cuadros de diez.

¿Cuánto debes restar para obtener 10?

¿Cuánto le falta para restar 4?

Resta ___3___ para obtener 10.

Paso 1

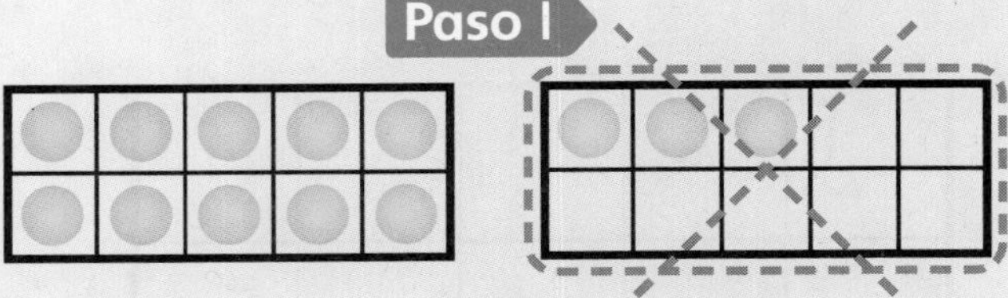

Luego resta ___1___ más.

Paso 2

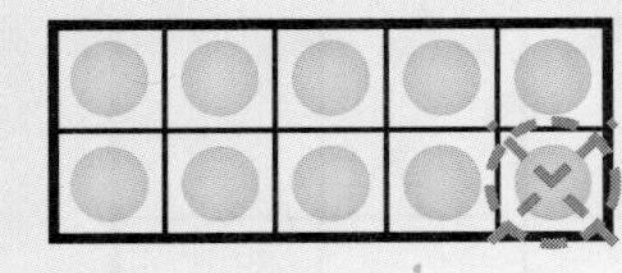

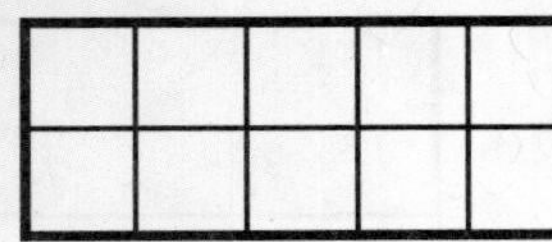

13 − 3 − 1

10 − 1 = ____

Por lo tanto, 13 − 4 = ____.

Comparte y muestra

PIENSA
¿Cuál es la mejor manera de separar el 7?

Resta.

1. ¿Cuánto es 15 − 7?

Paso 1

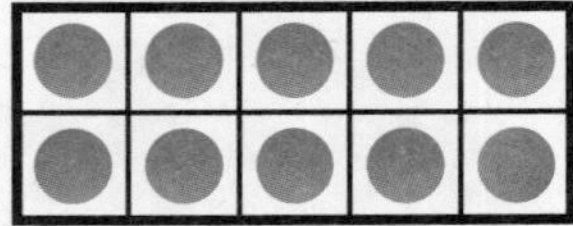

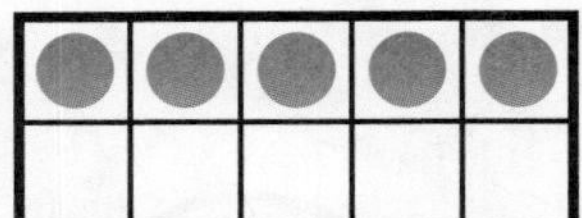

Paso 2

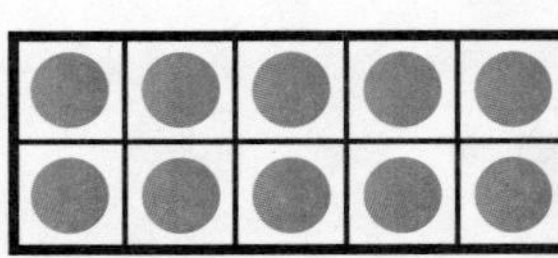

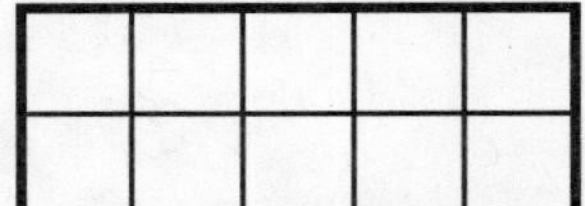

____ − ____ − ____

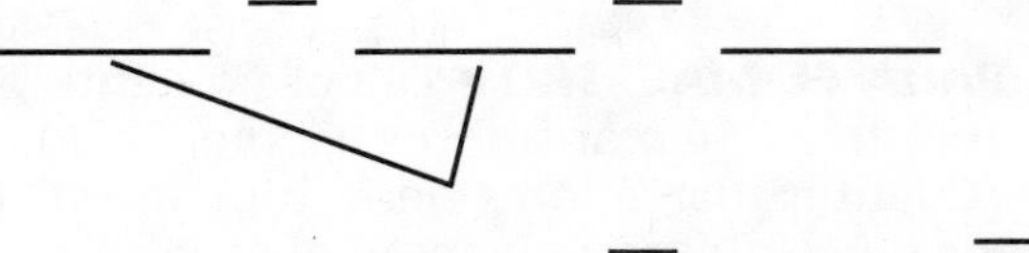

____ − ____ = ____

Por lo tanto, 15 − 7 = ____.

© Houghton Mifflin Harcourt Publishing Company

Nombre ______________________________

Por tu cuenta

PRÁCTICA MATEMÁTICA 2 **Razona de forma cuantitativa**

Resta.

2. MÁS AL DETALLE ¿Cuánto es 14 − 6?

Paso 1

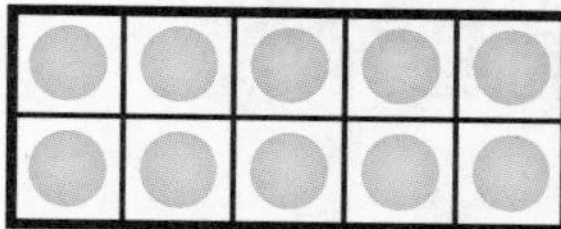

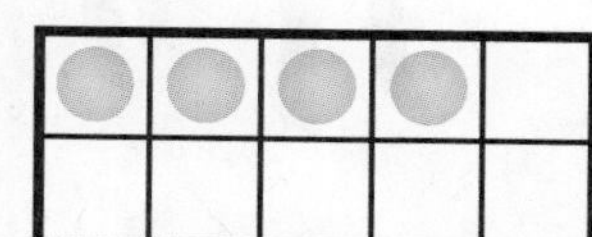

Paso 2

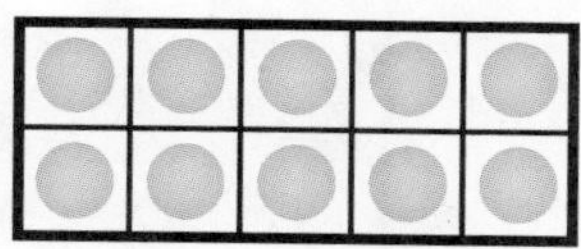

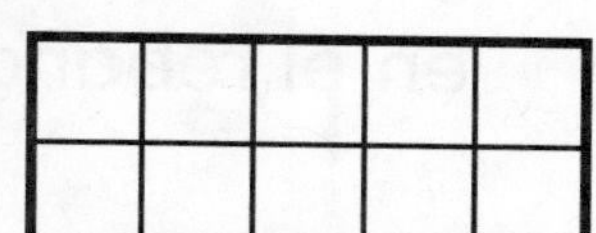

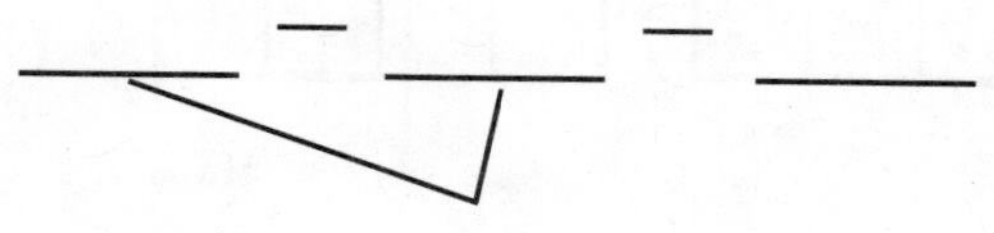

_____ − _____ − _____

_____ − _____ = _____

Por lo tanto, 14 − 6 = _____.

3. ¿Cuánto es 16 − 7?

Paso 1

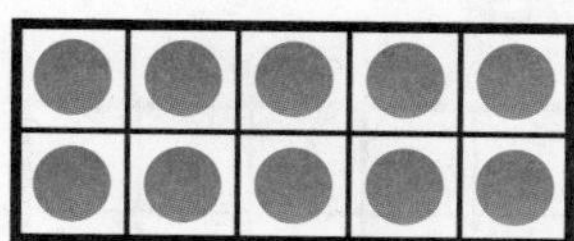

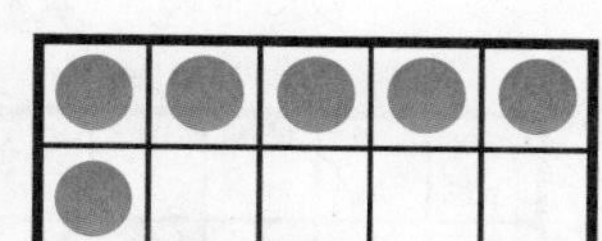

Paso 2

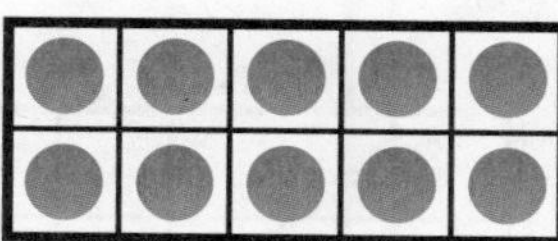

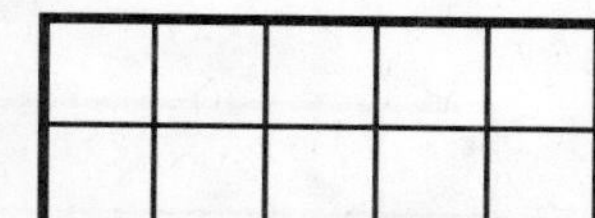

_____ − _____ − _____

_____ − _____ = _____

Por lo tanto, _____ − _____ = _____.

© Houghton Mifflin Harcourt Publishing Company

Resolución de problemas • Aplicaciones

Usa los cuadros de diez. Escribe un enunciado numérico para resolver.

4. PIENSA MÁS Hay 14 ovejas en el rebaño. Se van 5 ovejas. ¿Cuántas ovejas quedan en el rebaño?

Paso 1

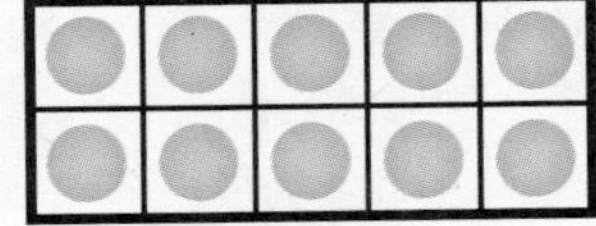

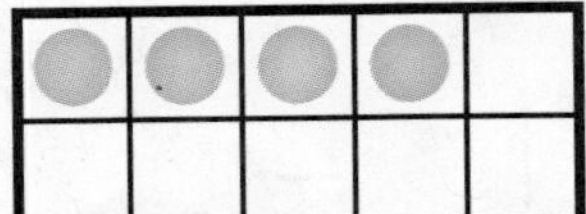

Paso 2

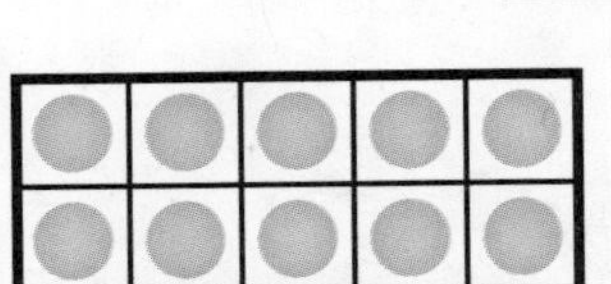

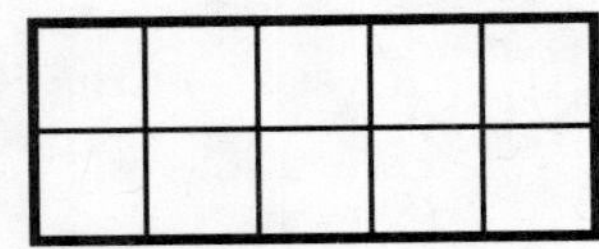

_____ − _____ = _____

_____ ovejas

5. PIENSA MÁS ¿Qué enunciado de resta muestra el modelo?

Paso 1

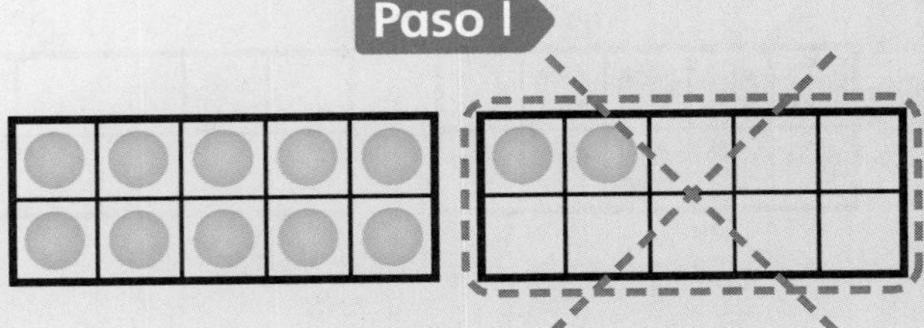

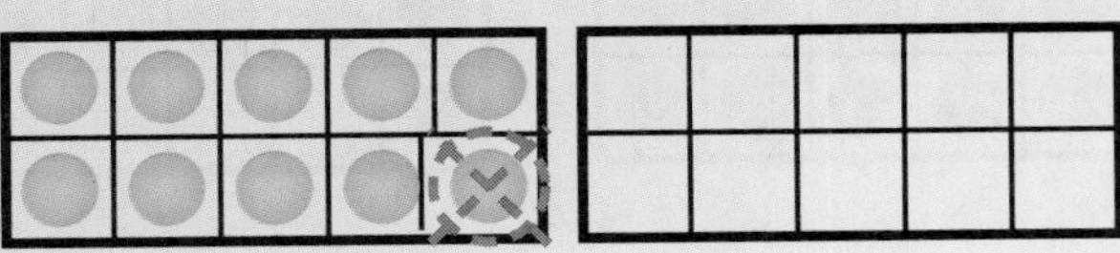

- ○ $10 - 1 = 9$
- ○ $10 - 3 = 7$
- ○ $12 - 3 = 9$
- ○ $12 - 2 = 10$

ACTIVIDAD PARA LA CASA • Pida a su niño que explique cómo resolvió el Ejercicio 4.

© Houghton Mifflin Harcourt Publishing Company • Image Credits: ©PhotoDisc/Getty Images

Nombre ______________________

Separar para restar

Estándares comunes **ESTÁNDAR COMÚN—1.OA.C.6**
Suman y restan hasta el número 20.

Resta.

1. ¿Cuánto es 13 − 5?

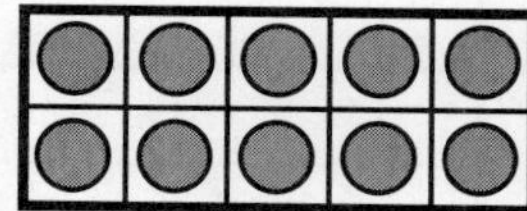
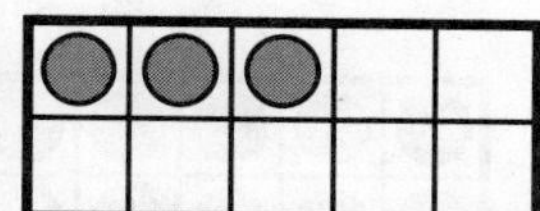

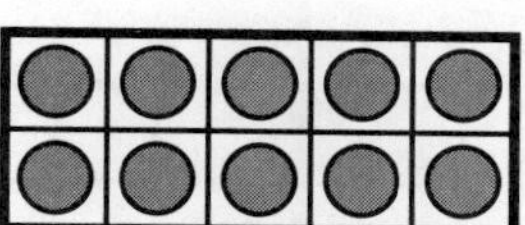
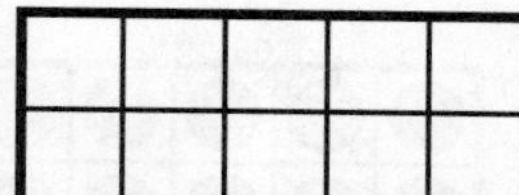

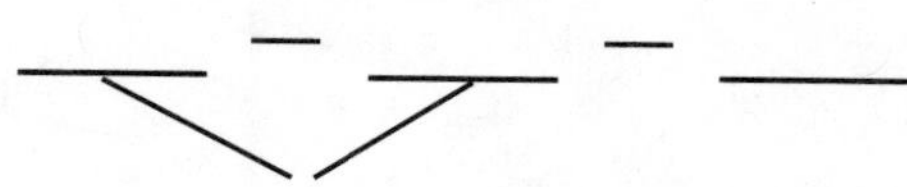

____ − ____ = ____

Por lo tanto, 13 − 5 = ____.

Resolución de problemas

2. Hay 17 cabras en el establo. Salen 8 cabras. ¿Cuántas cabras quedan en el establo?

Paso 1

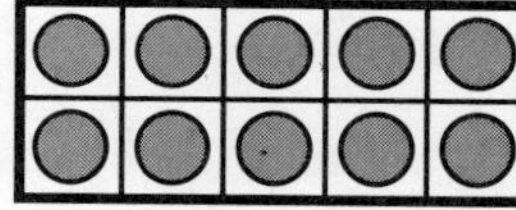
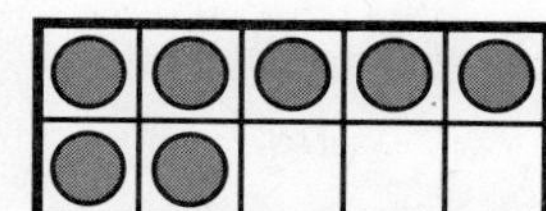

Paso 2

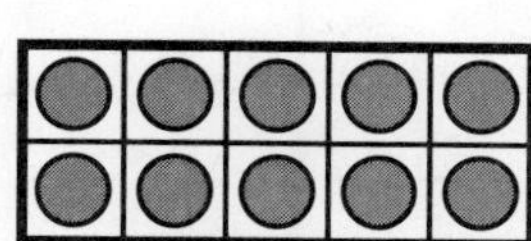
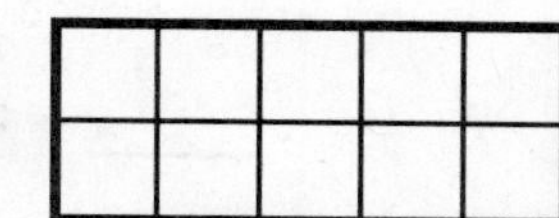

____ − ____ − ____

Por lo tanto, ____ − ____ = ____
____ − ____ = ____.

3. ESCRIBE **Matemáticas** Dibuja cuadros de diez y fichas para mostrar cómo separarías un número para hallar 14 − 6.

© Houghton Mifflin Harcourt Publishing Company

Repaso de la lección (1.OA.C.6)

1. Muestra cómo formar una decena para hallar 12 − 4. Escribe el enunciado numérico.

Paso 1

Paso 2

____ − ____ − ____ = ____

Repaso en espiral (1.OA.A.1, 1.OA.C.6)

2. Usa ▢. Haz un dibujo y colorea para mostrar una manera de separar 7. Completa el enunciado de resta.

7 − ____ = ____

3. Usa dobles menos uno para resolver 8 + 7. Escribe el enunciado numérico.

____ ◯ ____ ◯ ____ ◯ ____

© Houghton Mifflin Harcourt Publishing Company

PRACTICA MÁS CON EL Entrenador personal en matemáticas

Nombre ____________________

Resolución de problemas • Usar las estrategias de resta

Pregunta esencial ¿Cómo te puede ayudar representar un problema a resolver el problema?

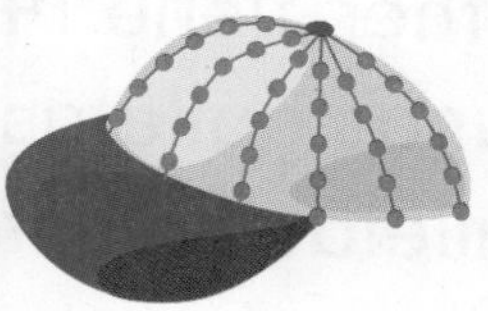

Estándares comunes **Operaciones y pensamiento algebraico—1.OA.A.1**
PRÁCTICAS MATEMÁTICAS
MP1, MP2, MP3, MP4

Kyle tenía 13 gorras. Le dio 5 gorras a Jake. ¿Cuántas gorras le quedan a Kyle?

Soluciona el problema

¿Qué debo hallar?

cuántas gorras le quedan a Kyle

¿Qué información debo usar?

Kyle tenía 13 gorras.

Kyle le dio 5 gorras a Jake.

Muestra cómo resolver el problema.

Paso 1

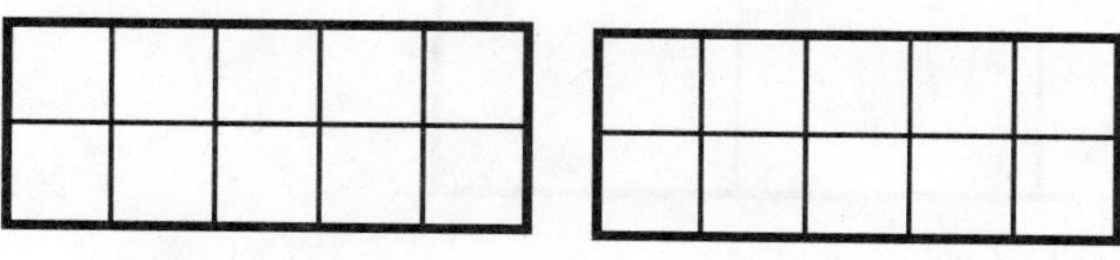

Paso 2

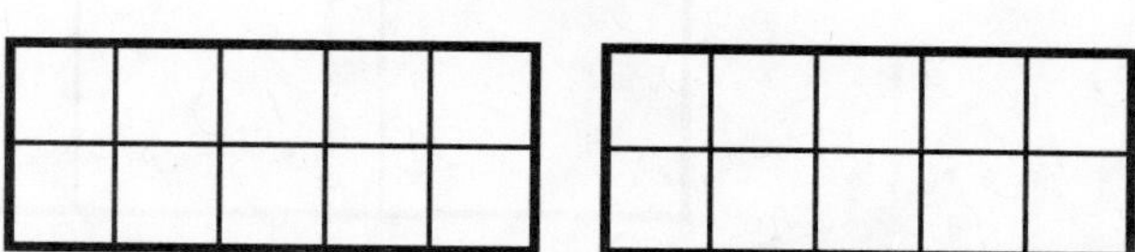

Kyle ahora tiene 8 gorras.

NOTA A LA FAMILIA • Su niño usó fichas para representar un problema de resta. El organizador gráfico permite a su niño analizar la información que se da en el problema.

© Houghton Mifflin Harcourt Publishing Company • Image Credits: (tr) ©Image Club Graphics/Eyewire/Getty Images

Haz otro problema

Representa para resolver. Haz un dibujo que muestre tu trabajo.

- ¿Qué debo hallar?
- ¿Qué información debo usar?

1. Heather tiene 14 galletas.
   Algunas galletas están rotas.
   8 galletas no están rotas.
   ¿Cuántas galletas están rotas?

14 − ☐ = 8

_____ galletas están rotas.

PRÁCTICAS MATEMÁTICAS 4

Representa ¿Cómo muestras cuántas galletas están rotas?

© Houghton Mifflin Harcourt Publishing Company • Image Credits: (tr) ©Alamy

Nombre ________________________

Comparte y muestra

PRÁCTICA MATEMÁTICA 1 **Analizar**

Representa para resolver. Haz un dibujo que muestre tu trabajo.

2. Phil tenía adhesivos. Perdió 7 adhesivos. Ahora tiene 9 adhesivos. ¿Cuántos adhesivos tenía Phil al comienzo?

$\square - 7 = 9$

Phil tenía ____ adhesivos al comienzo.

3. Hillary tiene 9 muñecas. Abby tiene 18 muñecas. ¿Cuántas muñecas menos que Abby tiene Hillary?

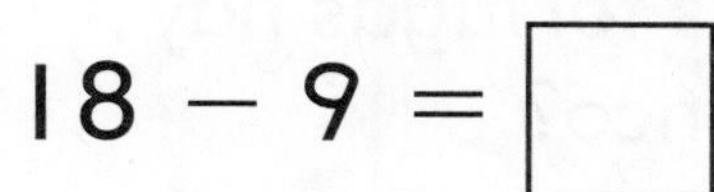

$18 - 9 = \square$

Hillary tiene ____ muñecas menos.

4. Josh tenía 12 semillas. Sembró algunas en la tierra. Le quedan 5. ¿Cuántas semillas sembró?

$12 - \square = 5$

Josh sembró ____ semillas.

5. Cami tiene 13 manzanas. Unas son verdes y otras son rojas. Tiene 8 manzanas rojas. ¿Cuántas manzanas verdes tiene?

$13 - \square = 8$

Tiene ____ manzanas verdes.

Por tu cuenta   Matemáticas

Elige una manera de resolver. Dibuja o escribe la explicación.

6. PIENSA MÁS Hay 10 ranas en el árbol. Llegan saltando 3 ranas más. Luego se van saltando 4 ranas. ¿Cuántas ranas hay en el árbol ahora?

_____ ranas

7. Hay 9 tortugas más en el agua que en un tronco. Hay 13 tortugas en el agua. ¿Cuántas tortugas hay en el tronco?

_____ tortugas

8. MÁS AL DETALLE Elige un número para completar el espacio en blanco. Resuelve.
10 perros en el parque.

_____ perros son marrones. El resto tiene manchas negras. ¿Cuántos perros tienen manchas negras?

_____ perros

9. PIENSA MÁS Chris tiene 10 gusanitos. Regala algunos de ellos. Le quedan 6 gusanitos. ¿Cuántos gusanitos regaló Chris?

Chris regaló ☐ gusanitos.

ACTIVIDAD PARA LA CASA • Diga a su niño un problema de resta. Pídale que represente el problema usando objetos pequeños para resolverlo.

© Houghton Mifflin Harcourt Publishing Company • Image Credits: (t) ©Digital Vision/Getty Images; (c) ©Stockdisc/Getty Images

Nombre ____________________

Resolución de problemas • Usar las estrategias de resta

ESTÁNDAR COMÚN—1.OA.A.1
Representan y resuelven problemas relacionados a la suma y a la resta.

**Representa para resolver.
Haz un dibujo que muestre tu trabajo.**

1. Hay 13 monos. Seis son pequeños. Los demás son grandes. ¿Cuántos monos grandes hay?

   $13 - 6 = \square$

   Hay ____ monos grandes.

2. Mindy tenía 13 flores. Le dio algunas a Sarah. Le quedan 9. ¿Cuántas flores le dio a Sarah?

   $13 - \square = 9$

   Mindy le dio ____ flores a Sarah.

3. Hay 5 caballos más en el establo que afuera. Hay 12 caballos en el establo. ¿Cuántos caballos hay afuera?

   $12 - 5 = \square$

   Hay ____ caballos afuera.

4. ESCRIBE **Matemáticas** Usa dibujos o palabras para explicar cómo representarías el siguiente problema. Joe tiene 9 carritos. Dan tiene 6. ¿Cuántos carritos menos tiene Dan que Joe?

© Houghton Mifflin Harcourt Publishing Company

Repaso de la lección (1.OA.A.1)

1. Resuelve. Completa el enunciado numérico. Jack tiene 14 naranjas. Regala algunas. Le quedan 6. ¿Cuántas naranjas regaló?

$14 - \_\_\_ = 6$

Jack regaló ____ naranjas.

2. Resuelve. Completa el enunciado numérico. Hay 13 peras en una canasta. Unas son amarillas y otras son verdes. 5 peras son verdes. ¿Cuántas peras son amarillas?

$13 - 5 = \_\_\_$

____ peras son amarillas.

Repaso en espiral (1.OA.A.2, 1.OA.C.6)

3. Haz un dibujo para resolver. Rita tiene 4 plantas. Le regalan 9 plantas más. Luego le regalan 1 planta más. ¿Cuántas plantas tiene ahora?

____ ◯ ____ ◯ ____ ◯ ____

____ plantas

4. ¿Cuál es la suma de $10 + 5$?

____

© Houghton Mifflin Harcourt Publishing Company

PRACTICA MÁS CON EL Entrenador personal en matemáticas

Nombre ______________________

Entrenador personal en matemáticas
Evaluación e intervención en línea

Repaso y prueba del Capítulo 4

1. Cuenta hacia atrás. Escribe el número que indica 2 menos.

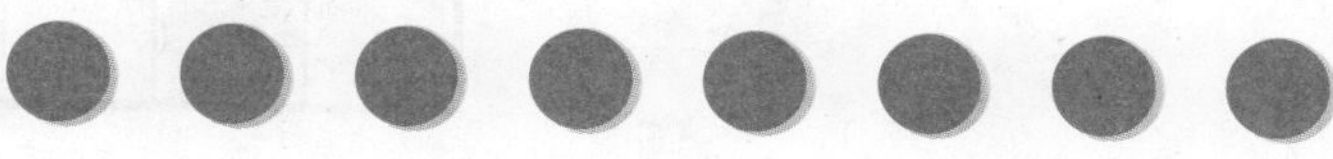

$8 - 2 = \square$

2. Observa las operaciones. Falta un número. ¿Qué número falta?

$$\begin{array}{r} 8 \\ + \square \\ \hline 13 \end{array} \qquad \begin{array}{r} 13 \\ - 8 \\ \hline \square \end{array}$$

5	6	7	8
○	○	○	○

3. Escribe un enunciado de resta que se pueda resolver con $5 + 4 = 9$.

$\square - \square = \square$

© Houghton Mifflin Harcourt Publishing Company

Entrenador personal en matemáticas

4. PIENSA MÁS + Forma una decena para restar. Haz un dibujo que muestre tu trabajo. Escribe la diferencia.

12 − 7 = ?

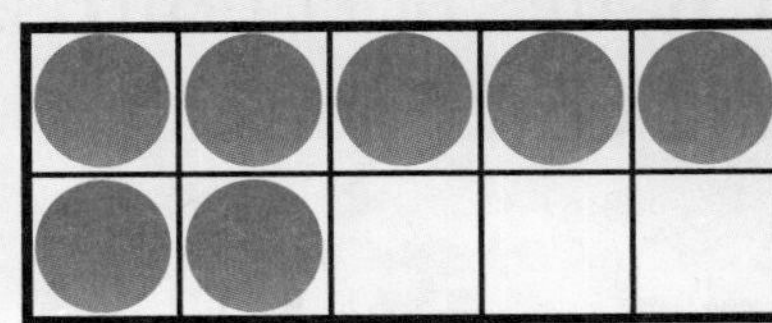

12 − 7 = ☐

5. ¿Qué enunciado de resta muestra el modelo?

○ 10 − 5
○ 15 − 5
○ 10 − 5 − 1
○ 15 − 5 − 3

Paso 1

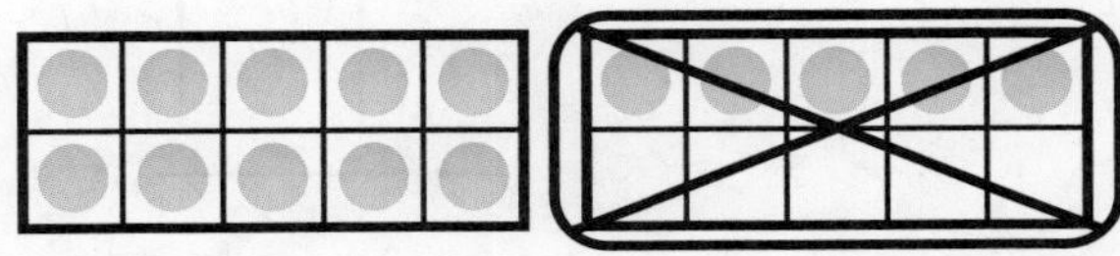

Paso 2

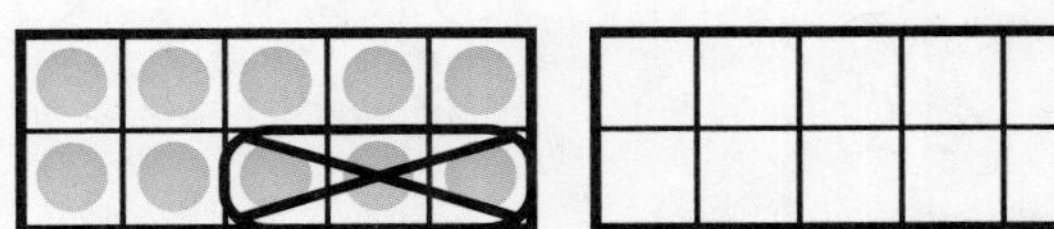

6. Lupe tiene 9 libros. Regala algunos. Le quedan 7 libros. ¿Cuántos libros regala? Haz un dibujo o escribe la explicación.

Lupe regala ☐ libros.

© Houghton Mifflin Harcourt Publishing Company

Nombre ______________________

7. Observa los enunciados numéricos. ¿Qué número falta? Escribe el número en cada cuadro.

$13 - \square = 9$ $9 + \square = 13$

---

8. ★ significa "cuenta hacia atrás 1".

■ significa "cuenta hacia atrás 2".

● significa "cuenta hacia atrás 3".

Empareja cada dibujo con un enunciado numérico.

$5 - ? = 2$

$7 - ? = 6$

$8 - ? = 6$

---

9. Forma una decena para restar.

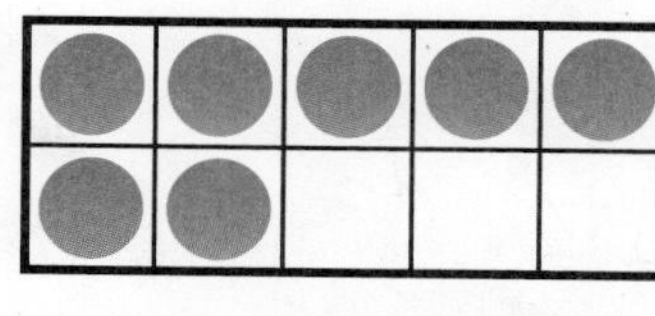

$13 - 7 = \square$

$13 - 7 = \underline{\ ?\ }$

© Houghton Mifflin Harcourt Publishing Company

10. ¿Cómo muestra el modelo 15 − 6? Elige los números para que los enunciados sean verdaderos. Encierra en un círculo los números en las casillas.

Paso 1

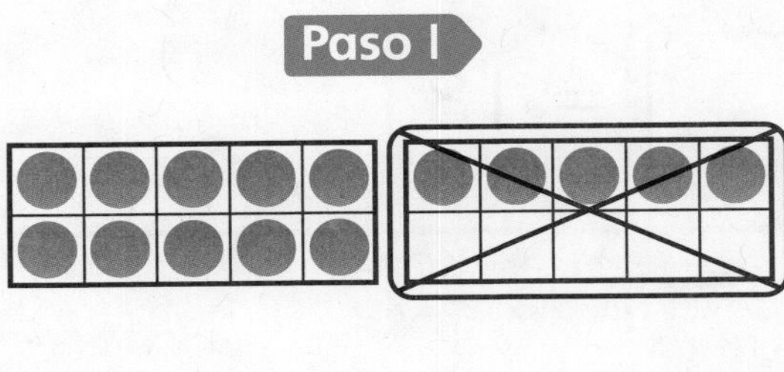

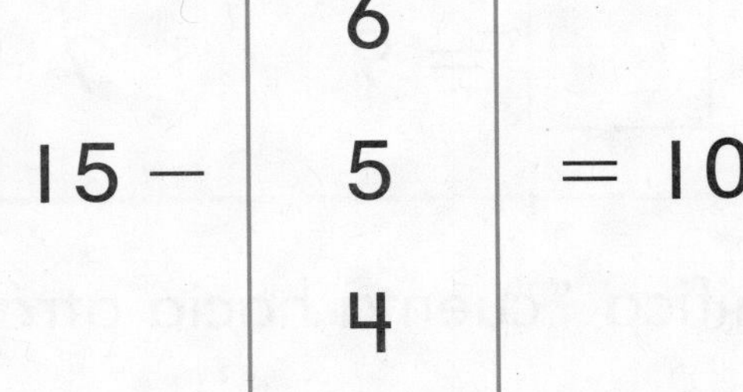

15 − [6 / 5 / 4] = 10

Paso 2

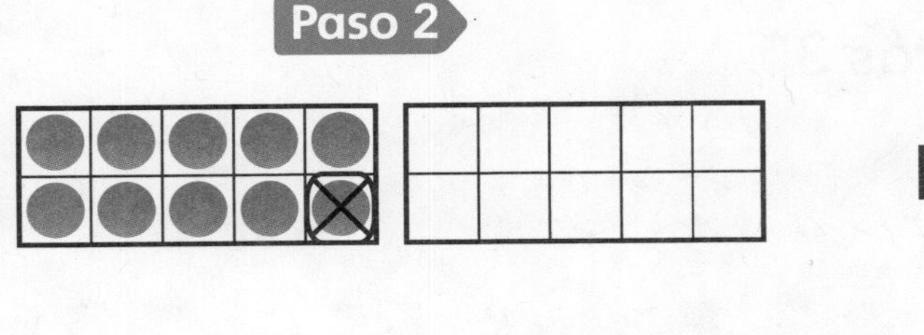

10 − [1 / 2 / 3] = 9

---

11. MÁS AL DETALLE Mark tiene 11 crayones. Regala algunos y le quedan 4. ¿Cuántos crayones regala? Haz un dibujo que te ayude a restar.

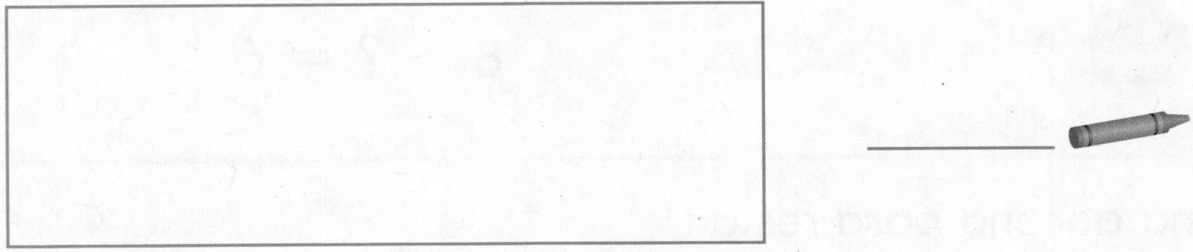

_____ crayones

¿En qué se parecen dibujar y representar un problema?

© Houghton Mifflin Harcourt Publishing Company

Relaciones de suma y resta

Aprendo más con Jorge el Curioso

Los niños tocan 4 veces la Campana de la Libertad. Luego la tocan 9 veces más. ¿Cuántas veces tocan la campana en total?

© Houghton Mifflin Harcourt Publishing Company • Image Credits: (bg) ©Richard Frear/Photo Researchers, Inc. Curious George by Margret and H.A. Rey. Copyright © 2010 by Houghton Mifflin Harcourt Publishing Company. All rights reserved. The character Curious George®, including without limitation the character's name and the character's likenesses, are registered trademarks of Houghton Mifflin Harcourt Publishing Company.

Nombre ______________________________

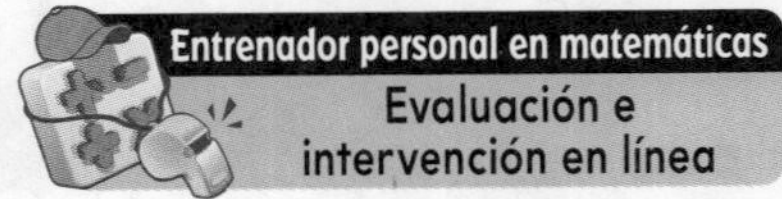

Suma en cualquier orden

Usa ■ ■. Colorea para relacionar.
Escribe las sumas. (K.OA.A.1)

1.

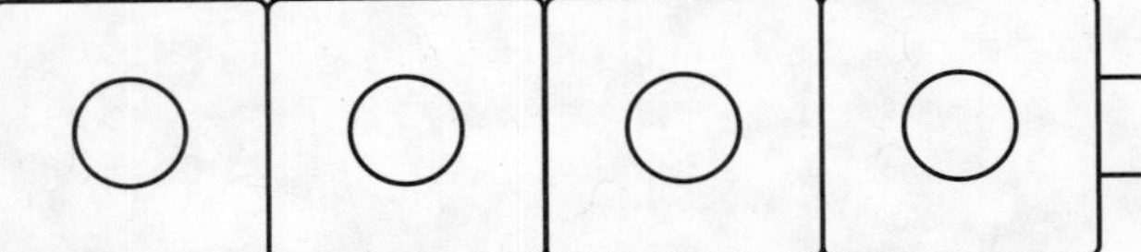

1 + 3 = ______

3 + 1 = ______

Cuenta hacia adelante

Cuenta hacia adelante para sumar. Escribe las sumas. (K.OA.A.5)

2. 6 + 3 = ____ | 3. 7 + 1 = ____ | 4. 8 + 2 = ____

Cuenta hacia atrás

Cuenta hacia atrás para restar. Escribe las diferencias. (K.OA.A.5)

5. 11 − 2 = ____ | 6. 8 − 3 = ____ | 7. 9 − 1 = ____

Esta página es para verificar la comprensión de las destrezas importantes que se necesitan para tener éxito en el Capítulo 5.

© Houghton Mifflin Harcourt Publishing Company

Nombre ______________________

Desarrollo del vocabulario

Palabras de repaso
sumar
operación de suma
diferencia
restar
operación de resta
suma

Visualízalo

Clasifica las palabras de repaso de la casilla.

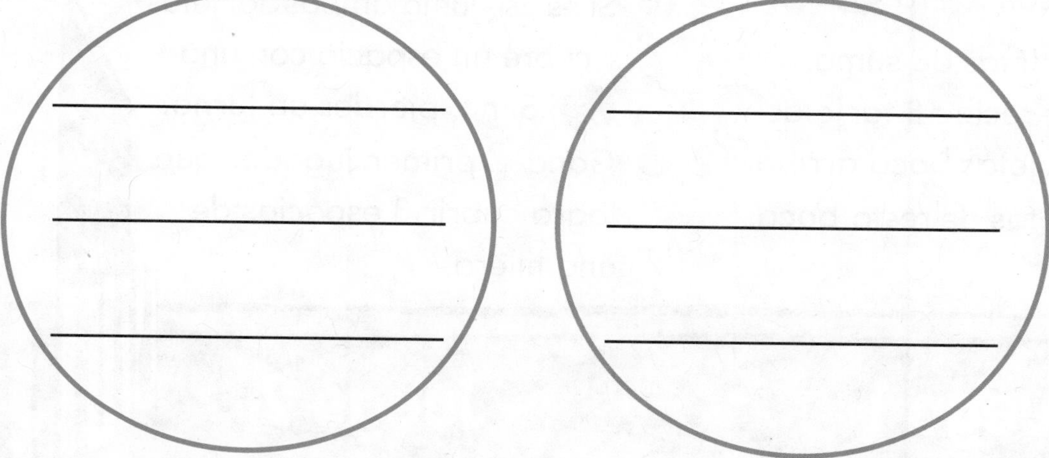

Comprende el vocabulario

Sigue las instrucciones.

1. Escribe una operación de suma.

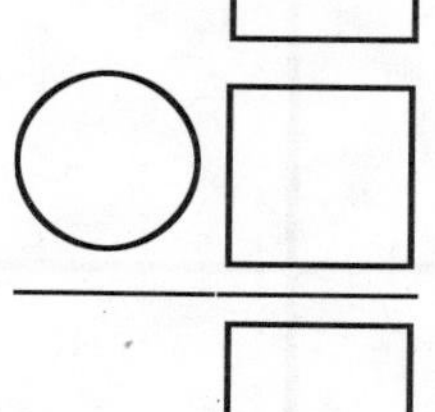

2. ¿Cuál es la suma?

______

3. Escribe una operación de resta.

4. ¿Cuál es la diferencia?

______

© Houghton Mifflin Harcourt Publishing Company

APRENDE EN LÍNEA
• Libro interactivo del estudiante
• Glosario multimedia

Capítulo 5

Juego Bingo de sumas y restas

Materiales • 16 [5 + 3] • 16 [8 − 3] • 18 ●

Juega con un compañero.
Cada uno juega con ● o ●.

1. Mezcla las tarjetas de suma. Cada jugador recibe 8 tarjetas. Coloca tus tarjetas boca arriba.
2. Apila las tarjetas de resta boca abajo.
3. Toma una tarjeta de resta. ¿Tienes la tarjeta de suma que te sirve de ayuda para restar?
4. Si es así, junta ambas tarjetas y cubre un espacio con una ●. Si no, pierdes un turno.
5. Gana el primer jugador que logra cubrir 3 espacios de una hilera.

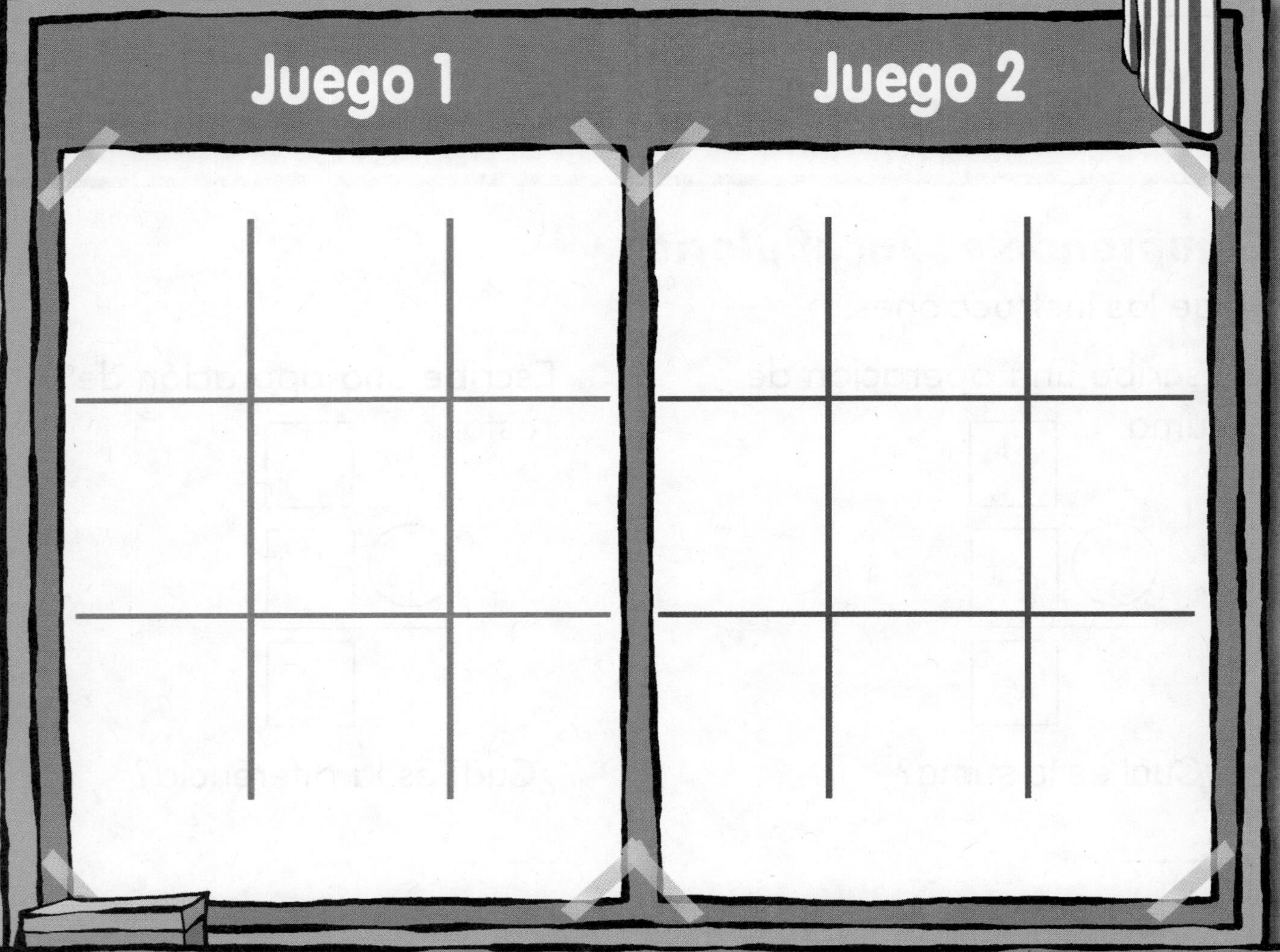

© Houghton Mifflin Harcourt Publishing Company

Vocabulario del Capítulo 5

diferencia
difference
16

enunciado de resta
subtraction sentence
23

enunciado de suma
addition sentence
24

operaciones relacionadas
related facts
45

restar
subtract
52

suma
sum
53

sumando
addend
54

sumar
add
55

© Houghton Mifflin Harcourt Publishing Company

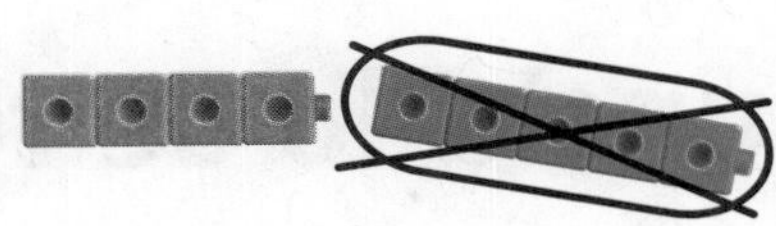

9 − 5 = 4

Es un **enunciado de resta.**

© Houghton Mifflin Harcourt Publishing Company

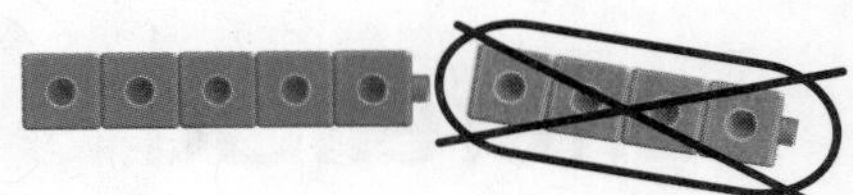

9 − 4 = 5

La **diferencia** es 5.

© Houghton Mifflin Harcourt Publishing Company

Las operaciones relacionadas tienen las mismas partes y todos.

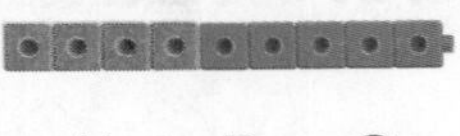

4 + 5 = 9

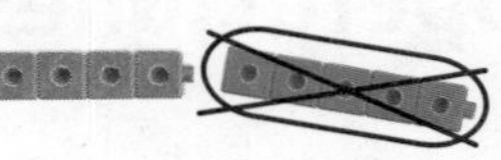

9 − 5 = 4

5 + 4 = 9

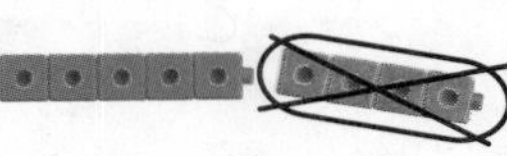

9 − 4 = 5

© Houghton Mifflin Harcourt Publishing Company

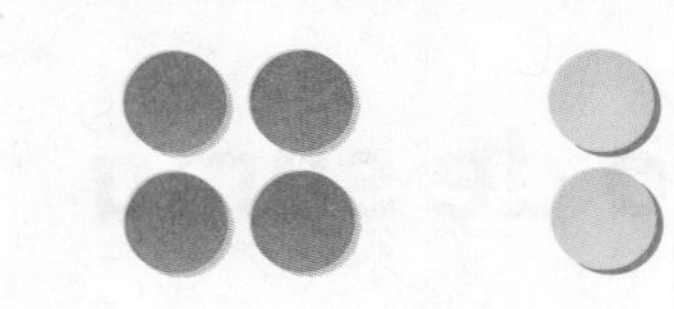

4 + 2 = 6

Es un **enunciado de suma.**

© Houghton Mifflin Harcourt Publishing Company

2 más 1 es igual a 3.

La **suma** es 3.

© Houghton Mifflin Harcourt Publishing Company

5 − 2 = 3

© Houghton Mifflin Harcourt Publishing Company

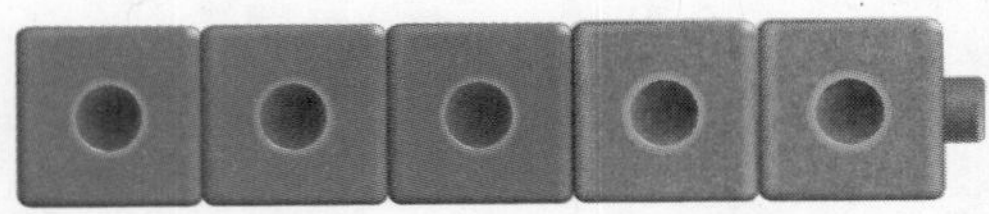

3 + 2 = 5

© Houghton Mifflin Harcourt Publishing Company

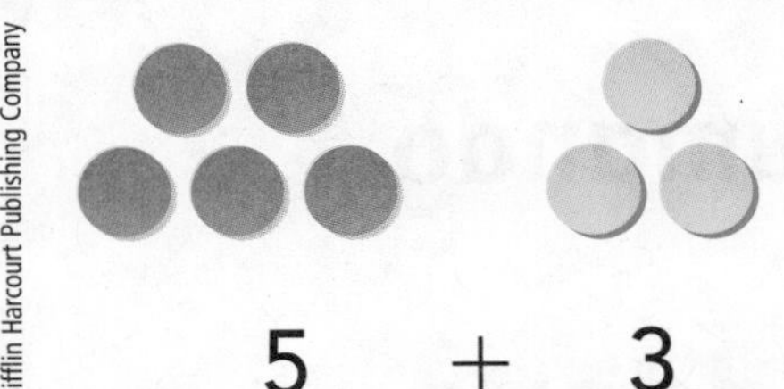

5 + 3 = 8

sumandos

Haz una pareja

Recuadro de palabras

- sumar
- sumando
- enunciado de suma
- diferencia
- operaciones relacionadas
- restar
- enunciado de resta
- suma

Materiales

2 juegos de tarjetas de palabras

Instrucciones

Juega con un compañero.

1. Mezcla las tarjetas. Da 5 tarjetas a cada jugador. Coloca el resto en la pila boca abajo.
2. Pide a un jugador que diga una palabra que corresponda con la palabra que tienes en la mano.
   - Si el jugador tiene la palabra, él o ella te entregará la tarjeta. Coloca el par de tarjetas de palabras a un lado.
   - Si el jugador no tiene la palabra, él o ella te dirá "Haz una pareja". Toma una tarjeta de la pila. Si esa tarjeta es igual a una palabra en tu mano, coloca el par de tarjetas de palabras a un lado.
3. Túrnense.
4. Cuando un compañero ha emparejado todas sus tarjetas de palabras, gana. Cuando ya no queden tarjetas de palabras en la pila, gana el jugador con más parejas.

© Houghton Mifflin Harcourt Publishing Company

Escríbelo

Reflexiona

Selecciona una idea. Dibuja y escribe sobre ella.

- Max quiere saber si lo siguiente es correcto.

$$3 + 5 = 6 + 2$$

  Dibuja y escribe cómo lo sabes.

- Menciona tres cosas que sabes sobre la suma y resta de números.

© Houghton Mifflin Harcourt Publishing Company

Nombre ______________________________

Resolución de problemas • Sumar o restar

Pregunta esencial ¿Cómo te puede ayudar hacer un modelo a resolver un problema?

Operaciones y pensamiento algebraico—1.OA.A.1

PRÁCTICAS MATEMÁTICAS
MP1, MP2, MP4

Hay 16 tortugas en la playa.
Algunas tortugas se van nadando.
Quedan 9 tortugas en la playa.
¿Cuántas tortugas se van nadando?

Soluciona el problema

¿Qué debo hallar?

cuántas tortugas
se van nadando

¿Qué información debo usar?

16 tortugas

? se van nadando

9 tortugas quedan en la playa

Muestra cómo resolver el problema.

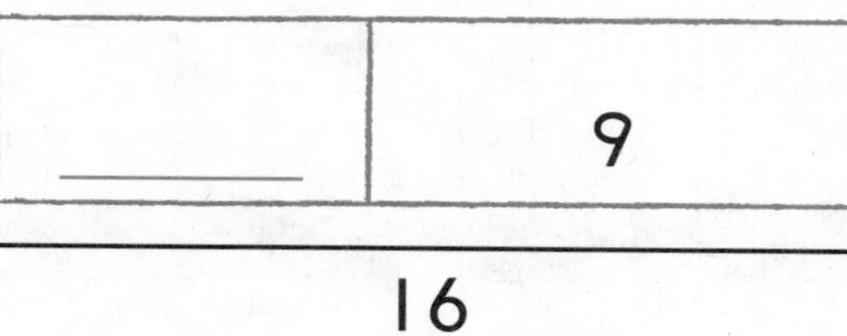

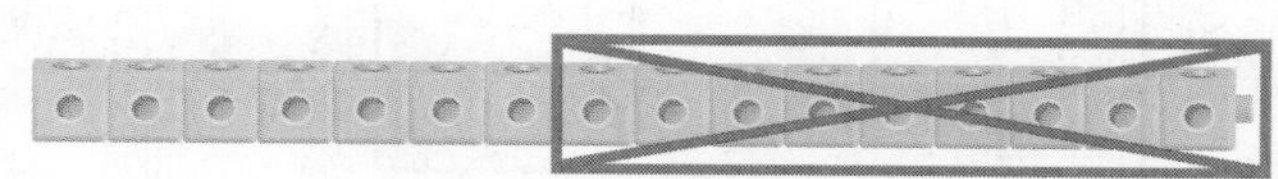

16 tortugas _____ se van nadando quedan 9 tortugas en la playa

NOTA A LA FAMILIA: • Su niño hizo un modelo para visualizar el problema. El modelo sirve para que su niño vea qué parte del problema debe hallar.

© Houghton Mifflin Harcourt Publishing Company • Image Credits: (tr) ©Shutterstock

Haz otro problema

Haz un modelo para resolver.
Usa ▪ como ayuda.

- ¿Qué debo hallar?
- ¿Qué información debo usar?

I. Hay 4 conejos en el jardín. Llegan unos conejos más. Ahora hay 12 en total. ¿Cuántos conejos llegaron al jardín?

4	____
12	

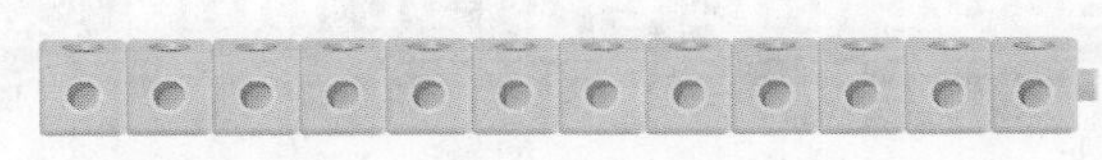

4 conejos   llegan_____ conejos   hay 12 conejos en total

2. Hay 14 aves en un árbol. Algunas aves se van volando. Quedan 9 aves en el árbol. ¿Cuántas aves se van volando?

____	9
14	

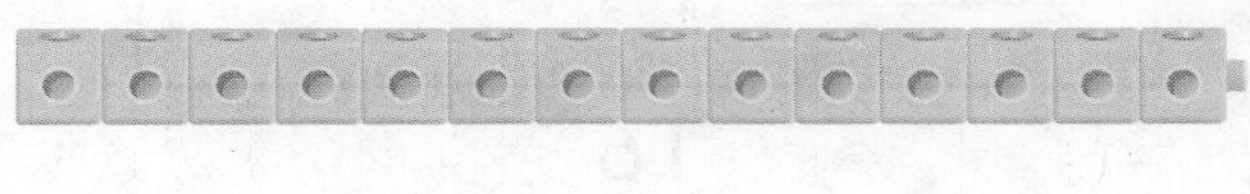

14 aves   _____ aves se van volando   quedan 9 aves en el árbol

Representa Explica cómo hallas el número desconocido.

© Houghton Mifflin Harcourt Publishing Company • Image Credits: (tr) ©Peter Barritt/Alamy (br) ©Jaim Simoes Oliveira/Flickr/Getty Images

Nombre ______________________________

Comparte y muestra 

Haz un modelo para resolver.

3. Hay 20 patos en el estanque. Luego 10 patos se van nadando. ¿Cuántos patos quedan en el estanque?

10	____

20

20 patos   10 se van nadando   quedan _____ patos en el estanque.

4. PIENSA MÁS 3 águilas se posan en los árboles. Ahora hay 12 águilas en los árboles. ¿Cuántas águilas había en los árboles al comienzo?

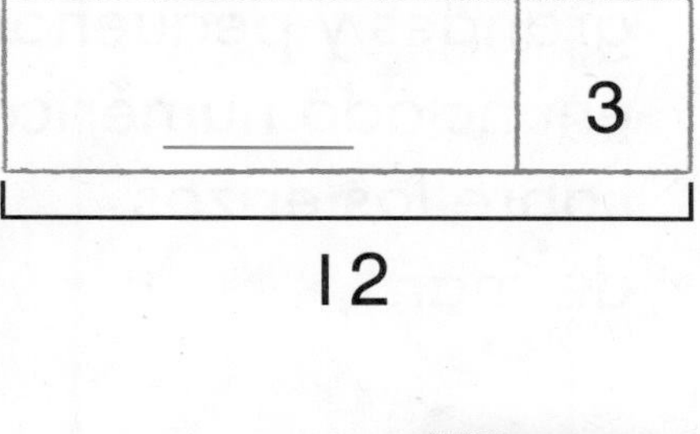

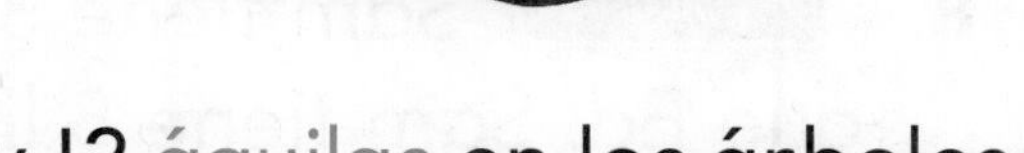

_____ águilas   3 águilas se posan   hay 12 águilas en los árboles

5. Hay 8 ardillas en el parque. Llegan unas ardillas más. Ahora hay 16 ardillas. ¿Cuántas ardillas llegaron al parque?

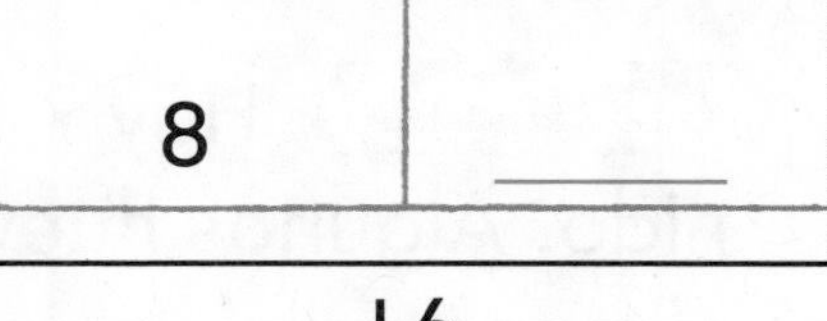

8 ardillas   llegan_____ ardillas   hay 16 ardillas en el parque

© Houghton Mifflin Harcourt Publishing Company • Image Credits: (t) ©Getty Images (b) ©Jane Burton/Getty Images (c) ©Digital Vision/Getty Images

Por tu cuenta

ESCRIBE Matemáticas

PRÁCTICA MATEMÁTICA 2 Representa un problema

Resuelve. Escribe o haz un dibujo que muestre tu trabajo.

6. Liz recoge 15 flores.
Siete son rosadas.
El resto son amarillas.
¿Cuántas flores amarillas tiene?

____ flores amarillas.

7. Cindy tiene 14 erizos de mar. Tiene el mismo número de erizos de mar grandes y pequeños. Escribe un enunciado numérico sobre los erizos de mar.

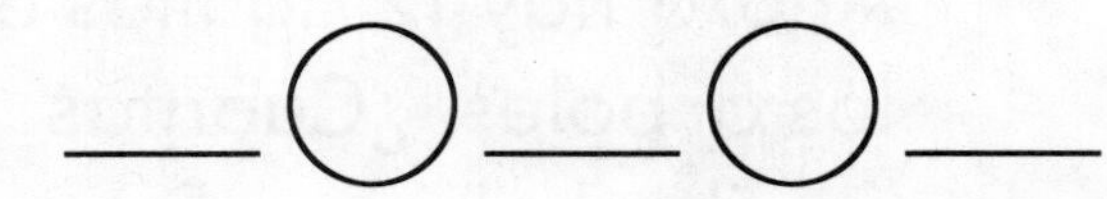

____ ◯ ____ ◯ ____

8. MÁS AL DETALLE Sam tiene 3 libros más que Ed. Sam tiene 8 libros. ¿Cuántos libros tiene Ed?

____ libros

9. PIENSA MÁS Hay 7 huevos en un nido. Algunos huevos se rompen y salen polluelos del cascarón. Ahora quedan 5 huevos. ¿Cuántos huevos se rompen?

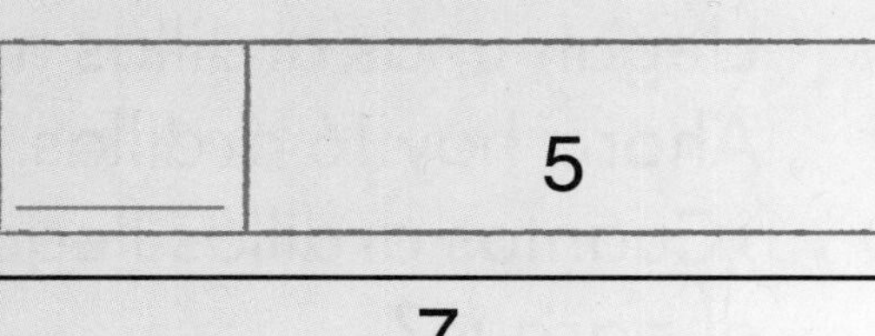

7 huevos ____ se rompen quedan 5 huevos

ACTIVIDAD PARA LA CASA • Pida a su niño que observe el Ejercicio 7 y ponga el 18 como número total de erizos de mar. Luego pida a su niño que escriba un enunciado numérico.

© Houghton Mifflin Harcourt Publishing Company • Image Credits: (c) ©Siede Preis/PhotoDisc/Getty Images (t) ©America/Alamy

Nombre ______________________________

Sumar o restar

Estándares comunes **ESTÁNDAR COMÚN—1.OA.A.1**
Representan y resuelven problemas relacionados a la suma y a la resta.

Haz un modelo para resolver.

1. Stan tiene 12 adhesivos.
Algunos adhesivos son nuevos.
4 adhesivos son viejos.
Cuántos adhesivos nuevos tiene?

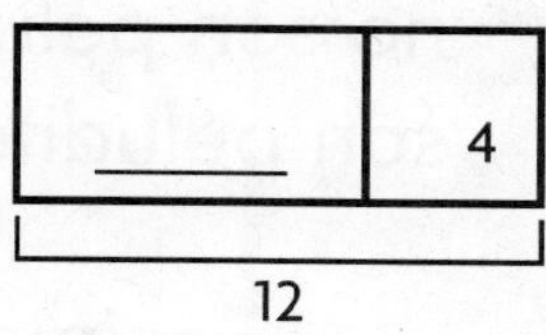

____ adhesivos nuevos

2. Liz tiene 9 ositos de juguete.
Entonces compra otros más.
Ahora tiene 15 ositos.
¿Cuántos ositos compró?

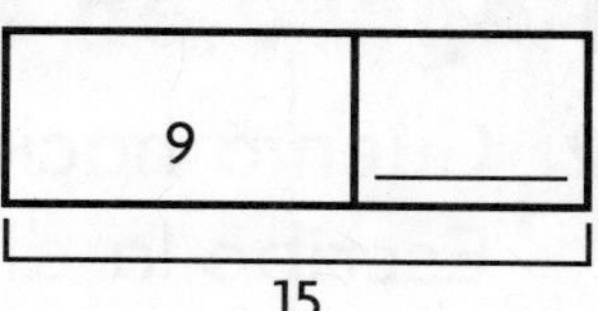

____ ositos de juguete

3. Eric compró 6 libros.
Ahora tiene 16 libros.
¿Cuántos libros tenía al comienzo?

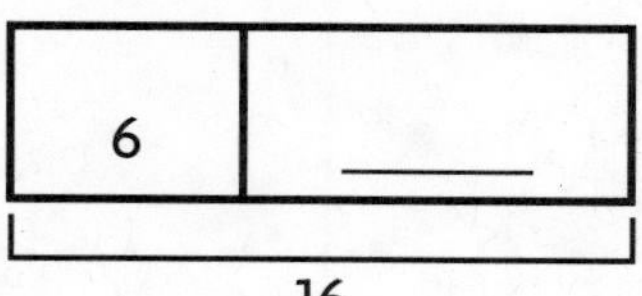

____ libros

4. ESCRIBE **Matemáticas** Escribe un problema de suma. Pídele a un compañero que lo resuelva.

____
____
____
____

© Houghton Mifflin Harcourt Publishing Company

Repaso de la lección (1.OA.A.1)

Usa el modelo para resolver.

1. Arlo tiene 17 animales rellenos de semillas. Unos son peluditos. Nueve animales no son peluditos. ¿Cuántos animales son peluditos?

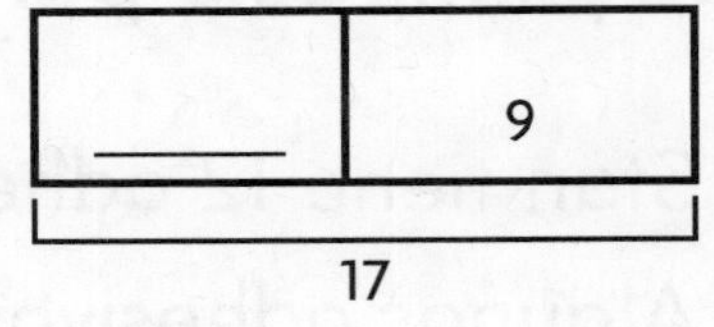

_____ animales peluditos

Repaso en espiral (1.OA.A.1, 1.OA.C.5)

2. Cuenta hacia atrás. Escribe la diferencia.

$\_\_\_\_ = 11 - 3$

3. Usa ▢ ■. Colorea para mostrar cómo formar diez. Completa el enunciado de suma.

$10 = \_\_\_\_ + \_\_\_\_$

PRACTICA MÁS CON EL Entrenador personal en matemáticas

© Houghton Mifflin Harcourt Publishing Company

Nombre ______________________________

Anotar operaciones relacionadas

Pregunta esencial ¿Cómo te ayudan las operaciones relacionadas a hallar los números desconocidos?

Operaciones y pensamiento algebraico—1.OA.C.6
También 1.OA.D.8

PRÁCTICAS MATEMÁTICAS
MP1, MP5, MP7, MP8

Escucha y dibuja En el mundo

Manos a la obra

Escucha el problema.
Haz un modelo con ▪▪ o un *i*tools en español. Dibuja tu modelo de ▪▪. Escribe el enunciado numérico.

____ + ____ = ____	____ − ____ = ____

PRÁCTICAS MATEMÁTICAS 5

Usa las herramientas
Explica cómo tu modelo te ayuda a escribir tu enunciado númerico.

PARA EL MAESTRO • Lea el siguiente problema para la casilla izquierda. Colin tiene 7 galletas. Le dan 1 galleta más. ¿Cuántas galletas tiene Colin ahora? Luego lea el siguiente problema para la casilla derecha. Colin tiene 8 galletas. Le da una a Jacob. ¿Cuántas galletas tiene Colin ahora?

© Houghton Mifflin Harcourt Publishing Company

Representa y dibuja

¿Cómo puedes escribir cuatro **operaciones relacionadas** usando un solo modelo?

4 + 5 = 9

9 − 5 = 4

5 + 4 = 9

9 − 4 = 5

Comparte y muestra

Usa ▪▪. Suma o resta.
Completa las operaciones relacionadas.

1. 8 + ☐ = 15   15 − 7 = ☐

   7 + 8 = ☐   ☐ − ☐ = ☐

✓2. ☐ + 9 = 14   14 − ☐ = 5

   9 + 5 = ☐   ☐ − ☐ = ☐

✓3. 7 + ☐ = 13   13 − 6 = ☐

   6 + 7 = ☐   ☐ − ☐ = ☐

© Houghton Mifflin Harcourt Publishing Company

Nombre ______________________________

Por tu cuenta

PRÁCTICA MATEMÁTICA 1 **Analiza relaciones**

Usa [cubos]. Suma o resta. Completa las operaciones relacionadas.

4. $\square + 8 = 13$ $\quad 13 - \square = 5$

$8 + 5 = \square$ $\quad \square - \square = \square$

5. $\square + 8 = 17$ $\quad 17 - \square = 9$

$8 + 9 = \square$ $\quad \square - \square = \square$

6. $9 + \square = 15$ $\quad \square - 6 = 9$

$6 + \square = 15$ $\quad \square - \square = \square$

7. PIENSA MÁS Encierra en un círculo el enunciado numérico que tiene un error. Corrígelo y completa la operación relacionada.

$7 + 9 = 16$

$16 + 9 = 7$

$9 + 7 = 16$

$16 - 7 = 9$

___ ◯ ___ ◯ ___

© Houghton Mifflin Harcourt Publishing Company

Resolución de problemas • Aplicaciones

ESCRIBE Matemáticas

8. MÁS AL DETALLE Elige tres números para formar una operación relacionada. Elige números entre el 0 y el 18. Escribe tus números. Escribe las operaciones relacionadas.

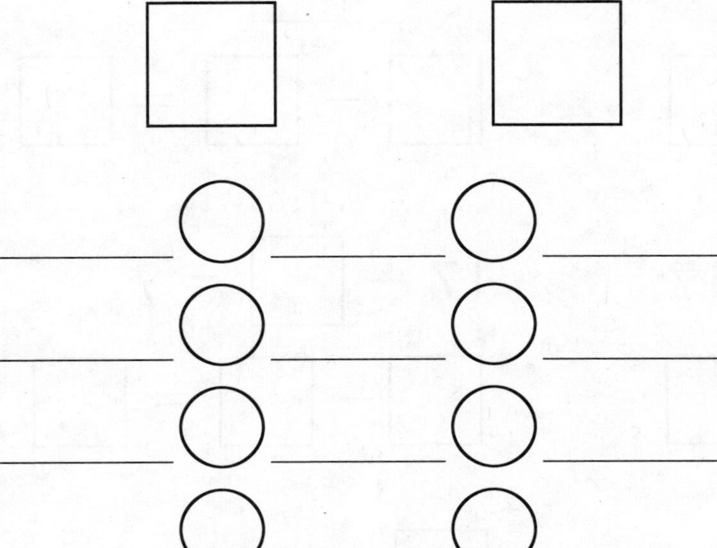

9. PIENSA MÁS ¿Qué opción completa las operaciones relacionadas?

$6 + 3 = 9$ $9 - 3 = 6$

$3 + 6 = 9$?

- ○ $6 + 9 = 15$
- ○ $9 + 3 = 12$
- ○ $9 - 6 = 3$
- ○ $6 - 3 = 3$

ACTIVIDAD PARA LA CASA • Escriba una operación de suma. Pida a su niño que escriba otras tres operaciones relacionadas.

© Houghton Mifflin Harcourt Publishing Company

Nombre ______________________________

Anotar operaciones relacionadas

Estándares comunes **ESTÁNDAR COMÚN—1.OA.C.6**
Suman y restan hasta el número 20.

Usa [cubos]. Suma o resta. Completa las operaciones relacionadas.

1. 4 + ☐ = 12 ☐ − 8 = 4

8 + 4 = ☐ ☐ − ☐ = ☐

2. ☐ + 4 = 9 9 − 4 = ☐

☐ + 5 = 9 ☐ − ☐ = ☐

Resolución de problemas En el mundo

Elige una manera de resolver.
Escribe o dibuja la explicación.

3. Hay 16 manzanas en el árbol.
No cayó ninguna manzana.
¿Cuántas manzanas quedan en el árbol?

____ manzanas

4. ESCRIBE **Matemáticas** Escribe cuatro operaciones relacionadas. Utiliza dibujos para mostrar cómo están relacionados los enunciados numéricos.

____

____

© Houghton Mifflin Harcourt Publishing Company

Repaso de la lección (1.OA.C.6)

1. Escribe una operación relacionada.

$7 + 4 = 11$

$4 + 7 = 11$

$11 - 7 = 4$

$\square - \square = \square$

Repaso en espiral (1.OA.B.4, 1.OA.D.8)

2. Completa el enunciado de resta.

$6 - 6 =$ ____

3. Escribe un enunciado de suma que te ayude a resolver $15 - 9$.

____ + ____ = ____

© Houghton Mifflin Harcourt Publishing Company

PRACTICA MÁS CON EL Entrenador personal en matemáticas

Nombre ______________________________

Identificar operaciones relacionadas

Pregunta esencial ¿Cómo sabes si la suma y la resta son operaciones relacionadas?

Estándares comunes **Operaciones y pensamiento algebraico—1.OA.C.6** *También 1.OA.D.8*
PRÁCTICAS MATEMÁTICAS MP4, MP7, MP8

Escucha y dibuja

Usa para mostrar 4 + 9 = 13
Dibuja para mostrar una operación de resta relacionada.
Escribe el enunciado de resta.

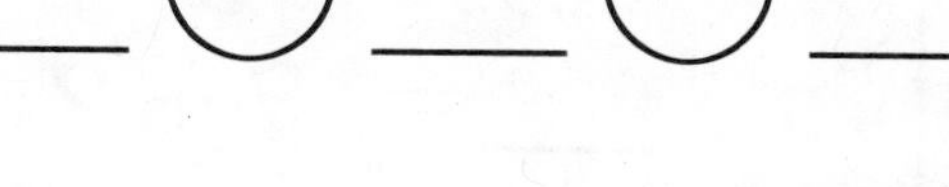

Charla matemática
PRÁCTICAS MATEMÁTICAS 7

Busca estructuras ¿Por qué tu enunciado de resta se relaciona con 4 + 9 = 13?

PARA EL MAESTRO • Pida a los niños que usen cubos para mostrar 4 + 9 = 13. Luego pídales que usen los cubos para mostrar el enunciado de resta relacionado, que dibujen los cubos y que escriban el enunciado relacionado.

© Houghton Mifflin Harcourt Publishing Company

Representa y dibuja

Usa las ilustraciones. ¿Cuáles son dos operaciones que puedes escribir?

3 (+) 9 (=) 12

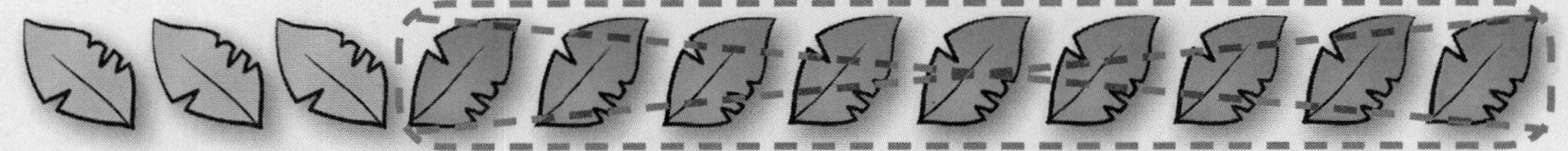

12 (−) 9 (=) 3

Estas son operaciones relacionadas. Si conoces una de estas operaciones, también conoces la otra operación.

Comparte y muestra

MATH BOARD

Suma y resta.
Encierra en un círculo las operaciones relacionadas.

1. $6 + 4 =$ ____
   $10 - 4 =$ ____

2. ____ $= 9 + 8$
   ____ $= 17 - 8$

3. $9 + 5 =$ ____
   $9 - 5 =$ ____

4. $8 + 7 =$ ____
   $15 - 7 =$ ____

5. ____ $= 9 + 2$
   ____ $= 9 - 2$

6. $6 + 3 =$ ____
   $12 - 3 =$ ____

7. $4 + 8 =$ ____
   $12 - 8 =$ ____

8. ____ $= 7 + 6$
   ____ $= 13 - 6$

9. $9 + 9 =$ ____
   $18 - 9 =$ ____

© Houghton Mifflin Harcourt Publishing Company

Nombre ______________________________

Por tu cuenta

10. PRÁCTICA MATEMÁTICA 7 **Identifica relaciones** Suma y resta. Colorea de verde las hojas que tienen operaciones relacionadas.

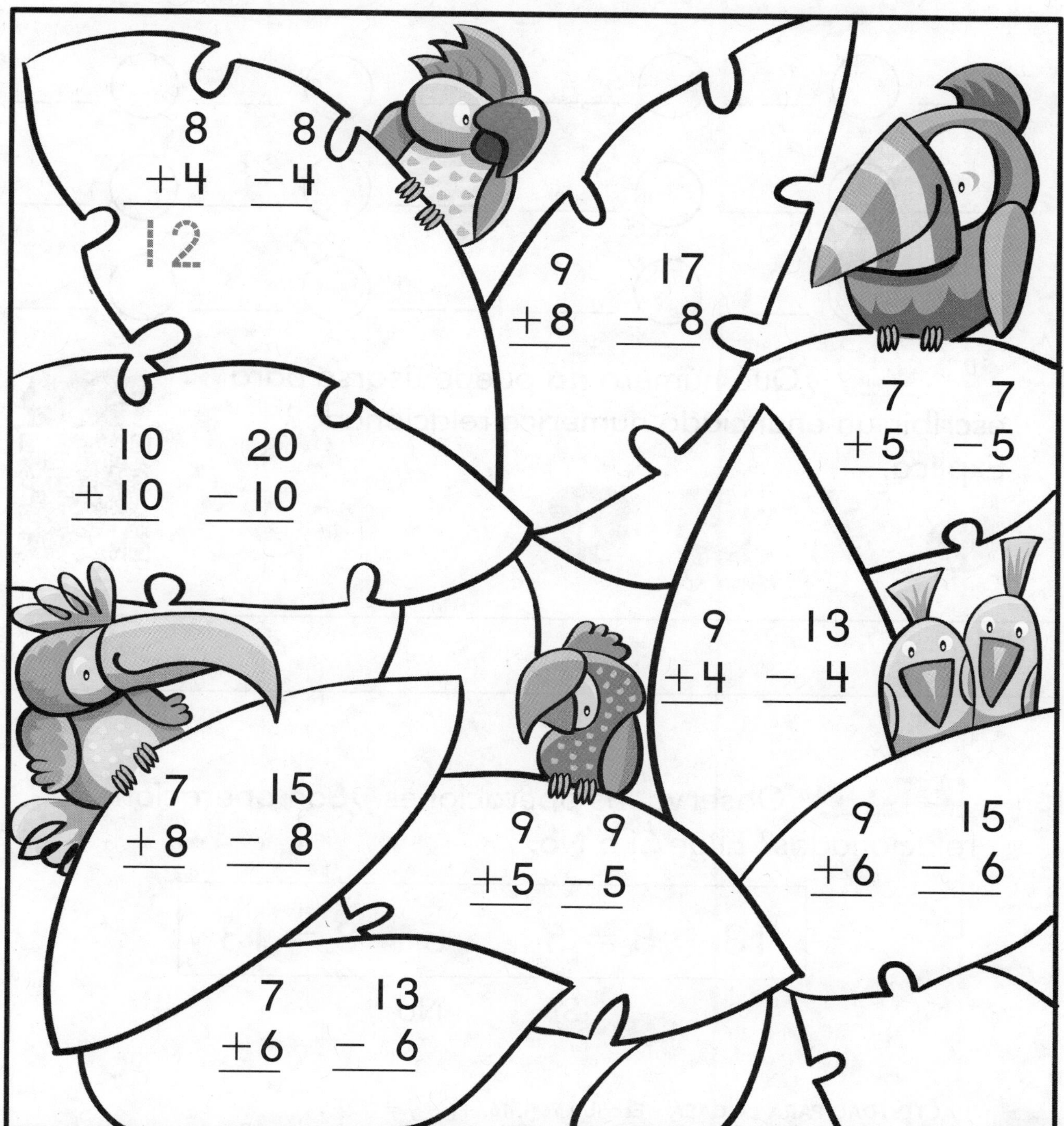

© Houghton Mifflin Harcourt Publishing Company

Resolución de problemas • Aplicaciones

MÁS AL DETALLE Escribe enunciados de suma y resta relacionados usando estos números.

11. 

12. 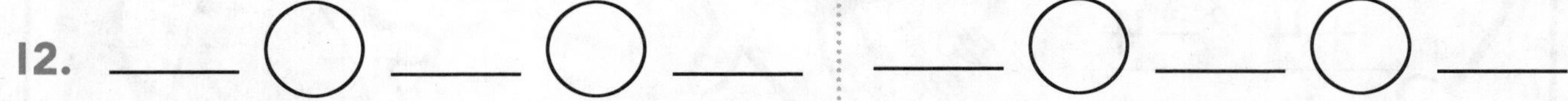

13. 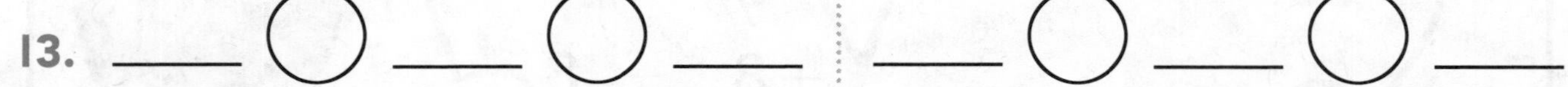

14. PIENSA MÁS ¿Qué número **no** puede usarse para escribir un enunciado numérico relacionado? Explica.

____

____

15. PIENSA MÁS Observa las operaciones. ¿Son operaciones relacionadas? Elige Sí o No.

$13 - 8 = 5$	$5 + 8 = 13$

Sí No

ACTIVIDAD PARA LA CASA • Escriba 7, 9, 16, +, − y = en trozos de papel separados. Pida a su niño que muestre operaciones relacionadas usando los trozos de papel.

© Houghton Mifflin Harcourt Publishing Company

Nombre ______________________________

Identificar operaciones relacionadas

Estándares comunes **ESTÁNDAR COMÚN—1.OA.C.6**
Suman y restan hasta el número 20.

Suma o resta. Encierra en un círculo las operaciones relacionadas.

1. $5 + 6 =$ ____
$11 - 6 =$ ____

2. $4 + 9 =$ ____
$9 - 4 =$ ____

3. $4 + 7 =$ ____
$11 - 7 =$ ____

4. $9 + 8 =$ ____
$17 - 8 =$ ____

5. $5 + 7 =$ ____
$7 - 5 =$ ____

6. $6 + 8 =$ ____
$14 - 8 =$ ____

Resolución de problemas En el mundo

7. Usa estos números para escribir enunciados de suma y resta relacionados.

____ + ____ = ____   ____ − ____ = ____

8. ESCRIBE Matemáticas Usa números y dibujos para mostrar las operaciones relacionadas con los números 7, 9 y 16.

© Houghton Mifflin Harcourt Publishing Company

Repaso de la lección (1.OA.C.6)

1. Escribe una operación relacionada para 7 + 6 = 13.

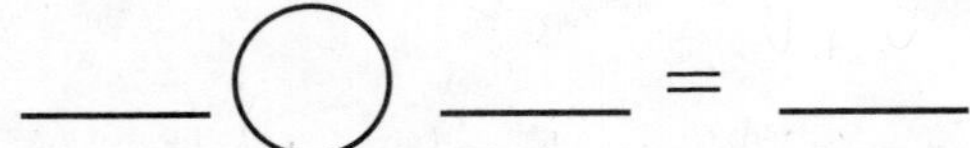

Repaso en espiral (CC.1.OA.6, CC.1.OA.8)

2. Traza líneas para emparejar. Resta para comparar. ¿Cuántas [pluma] menos hay que [pájaro]?

___ − ___ = ___ ___ menos 

3. Usa dobles para ayudarte a sumar 7 + 8.

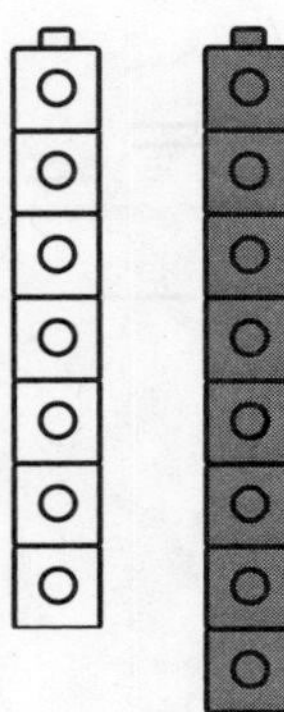

7 + 8

___ + ___ + ___

Por lo tanto, 7 + 8 = ___.

© Houghton Mifflin Harcourt Publishing Company

PRACTICA MÁS CON EL Entrenador personal en matemáticas

Nombre ______________________

Usar la suma para comprobar la resta

Pregunta esencial ¿Cómo puedes usar la suma para comprobar la resta?

Estándares comunes **Operaciones y pensamiento algebraico—1.OA.C.6**
También 1.OA.D.8
PRÁCTICAS MATEMÁTICAS
MP4, MP7, MP8

Escucha y dibuja En el mundo

Dibuja y escribe para resolver el problema.

___ ◯ ___ ◯ ___

Charla matemática PRÁCTICAS MATEMÁTICAS 7

Busca estructuras
¿Recibe Erin todos sus libros de vuelta? Usa los enunciados numéricos para explicar cómo lo sabes.

PARA EL MAESTRO • Lea el problema. Erin tiene 11 libros. Le pido prestados 4. ¿Cuántos libros tiene Erin? Dé tiempo a los niños para resolverlo en el espacio de arriba. Luego lea esta parte del problema: Le devuelvo 4 libros a Erin. ¿Cuántos libros tiene Erin ahora?

© Houghton Mifflin Harcourt Publishing Company

Representa y dibuja

¿Cómo puedes usar la suma para comprobar la resta?

Restas una parte del total. La diferencia es la otra parte.

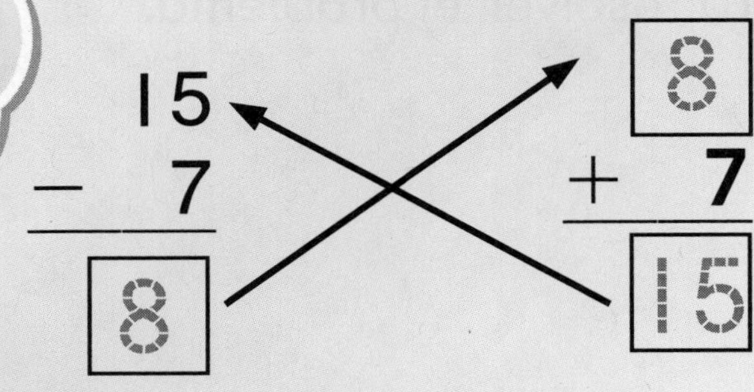

Cuando sumas las partes, obtienes el mismo total.

Comparte y muestra

Resta. Luego suma para comprobar tu resultado.

1. $13 - 7 = \square$; $\square + 7 = \square$

2. $14 - 5 = \square$; $\square + 5 = \square$

3. $12 - 5 = \square$; $\square + 5 = \square$

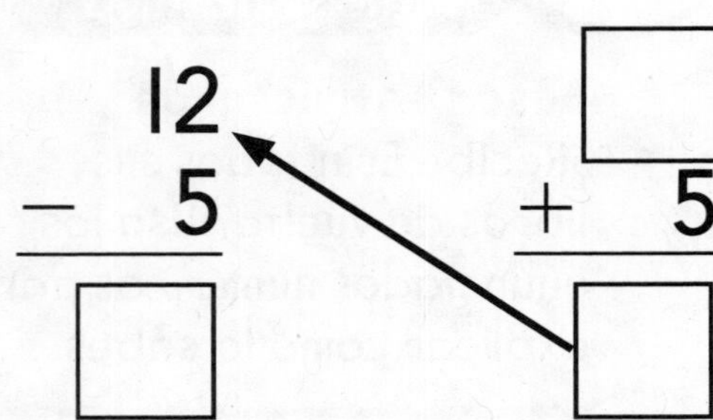

4. $17 - 9 = \square$; $\square + 9 = \square$

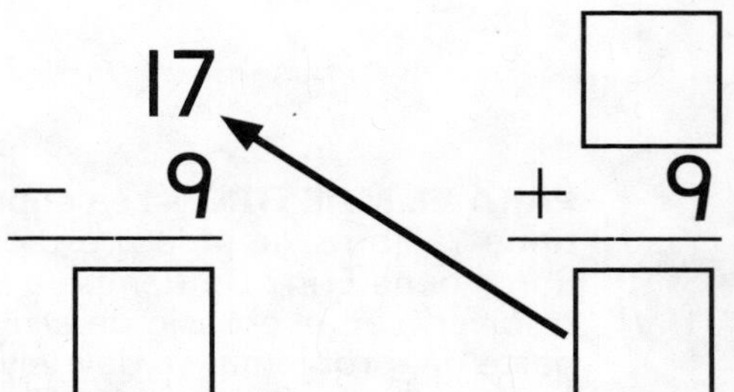

© Houghton Mifflin Harcourt Publishing Company

Nombre ______________________

Por tu cuenta

PRÁCTICA MATEMÁTICA 7 **Busca la estructura** Resta. Luego suma para comprobar tu resultado.

5. $11 - 3 = \square$

$\square + 3 = \square$

6. $13 - 9 = \square$

$\square + 9 = \square$

7. PIENSA MÁS Brianna tiene 13 erizos de mar. Algunos erizos de mar están rotos. Cinco erizos de mar no están rotos. Escribe enunciados numéricos sobre los erizos de mar.

8. MÁS AL DETALLE Resta para resolver. Luego suma para comprobar tu resultado.

Liam lleva 15 globos a la fiesta. Todos los globos eran rojos menos 6. ¿Cuántos globos rojos había?

_____ globos rojos

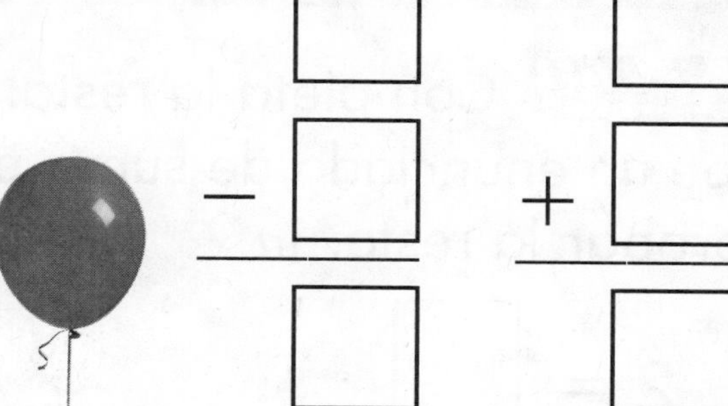

© Houghton Mifflin Harcourt Publishing Company • Image Credits: (c) ©Siede Preis/PhotoDisc/Getty Images

ACTIVIDAD PARA LA CASA • Escriba $11 - 7 = \square$ en una hoja de papel. Pida a su niño que halle la diferencia y luego escriba un enunciado de suma con el que pueda comprobar la resta.

Nombre ______________________

Revisión de la mitad del capítulo

Entrenador personal en matemáticas
Evaluación e intervención en línea

Conceptos y destrezas

Suma o resta usando ▪▪. Completa las operaciones relacionadas. (1.OA.C.6)

1. ☐ + 8 = 14 14 − ☐ = 6

8 + 6 = ☐ ☐ − ☐ = ☐

2. 7 + ☐ = 13 ☐ − 6 = 7

6 + ☐ = 13 ☐ − ☐ = ☐

Suma y resta. Encierra en un círculo las operaciones relacionadas. (1.OA.C.6)

3. 9 + 3 = ____
9 − 3 = ____

4. 7 + 8 = ____
15 − 8 = ____

5. ____ = 6 + 5
____ = 6 − 5

Entrenador personal en matemáticas

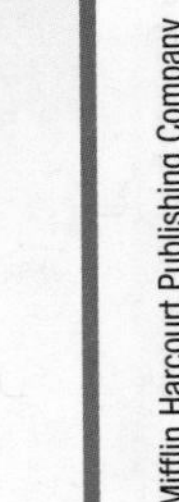

6. 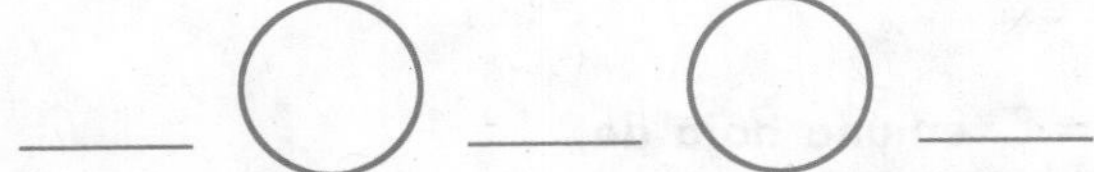

Completa la resta. Luego escribe un enunciado de suma para comprobar la resta. (1.OA.C.6)

11 − 2 = ☐

____ ◯ ____ ◯ ____

© Houghton Mifflin Harcourt Publishing Company

Nombre ______________________________

Usar la suma para comprobar la resta

Estándares comunes **ESTÁNDAR COMÚN—1.OA.C.6**
Suman y restan hasta el número 20.

Resta. Luego suma para comprobar tu resultado.

1. 12 − 4 = ☐

☐ + 4 = ☐

2. 15 − 9 = ☐

☐ + 9 = ☐

Resolución de problemas — En el mundo

Resta.
Luego suma para comprobar tu resultado.

3. Hay 13 uvas en un tazón.
Justin se comió algunas.
Ahora quedan solo 7 uvas.
¿Cuántas uvas se comió Justin?

____ − ____ = ____ ____ uvas

____ + ____ = ____

4. ESCRIBE **Matemáticas** Tenemos 12–9.
Escribe o dibuja cómo puedes sumar para comprobar tu resultado.

© Houghton Mifflin Harcourt Publishing Company

Repaso de la lección (1.OA.C.6)

1. Resta. Luego suma para verificar tu respuesta.

$11 - 3 = \square$

___ + ___ = ___

2. Resta. Luego suma para verificar tu respuesta.

$12 - 8 = \square$

___ + ___ = ___

Repaso en espiral (1.OA.A.1, 1.OA.B.3)

3. Jonas recoge 10 duraznos.
Cuatro duraznos son pequeños.
El resto son grandes.
¿Cuántos son grandes?

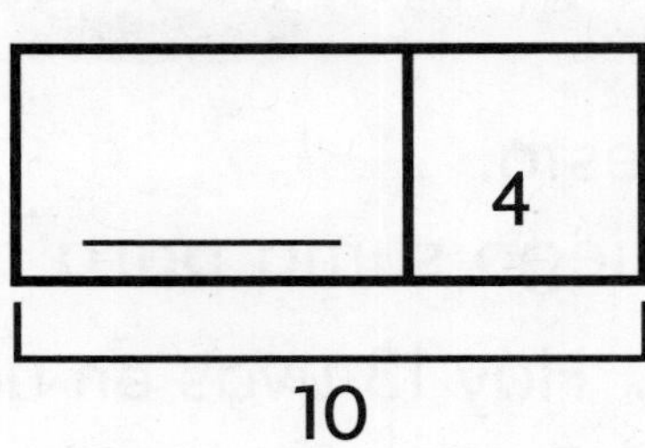

___ duraznos grandes

4. Encierra en un círculo dos sumandos que sumarás primero. Escribe la suma.

$$\begin{array}{r} 3 \\ 3 \\ +\ 4 \\ \hline \end{array}$$

___

___

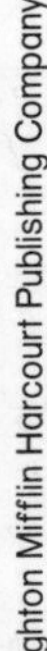
© Houghton Mifflin Harcourt Publishing Company

PRACTICA MÁS CON EL Entrenador personal en matemáticas

Nombre ______________________________

Álgebra • Números desconocidos

Pregunta esencial ¿Cómo puedes usar una operación relacionada para hallar el número desconocido?

Estándares comunes **Operaciones y pensamiento algebraico—1.OA.D.8**
También 1.OA.C.6

PRÁCTICAS MATEMÁTICAS
MP1, MP7, MP8

Escucha y dibuja En el mundo

Escucha el problema. Usa [cubos] para mostrar el cuento. Haz un dibujo que muestre tu trabajo.

PRÁCTICAS MATEMÁTICAS

Describe ¿Cuántos carritos son azules? Explica cómo obtuviste tu respuesta.

PARA EL MAESTRO • Lea el problema. Calvin tiene 7 carritos rojos. Tiene otros carritos azules. Tiene 10 carritos en total. ¿Cuántos carritos azules tiene Calvin?

© Houghton Mifflin Harcourt Publishing Company

Representa y dibuja

¿Cuáles son los números desconocidos?

8 + [3] = 11

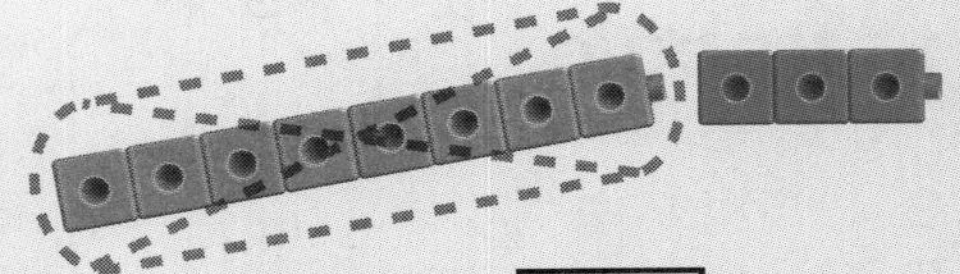

11 − 8 = [3]

Comparte y muestra

Usa ▪▪ para hallar los números desconocidos.
Escribe los números.

1. 8 + ☐ = 15

   15 − 8 = ☐

2. 13 = 9 + ☐

   ☐ = 13 − 9

3. 5 + ☐ = 14

   14 − 5 = ☐

4. 14 = 6 + ☐

   ☐ = 14 − 6

5. 9 + ☐ = 16

   16 − 9 = ☐

6. 17 = 8 + ☐

   ☐ = 17 − 8

© Houghton Mifflin Harcourt Publishing Company

Nombre ______________________________

Por tu cuenta

PISTA: Usa operaciones relacionadas como ayuda.

PRÁCTICA MATEMÁTICA 7 **Identifica relaciones**

Escribe los números desconocidos. Usa cubos si los necesitas.

7. $7 + \square = 15$

   $15 - 7 = \square$

8. $5 + \square = 11$

   $11 - 5 = \square$

9. $\square + 10 = 20$

   $20 - 10 = \square$

10. $\square + 9 = 16$

    $16 - 9 = \square$

11. $\square = 9 + 9$

    $9 = \square - 9$

12. $\square = 5 + 8$

    $5 = \square - 8$

13. PIENSA MÁS Resuelve.

Rick tiene 10 sombreros de fiesta. Necesita 19 sombreros para su fiesta. ¿Cuántos sombreros de fiesta más necesita Rick?

_____ sombreros de fiesta

© Houghton Mifflin Harcourt Publishing Company

Resolución de problemas • Aplicaciones

Usa cubos o haz un dibujo para resolver.

14. Todd tiene 12 conejos. Le da 4 conejos a su hermana. ¿Cuántos conejos tiene Todd ahora?

_____ conejos

15. Brad tiene 11 camiones. Algunos son camiones pequeños. Cuatro son camiones grandes. ¿Cuántos camiones pequeños tiene?

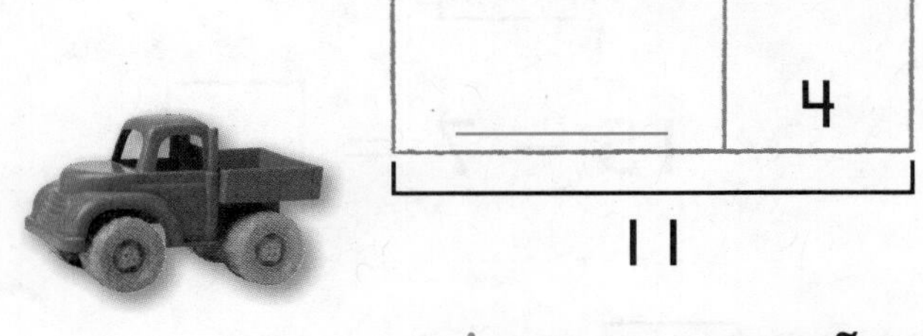

_____ camiones pequeños

16. MÁS AL DETALLE Hay 15 niños en el parque. Seis niños regresan a casa. Luego llegan 4 niños más al parque. ¿Cuántos niños hay en el parque ahora?

_____ niños

17. PIENSA MÁS Usa cubos para hallar los números desconocidos. Escribe los números.

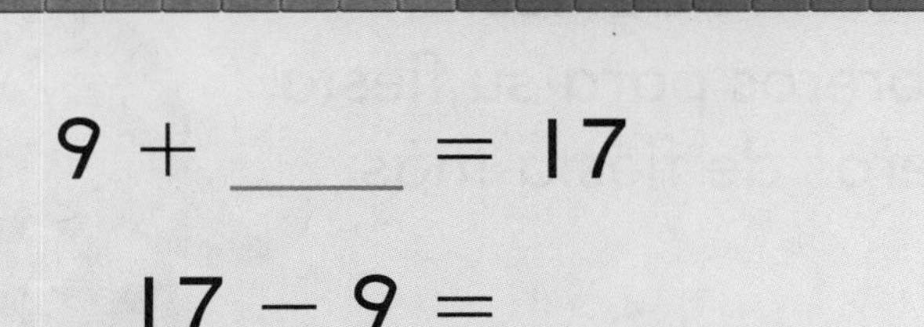

$9 + \_\_\_\_ = 17$

$17 - 9 = \_\_\_\_$

ACTIVIDAD PARA LA CASA • Pida a su niño que explique cómo le puede servir la resta para hallar el número desconocido en 7 + □ = 16.

© Houghton Mifflin Harcourt Publishing Company • Image Credits: (t) ©George Doyle & Ciaran Griffin/Stockdisc/Getty Images (c) ©C Squared Studios/Getty Images (b) ©Getty Images

Nombre ___________________

Álgebra • Números desconocidos

ESTÁNDAR COMÚN—1.OA.D.8
Trabajan con ecuaciones de suma y resta.

Escribe los números desconocidos.
Usa cubos si lo necesitas.

1. $6 + \square = 13$

   $13 - 6 = \square$

2. $9 + \square = 14$

   $14 - 9 = \square$

3. $\square + 7 = 15$

   $15 - 7 = \square$

4. $\square = 8 + 8$

   $8 = \square - 8$

Resolución de problemas (En el mundo)

Usa cubos o haz un dibujo para resolver.

5. Sally tiene 9 camioncitos. Le regalan 3 camioncitos más. ¿Cuántos camioncitos tiene ahora?

   ____ camioncitos

6. ESCRIBE Matemáticas Usa palabras, dibujos o números, para mostrar cómo hallar los números desconocidos para 8 + ___ = 17 y 17 – 8 = ___.

© Houghton Mifflin Harcourt Publishing Company

Repaso de la lección

1. Escribe el número desconocido. (1.OA.D.8)

$$9 + \square = 16$$

Repaso en espiral (1.OA.B.3, 1.OA.C.6)

2. ¿Cuánto es 14 − 6? (Lección 4.5)

Paso 1

Paso 2

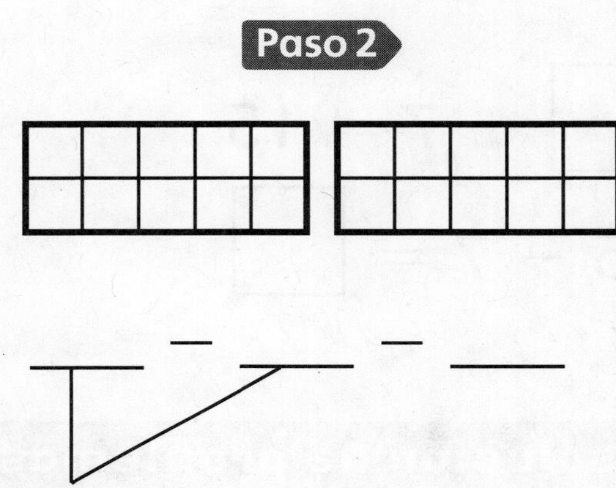

Por lo tanto, 14 − 6 = ____.

3. Dibuja círculos para mostrar el número. Escribe la suma. 0 + 8.

0 + 8 = ____

PRACTICA MÁS CON EL Entrenador personal en matemáticas

© Houghton Mifflin Harcourt Publishing Company

Nombre ______________________

Álgebra • Usar operaciones relacionadas

Pregunta esencial ¿Cómo puedes usar una operación relacionada para hallar el número desconocido?

Operaciones y pensamiento algebraico—1.OA.D.8
También 1.OA.C.6

PRÁCTICAS MATEMÁTICAS
MP2, MP4, MP7

Escucha y dibuja *En el mundo*

¿Qué número puedes sumarle a 8 para obtener 10? Haz un dibujo para resolver. Escribe el número desconocido.

$8 + \square = 10$

PRÁCTICAS MATEMÁTICAS 4

Representa Describe cómo resolver este problema usando cubos.

PARA EL MAESTRO • Pida a los niños que hagan un dibujo y completen el enunciado numérico para hallar el número que se puede sumar a 8 para obtener 10.

© Houghton Mifflin Harcourt Publishing Company

Representa y dibuja

Puedes hallar una operación de resta a través de una operación de suma relacionada.

Halla 10 − 3.

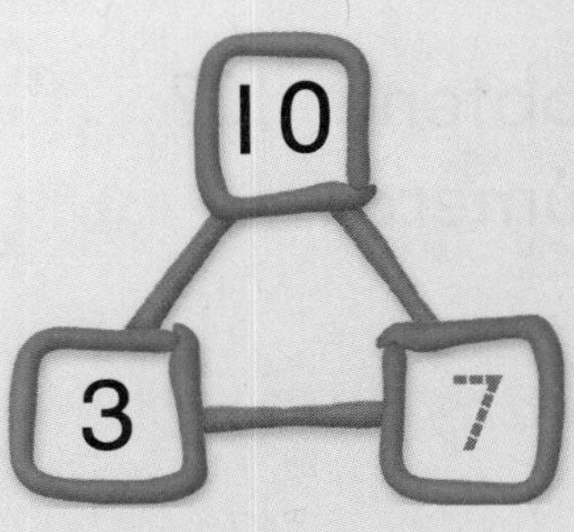

3 + 7 = 10

10 − 3 = 7

Comparte y muestra

Escribe los números desconocidos.

1. Halla 14 − 8.

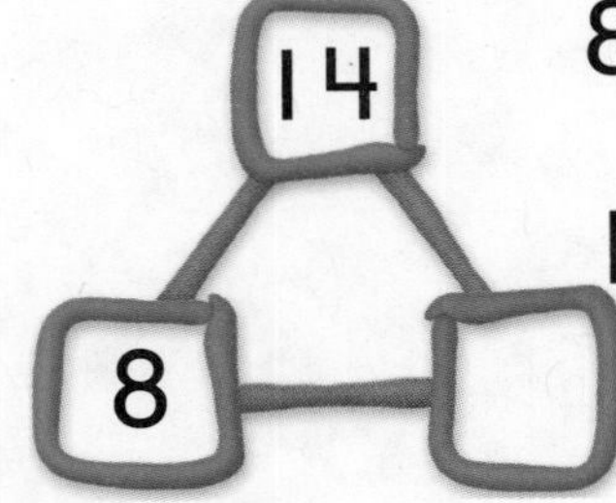

8 + ____ = 14

14 − 8 = ____

2. Halla 17 − 8.

8 + ____ = 17

17 − 8 = ____

3. Halla 11 − 6.

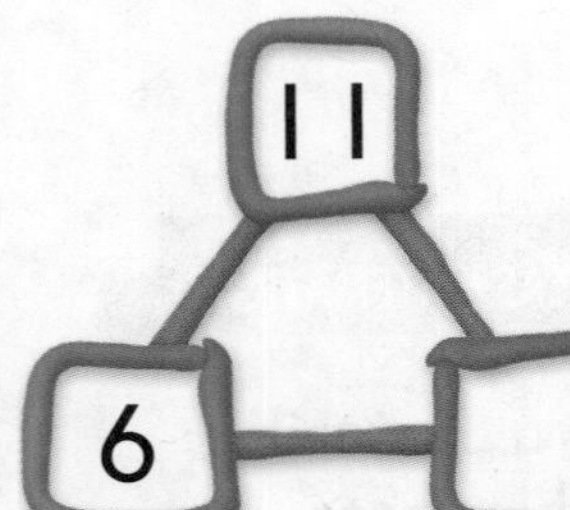

6 + ____ = 11

11 − 6 = ____

4. Halla 15 − 9.

9 + ____ = 15

15 − 9 = ____

© Houghton Mifflin Harcourt Publishing Company

Nombre ______________________________

Por tu cuenta

Escribe los números desconocidos.

5. Halla 20 − 10.

10 + ____ = 20

20 − 10 = ____

6. Halla 13 − 4.

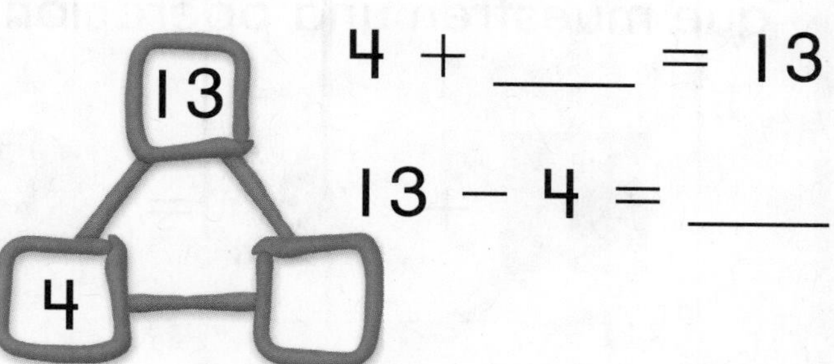

4 + ____ = 13

13 − 4 = ____

7. Halla 12 − 7.

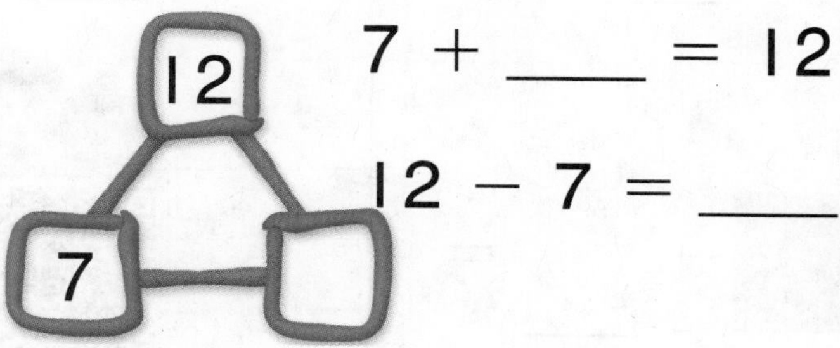

7 + ____ = 12

12 − 7 = ____

8. Halla 15 − 8.

8 + ____ = 15

15 − 8 = ____

MÁS AL DETALLE Escribe un enunciado de suma como ayuda para hallar la diferencia. Luego escribe el enunciado de resta relacionado para resolver.

9. Halla 11 − 5.

____ + ____ = ____

____ − ____ = ____

10. Halla 13 − 6.

____ = ____ + ____

____ = ____ − ____

© Houghton Mifflin Harcourt Publishing Company

Resolución de problemas • Aplicaciones

ESCRIBE Matemáticas

PRÁCTICA MATEMÁTICA 2 **Razonamiento abstracto** Observa las figuras del enunciado de suma. Dibuja figuras que muestren una operación de resta relacionada.

11.

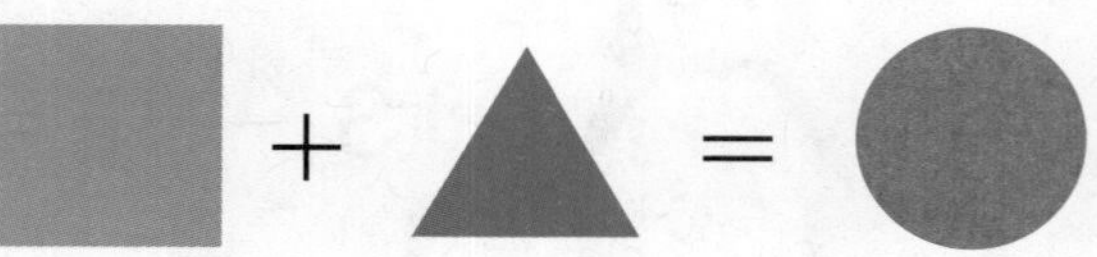

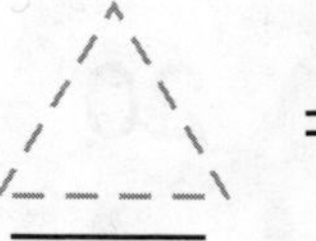

12.

13. PIENSA MÁS

14. PIENSA MÁS ¿Cuál es el número desconocido en estas operaciones relacionadas?

$\square + 5 = 12$ $\quad$ $12 - 5 = \square$

$5 + \square = 12$ $\quad$ $12 - \square = 5$

○ 5 ○ 7 ○ 8 ○ 9

ACTIVIDAD PARA LA CASA • Dé a su niño 5 objetos pequeños, como clips. Luego pregunte a su niño cuántos objetos más necesitaría para tener 12 en total.

© Houghton Mifflin Harcourt Publishing Company

Nombre ____________________

Álgebra • Usar operaciones relacionadas

ESTÁNDAR COMÚN—1.OA.D.8
Trabajan con ecuaciones de suma y resta.

Escribe los números desconocidos.

1. Halla 16 − 9.

9 + ☐ = 16

16 − 9 = ☐

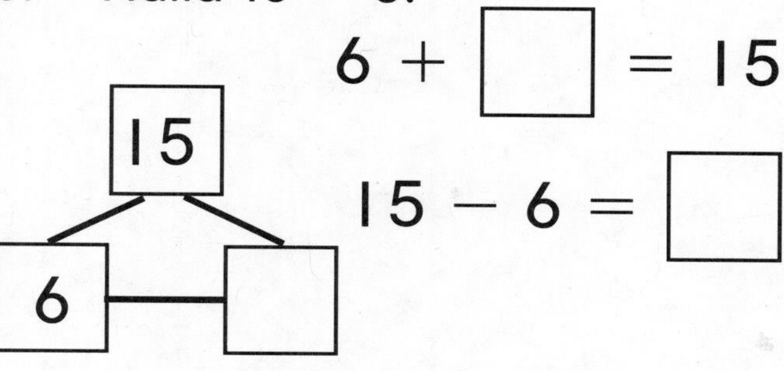

2. Halla 12 − 7.

7 + ☐ = 12

12 − 7 = ☐

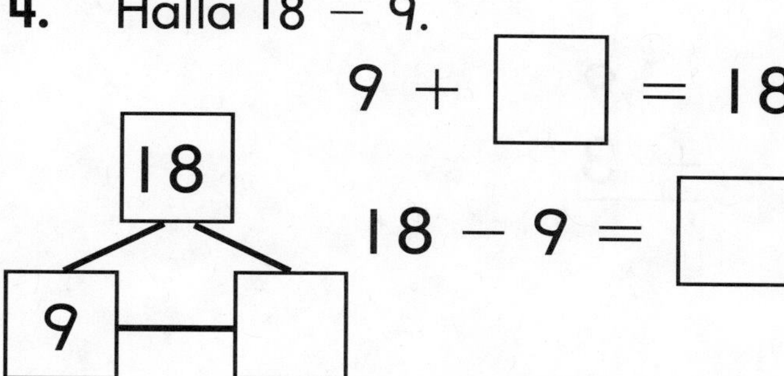

3. Halla 15 − 6.

6 + ☐ = 15

15 − 6 = ☐

15
6

4. Halla 18 − 9.

9 + ☐ = 18

18 − 9 = ☐

18
9

Resolución de problemas En el mundo

Observa las figuras del enunciado de suma. Dibuja una figura para mostrar una operación de resta relacionada.

5.

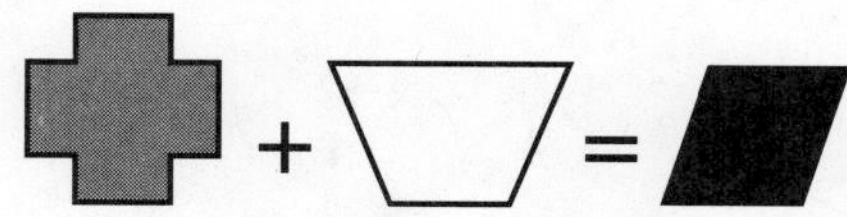

− ______ =

6. ESCRIBE Matemáticas Dibuja para mostrar cómo resolver

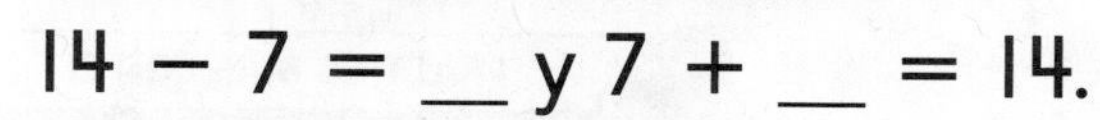

© Houghton Mifflin Harcourt Publishing Company

Repaso de la lección (1.OA.D.8)

1. Escribe una operación de suma que te sirva para resolver 12 – 4.

____ + ____ = ____

Repaso en espiral (1.OA.C.5, 1.OA.C.6)

2. Encierra en un círculo el sumando mayor. Cuenta hacia adelante para hallar la suma.

$$\begin{array}{r} 9 \\ +\ 3 \\ \hline \end{array}$$

3. Dibuja ■ para mostrar la operación de dobles. Escribe la suma.

$$\begin{array}{r} 8 \\ +\ 8 \\ \hline \end{array}$$

PRACTICA MÁS CON EL Entrenador personal en matemáticas

© Houghton Mifflin Harcourt Publishing Company

Nombre ______________________________

Elegir una operación

Pregunta esencial ¿Cómo decides cuándo sumar o cuándo restar para resolver un problema?

Estándares comunes **Operaciones y pensamiento algebraico—1.OA.A.1**
También 1.OA.C.6

PRÁCTICAS MATEMÁTICAS
MP3, MP4, MP6

Escucha y dibuja

Escucha el problema. Usa ● para resolver.
Haz un dibujo que muestre tu trabajo.

_____ globos blancos

Charla matemática

PRÁCTICAS MATEMÁTICAS 6

¿Cómo resolviste el problema? **Explica.**

PARA EL MAESTRO • Lea el siguiente problema. Kira tiene 16 globos. Hay 8 globos rosados. El resto son blancos. ¿Cuántos globos blancos tiene Kira?

© Houghton Mifflin Harcourt Publishing Company

Representa y dibuja

Mary ve 8 ardillas. Jack ve 9 ardillas más que Mary. ¿Cuántas ardillas ve Jack?

¿Sumas o restas para resolver?

restar

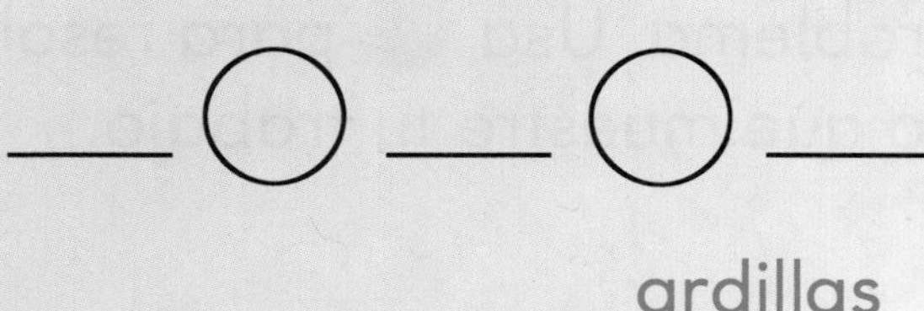

____ ardillas

Comparte y muestra

MATH BOARD

Encierra en un círculo **sumar** o **restar**.
Escribe un enunciado numérico para resolver.

1. Hanna tiene 5 marcadores. Owen tiene 9 marcadores más que Hanna. ¿Cuántos marcadores tiene Owen?

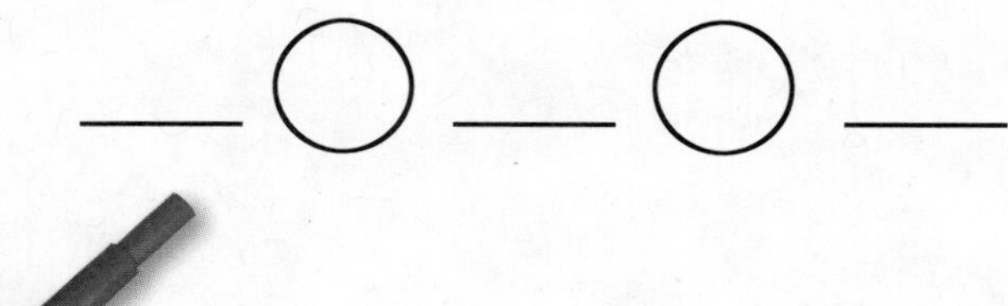

sumar **restar**

____ marcadores

2. Ángel tiene 13 manzanas. Regala algunas. Luego le quedaron 5 manzanas. ¿Cuántas manzanas regaló?

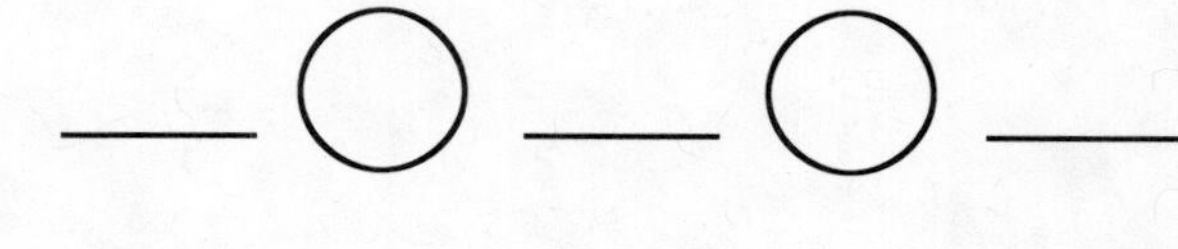

sumar **restar**

____ manzanas

3. Deon tiene 18 bloques. Construye una casa con 9 bloques. ¿Cuántos bloques le quedan a Deon?

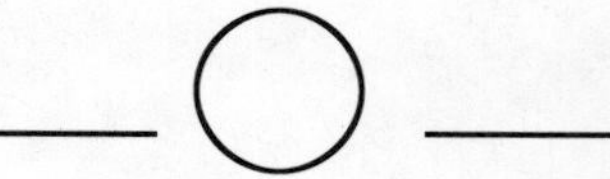

sumar **restar**

____ bloques

© Houghton Mifflin Harcourt Publishing Company • Image Credits: (bc) ©Artville/Getty Images

Nombre ______________________

Por tu cuenta

Encierra en un círculo **sumar** o **restar.** Escribe un enunciado numérico para resolver.

4. Rob ve 5 mapaches. Talia ve 4 mapaches más que Rob. ¿Cuántos mapaches ven en total?

____

____ mapaches

sumar **restar**

5. Eli tiene una caja con 12 huevos. Su otra caja no tiene huevos. ¿Cuántos huevos hay en las dos cajas?

____

____ huevos

sumar **restar**

6. Leah tiene una pecera con 16 peces. Algunos peces tienen cola larga. Siete peces tienen cola corta. ¿Cuántos peces tienen cola larga?

____

____ peces

sumar **restar**

7. MÁS AL DETALLE Sasha tiene 8 manzanas rojas. Tiene 3 manzanas verdes menos que manzanas rojas. ¿Cuántas manzanas tiene en total?

____

____ manzanas

sumar **restar**

© Houghton Mifflin Harcourt Publishing Company • Image Credits: (t) ©Dorling Kindersley/Getty Images (bc) ©Eyewire/Getty Images (tc) ©Stockbyte/Getty Images (b) ©xiangdong Li/Fotolia

Resolución de problemas • Aplicaciones

PRÁCTICA MATEMÁTICA 3 **Aplica** Elige una manera de resolver. Escribe o dibuja la explicación.

8. James tiene 4 marcadores gruesos y 7 marcadores finos. ¿Cuántos marcadores tiene?

_____ marcadores

9. Sam tiene 9 tarjetas de béisbol. Quiere tener 17 tarjetas. ¿Cuántas tarjetas más necesita?

_____ tarjetas más

10. PIENSA MÁS Annie recibe 15 monedas de 1¢ el lunes. Recibe 1 moneda de 1¢ más por día. ¿Cuántas monedas de 1¢ tiene el viernes?

_____ monedas de 1¢

11. PIENSA MÁS Beth tiene 5 uvas. Un amigo le regala 8 uvas. ¿Cuántas uvas tiene Beth ahora? Haz un dibujo que muestre tu trabajo.

Beth tiene _____ uvas.

ACTIVIDAD PARA LA CASA • Pida a su niño que escriba un enunciado numérico que pueda usar para resolver el Ejercicio 9.

© Houghton Mifflin Harcourt Publishing Company

Nombre ______________________________

Elegir una operación

Estándares comunes **ESTÁNDAR COMÚN—1.OA.A.1**
Representan y resuelven problemas relacionados a la suma y a la resta.

Encierra en un círculo sumar o restar.
Escribe un enunciado numérico para resolver.

1. Adam tiene una bolsa de 11 pretzels.
Come 2 pretzels.
¿Cuántos pretzels le quedan?

sumar restar

____

____ pretzels

Resolución de problemas En el mundo

Elige una manera de resolver.
Escribe o dibuja la explicación.

2. Greg tiene 11 camisetas.
Tres son de manga larga.
El resto son de manga corta.
¿Cuántas camisetas de manga corta tiene Greg?

____ camisetas de manga corta

3. ESCRIBE **Matemáticas** Usa palabras, números o dibujos para explicar otra forma de resolver el Ejercicio 2.

© Houghton Mifflin Harcourt Publishing Company

Repaso de la lección (1.OA.A.1)

1. Encierra en un círculo sumar o restar. Escribe un enunciado numérico para resolver. Hay 18 niños en el autobús. Luego bajaron 9 niños. ¿Cuántos niños quedan en el autobús?

sumar restar

____ ◯ ____ = ____

Repaso en espiral (1.OA.A.1, 1.OA.B.3)

2. Elige una manera de resolver. Haz un dibujo o escribe para explicar. Mike tiene 13 plantas. Regaló algunas. Le quedan 4. ¿Cuántas plantas regaló?

____ plantas

3. Escribe los números 3, 2 y 8 en un enunciado de suma. Muestra dos maneras más de hallar la suma.

____ + ____ + ____ = ____

____ + ____ = ____

____ + ____ = ____

PRACTICA MÁS CON EL Entrenador personal en matemáticas

© Houghton Mifflin Harcourt Publishing Company

Nombre ______________________

Álgebra • Maneras de formar números hasta el 20

Pregunta esencial ¿Cómo puedes sumar y restar de diferentes maneras para formar el mismo número?

Estándares comunes **Operaciones y pensamiento algebraico—1.OA.C.6**

PRÁCTICAS MATEMÁTICAS **MP5, MP7**

Escucha y dibuja

Usa ▪▪. Muestra dos maneras de formar 10.
Haz un dibujo que muestre tu trabajo.

Manera uno	Manera dos

Charla matemática

PRÁCTICAS MATEMÁTICAS 5

Usa las Herramientas
¿Cómo muestran tus modelos maneras de formar 10?

PARA EL MAESTRO • Pida a los niños que usen cubos conectados para mostrar dos formas de formar 10. Luego pídales que hagan dibujos que muestren esas dos formas.

© Houghton Mifflin Harcourt Publishing Company

Representa y dibuja

¿Cómo puedes formar el número 12 de diferentes maneras?

Puedes sumar o restar para formar 12.

12
6 + 6
5 + 4 + 3
12 – 0

Comparte y muestra

MATH BOARD

Usa . Escribe varias maneras de formar el número de arriba.

1.

13
___ + ___
___ – ___
___ + ___ + ___
___ + ___
___ ◯ ___

2.

10
___ – ___
___ + ___
___ – ___
___ + ___ + ___
___ ◯ ___

© Houghton Mifflin Harcourt Publishing Company • Image Credits: ©Teguh Mujiono/Shutterstock

Nombre ____________________

Por tu cuenta

PRÁCTICA MATEMÁTICA 5 **Usa herramientas adecuadas**

Usa cubos. Escribe varias maneras de formar el número de arriba.

3.

17
___ + ___ + ___
___ + ___
___ – ___
___ ○ ___

4.

14
___ + ___
___ + ___ + ___
___ – ___
___ ○ ___

5.

16
___ + ___
___ + ___ + ___
___ – ___
___ ○ ___

6.

18
___ + ___
___ + ___
___ + ___ + ___
___ ○ ___

PIENSA MÁS Elige un número menor que 20. Escribe el número. Escribe dos maneras de formar tu número.

☐

7.

8.

© Houghton Mifflin Harcourt Publishing Company

Resolución de problemas • Aplicaciones

MÁS AL DETALLE Escribe números para que cada línea tenga la misma suma.

9.

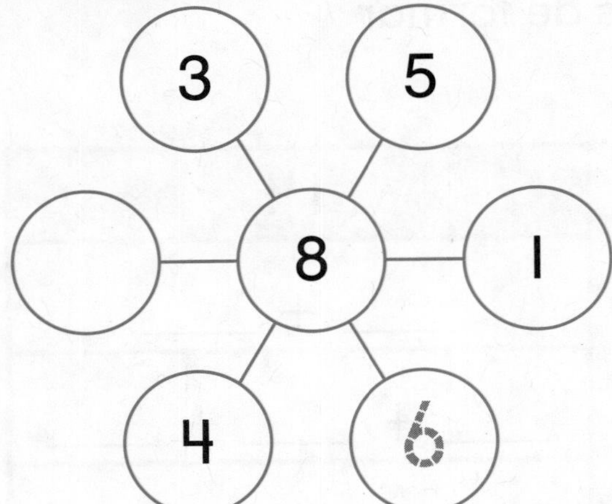

10.

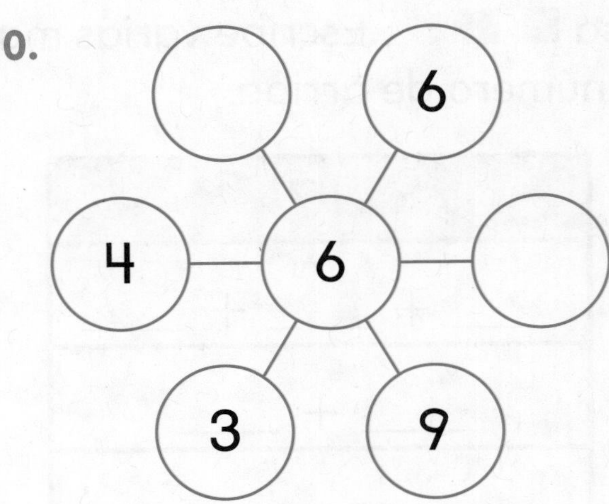

11. MÁS AL DETALLE Elige un número del 14 al 20 como la suma. Escribe números para que cada línea tenga tu suma.

suma de cada línea ☐

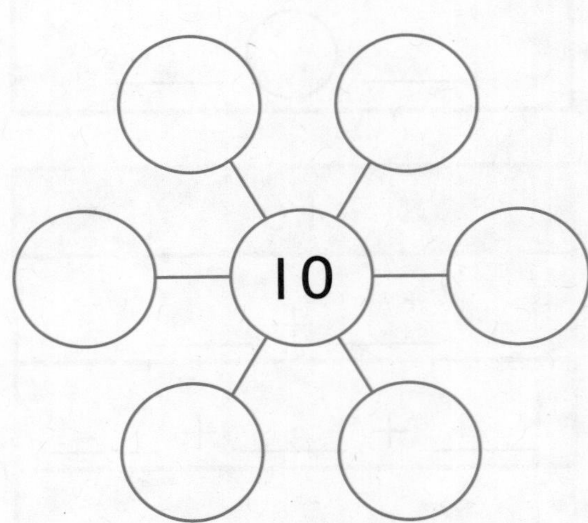

12. PIENSA MÁS Marca todas las formas de formar 13.

○ 10 + 3
○ 9 + 3 + 1
○ 8 + 2 + 2

ACTIVIDAD PARA LA CASA • Pida a su niño que explique tres maneras de formar 15. Anímelo a sumar o restar, e incluso a sumar tres números.

© Houghton Mifflin Harcourt Publishing Company

Nombre ______________________________

Álgebra • Maneras de formar números hasta el 20

Estándares comunes **ESTÁNDAR COMÚN—1.OA.C.6**
Suman y restan hasta el número 20.

Usa ▪ ▫ ▪. Escribe varias maneras de formar el número de arriba.

1. 10

2 + 7 + 1

5 + 5

10 − 0

9 (+) 1

2. 13

___ + ___ + ___

___ + ___

___ − ___

___ ◯ ___

Resolución de problemas

3. Escribe números para que cada línea tenga la misma suma.

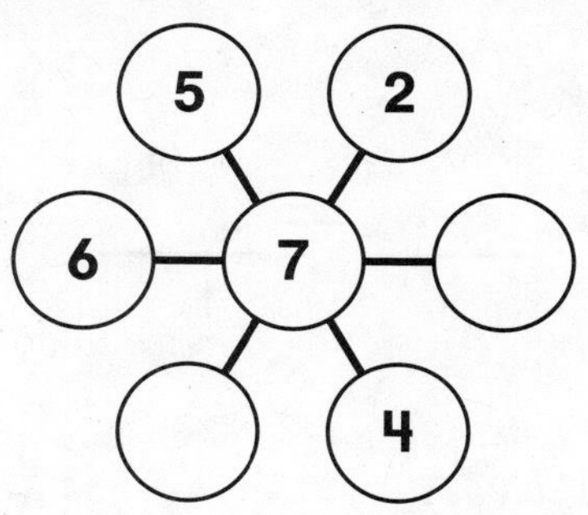

4. ESCRIBE Matemáticas Usa números y dibujos para mostrar dos maneras de formar el número 12.

____

____

____

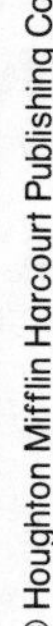
© Houghton Mifflin Harcourt Publishing Company

Repaso de la lección (1.OA.C.6)

1. Escribe varias maneras de formar 18.

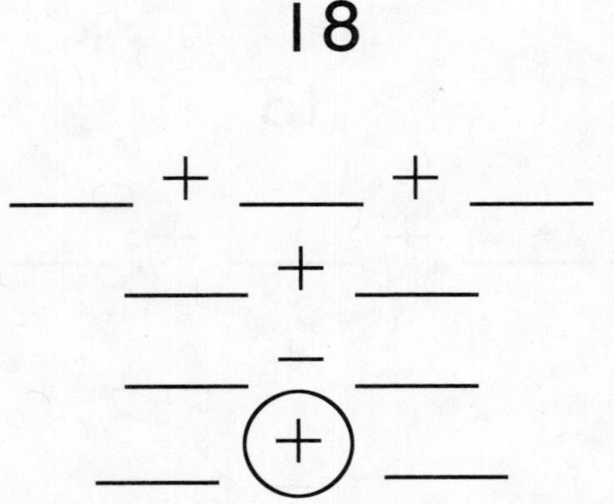

18

____ + ____ + ____

____ + ____

____ – ____

____ ⊕ ____

2. Escribe varias maneras de formar 9.

9

____ + ____ + ____

____ + ____

____ – ____

____ ⊕ ____

Repaso en espiral (1.OA.B.4, 1.OA.C.6)

3. Escribe la operación de dobles más uno para $7 + 7$.

____ + ____ = ____

4. Escribe la operación de dobles menos uno para $4 + 4$.

____ + ____ = ____

5. Piensa en un enunciado de suma para ayudarte a restar.

$$\begin{array}{r} 14 \\ -\ 9 \\ \hline \end{array}$$

$$\begin{array}{r} 9 \\ +\ \square \\ \hline 14 \end{array}$$

PRACTICA MÁS CON EL Entrenador personal en matemáticas

© Houghton Mifflin Harcourt Publishing Company

Nombre ____________________

Álgebra • Igual y no igual

Pregunta esencial ¿Cómo puedes saber si un enunciado numérico es verdadero o falso?

Estándares comunes **Operaciones y pensamiento algebraico—1.OA.D.7**
También 1.OA.C.6

PRÁCTICAS MATEMÁTICAS
MP2, MP6, MP7

Escucha y dibuja

Colorea las tarjetas que forman el mismo número.

2 + 6	12 − 6	6 + 1
13 − 6	3 + 3 + 1	10 + 6
3 + 4	4 + 3	5 + 2 + 5
3 + 2 + 2	11 − 2	16 − 9

PRÁCTICAS MATEMÁTICAS 2

Razona ¿Por qué puedes usar dos de las tarjetas que coloreas y un signo de la igualdad para formar un enunciado numérico?

PARA EL MAESTRO • Pida a los niños que coloreen las tarjetas que forman el mismo número.

© Houghton Mifflin Harcourt Publishing Company

Representa y dibuja

El signo de la igualdad significa que los dos lados son iguales.

Escribe un número para que cada enunciado sea verdadero.

4 + 5 = 5 + 5 **no** es verdadero. Es falso.

9 = 9   4 + 5 = ____   4 + 5 = ____ + 4

Comparte y muestra

¿Qué enunciado es verdadero? Encierra en un círculo tu respuesta. ¿Qué enunciado es falso? Tacha tu respuesta.

PIENSA
¿Son iguales los dos lados?

1. 7 = 8 − 1

   1 + 2 = 3 − 2

2. 4 + 1 = 5 + 2

   6 − 6 = 7 − 7

3. 7 + 2 = 6 + 3

   8 − 2 = 6 + 4

4. 5 − 4 = 4 − 3

   10 = 1 + 0

© Houghton Mifflin Harcourt Publishing Company

Nombre ______________________________

Por tu cuenta

PRÁCTICA MATEMÁTICA 6 **Prestar atención a la precisión**

¿Qué enunciados son verdaderos? Encierra en un círculo tus respuestas.
¿Qué enunciados son falsos? Tacha tus respuestas.

5. $1 + 9 = 9 - 1$ | $8 + 1 = 2 + 7$ | $19 = 19$

6. $9 + 7 = 16$ | $16 - 9 = 9 + 7$ | $9 - 7 = 7 + 9$

7. PIENSA MÁS Lyle escribe el enunciado numérico falso 2 + 10 = 8. Completa el enunciado numérico para que el enunciado sea verdadero.

$2 + \_\_\_ = 8$

Escribe números para que los enunciados sean verdaderos.

8. $2 + 10 = 7 + \_\_\_$

9. $\_\_\_ = 2 + 3 + 4$

10. $0 + 9 = \_\_\_ - 9$

11. $\_\_\_ + 7 = 7 + 6$

12. PIENSA MÁS Escribe números para formar expresiones de igual valor.

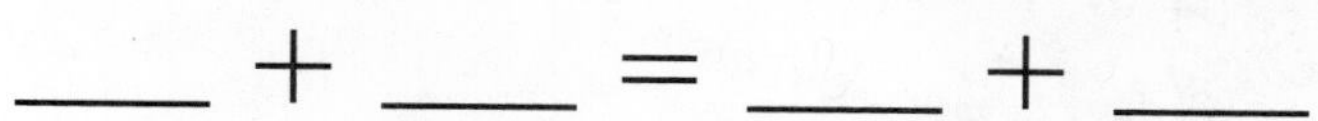

$\_\_\_ + \_\_\_ = \_\_\_ + \_\_\_$

© Houghton Mifflin Harcourt Publishing Company

Resolución de problemas • Aplicaciones

ESCRIBE Matemáticas

13. ¿Qué enunciados son verdaderos? Usa [crayón] para colorear.

20 = 20	9 + 1 + 1 = 11	8 − 0 = 8
12 = 1 + 2	10 + 1 = 1 + 10	7 = 14 + 7
	6 = 2 + 2 + 2	
	11 − 5 = 1 + 5	
	1 + 2 + 3 = 4 + 5	

14. PIENSA MÁS Usa los mismos números. Escribe otro enunciado numérico que sea verdadero.

7 + 8 = 15

____ = ____ ◯ ____

Entrenador personal en matemáticas

15. PIENSA MÁS + ¿Es verdadero el enunciado matemático? Elige Sí o No.

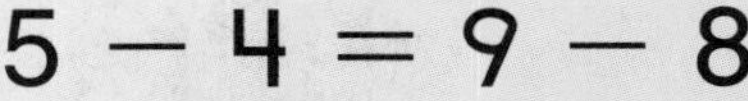

5 − 4 = 9 − 8	○ Sí	○ No
13 = 5 + 7	○ Sí	○ No
6 + 2 = 2 + 6	○ Sí	○ No

ACTIVIDAD PARA LA CASA • Escriba 10 = 7 − 3 y 10 = 7 + 3 en una hoja de papel. Pida a su niño que explique qué enunciado es verdadero.

© Houghton Mifflin Harcourt Publishing Company

Nombre ______________________________

Álgebra • Igual y no igual

Estándares comunes **ESTÁNDAR COMÚN—1.OA.D.7**
Trabajan con ecuaciones de suma y resta.

¿Qué enunciados son verdaderos? Encierra en un círculo tus respuestas. ¿Qué enunciados son falsos? Tacha tus respuestas.

1. 6 + 4 = 5 + 5

2. 10 = 6 − 4

3. 8 + 8 = 16 − 8

4. 14 = 1 + 4

5. 8 − 0 = 12 − 4

6. 17 = 9 + 8

Resolución de problemas En el mundo

7. ¿Qué enunciados son verdaderos? Colorea con un crayón.

15 = 15	12 = 2	3 = 8 − 5
15 = 1 + 5	9 + 2 = 2 + 9	9 + 2 = 14
1 + 2 + 3 = 3 + 3	5 − 3 = 5 + 3	13 = 8 + 5

8. ESCRIBE **Matemáticas** Escribe 5 + □ = 6 + 8. Escribe un número para hacer el enunciado verdadero. Haz un dibujo rápido para explicar.

____

____

© Houghton Mifflin Harcourt Publishing Company

Repaso de la lección (1.OA.D.7)

1. Encierra en un círculo los enunciados numéricos que son verdaderos. Tacha los que son falsos.

$4 + 3 = 9 - 2$ $4 + 3 = 9 + 2$

$4 + 3 = 4 - 3$ $4 + 3 = 6 + 1$

Repaso en espiral (1.OA.A.2, 1.OA.C.6)

2. Usa 5, 6 y 11 para escribir los enunciados de suma y resta relacionados.

___ ⊕ ___ ⊜ ___

___ ⊕ ___ ⊜ ___

___ ⊖ ___ ⊜ ___

___ ⊖ ___ ⊜ ___

3. Resuelve. Dibuja o escribe para mostrar tu trabajo. Leah tiene 4 juguetes verdes, 5 juguetes rosados y 2 juguetes azules. ¿Cuántos juguetes tiene Leah?

___ juguetes

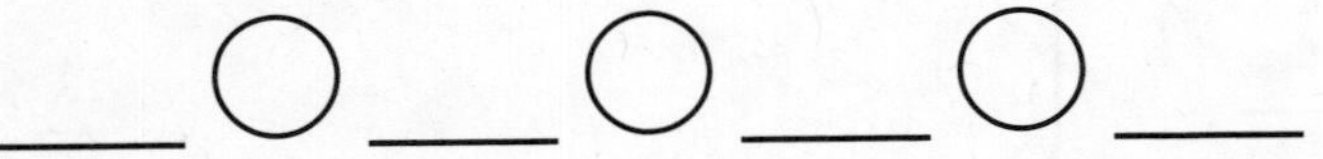

PRACTICA MÁS CON EL Entrenador personal en matemáticas

© Houghton Mifflin Harcourt Publishing Company

Nombre ____________________

Operaciones básicas hasta el 20

Pregunta esencial ¿Cómo te pueden ayudar las estrategias de suma y resta para hallar totales y diferencias?

Estándares comunes **Operaciones y pensamiento algebraico—1.OA.C.6**

PRÁCTICAS MATEMÁTICAS
MP2, MP6

Escucha y dibuja

¿Cuánto es 2 + 8?
Usa ●. Haz un dibujo que muestre una estrategia que puedas usar para resolver.

$2 + 8 =$ ____

PRÁCTICAS MATEMÁTICAS 6

Explica ¿Qué otra estrategia podrías usar para resolver la operación de suma?

PARA EL MAESTRO • Pida a los niños que hagan un modelo de una estrategia para resolver la operación de suma usando fichas de dos colores. Luego pídales que hagan un dibujo que muestre la estrategia que usaron.

© Houghton Mifflin Harcourt Publishing Company

Representa y dibuja

Sam lee un cuento que tiene 10 páginas. Ha leído 4 páginas. ¿Cuántas páginas le quedan por leer?

PIENSA
Puedo resolver 10 − 4 usando una operación de suma relacionada.

¿Cuánto es 10 − 4?

$4 + \boxed{6} = 10$

Por lo tanto, 10 − 4 = 6.

Comparte y muestra MATH BOARD

Suma o resta.

1. 2 + 5 = ____
2. 9 − 6 = ____
3. ____ = 9 + 3
4. 15 − 7 = ____
5. 3 − 1 = ____
6. ____ = 2 + 6
7. 2 + ☐ = 11
8. 10 − ☐ = 2
9. 8 = 8 + ☐
10. 12 − 9 = ____
11. 12 − 4 = ____
12. ____ = 4 + 9
13. ☐ + 8 = 13
14. ☐ − 1 = 6
15. 9 = ☐ + 3
16. 16 − 7 = ____
17. 11 − 8 = ____
18. ____ = 8 + 7

© Houghton Mifflin Harcourt Publishing Company

Nombre ______________________

Por tu cuenta

PRÁCTICA MATEMÁTICA 6 **Presta atención a la precisión**

Suma o resta.

19. $6 + 0 = \_\_$

20. $17 - 8 = \_\_$

21. $7 + 4 = \_\_$

22. $9 - 0 = \_\_$

23. $17 - 9 = \_\_$

24. $4 + 6 = \_\_$

25. $7 + \square = 10$

26. $8 - \square = 3$

27. $8 + \square = 11$

28. $8 - \square = 2$

29. $10 - \square = 6$

30. $9 + \square = 17$

31. $6 + 7 = \_\_$

32. $4 - \square = 0$

33. $5 + \square = 11$

34. $13 - 6 = \_\_$

35. $17 - 9 = \_\_$

36. $8 + \square = 16$

37. $10 + 5 = \_\_$

38. $13 - 3 = \_\_$

39. $10 + \square = 13$

40. $20 - 10 = \_\_$

41. $10 - \square = 9$

42. $9 + \square = 19$

43. PIENSA MÁS Usa las pistas para escribir la operación de suma. El total es 14. Un sumando tiene 2 más que el otro.

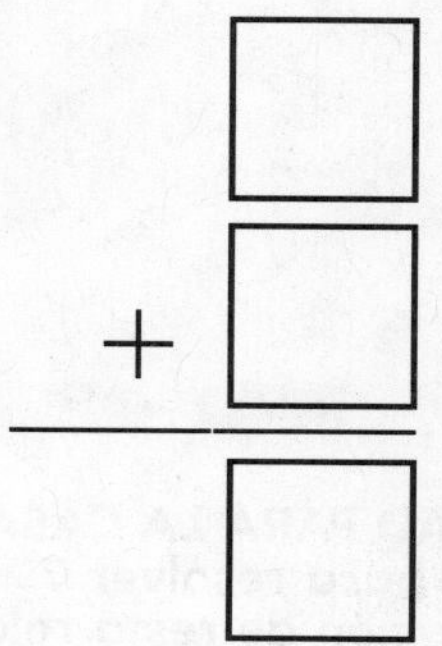

© Houghton Mifflin Harcourt Publishing Company

Resolución de problemas • Aplicaciones 

Resuelve. Escribe o dibuja la explicación.

44. Hay 14 conejos. Luego 7 conejos se van saltando. ¿Cuántos conejos quedan?

_____ conejos

45. Hay 11 perros en el parque. Dos perros son grises. El resto son marrones. ¿Cuántos perros son marrones?

_____ perros marrones

46. MÁS AL DETALLE Completa los espacios en blanco. Escribe la operación de suma. Resuelve.

Hay _____ mariquitas en una hoja.

Luego llegan _____ mariquitas más. ¿Cuántas mariquitas hay ahora?

_____ mariquitas

47. PIENSA MÁS Marco tiene 13 canicas. Lucy tiene 8 canicas. ¿Cuántas canicas más que Lucy tiene Marco? Escribe o haz un dibujo que muestre tu trabajo.

_____ canicas más

ACTIVIDAD PARA LA CASA • Pida a su niño que haga un dibujo para resolver 7 + 4. Luego pídale que diga una operación de resta relacionada.

© Houghton Mifflin Harcourt Publishing Company • Image Credits: (t) ©G. K. & Vikki Hart/PhotoDisc/Getty Images (c) ©G.K. & Vikki Hart/PhotoDisc/Getty Images (b) ©Radius Images/Getty Images

Nombre ____________________

Operaciones básicas hasta el 20

ESTÁNDAR COMÚN—1.OA.C.6
Suman y restan hasta el número 20.

Suma o resta.

1. $4 + 9 =$ ___	2. $13 - 6 =$ ___	3. $4 + 5 =$ ___	4. $8 + 7 =$ ___	5. $11 - 6 =$ ___	6. $17 - 8 =$ ___
7. $5 + 7 =$ ___	8. $13 - 5 =$ ___	9. $16 - 9 =$ ___	10. $3 + 8 =$ ___	11. $9 - 8 =$ ___	12. $7 + 6 =$ ___
13. $9 - \square = 7$	14. $6 + \square = 10$	15. $8 - \square = 3$	16. $6 + \square = 12$	17. $0 + \square = 9$	18. $15 - \square = 6$

Resolución de problemas En el mundo

Resuelve. Escribe o dibuja la explicación.

19. Karla tiene 9 dibujos. Regala 4. ¿Cuántos dibujos tiene Karla ahora?

_____ dibujos

20. ESCRIBE Matemáticas Elige dos números del 5 al 9. Utiliza tus números para escribir una operación de suma. Haz un dibujo para mostrar tu trabajo.

____

© Houghton Mifflin Harcourt Publishing Company

Repaso de la lección (1.OA.C.6)

1. Suma o resta.

$$\begin{array}{r} 14 \\ -\ 7 \\ \hline \end{array} \qquad \begin{array}{r} 15 \\ -\ 6 \\ \hline \end{array} \qquad \begin{array}{r} 8 \\ +\ 7 \\ \hline \end{array} \qquad \begin{array}{r} 5 \\ +\ 8 \\ \hline \end{array}$$

Repaso en espiral (1.OA.B.3, 1.OA.D.8)

2. ¿Qué número falta?
Escribe el sumando que falta.

$7 + \square = 12$

3. Greg sabe $7 + 4 = 11$. ¿Qué otra operación de suma sabe que muestra los mismos sumandos? Escribe la nueva operación.

____ + ____ = ____

PRACTICA MÁS CON EL
Entrenador personal en matemáticas

© Houghton Mifflin Harcourt Publishing Company

Nombre ______________________________

Repaso y prueba del Capítulo 5

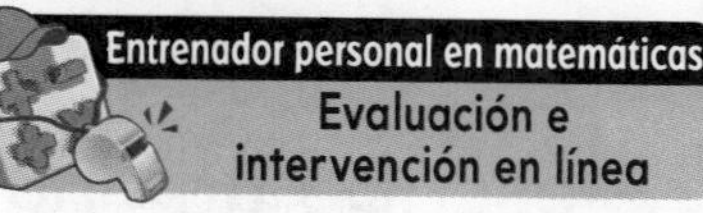

1. Hay 2 perros en el parque. Vienen más perros. Ahora hay 9 en total. ¿Cuántos perros vinieron?

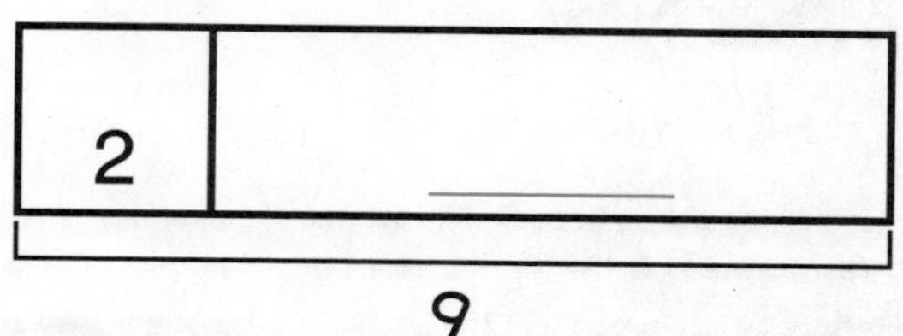

2 perros ______ vienen 9 perros en total

2. ¿Cuál es una operación relacionada?

$5 + 3 = 8$ $8 - 5 = 3$

$3 + 5 = 8$?

- ○ $8 - 3 = 5$
- ○ $8 + 5 = 13$
- ○ $8 + 3 = 11$
- ○ $5 - 3 = 2$

3. Observa las operaciones. ¿Son operaciones relacionadas? Elige Sí o No.

$14 - 6 = 8$	$8 + 6 = 14$

Sí No

© Houghton Mifflin Harcourt Publishing Company

APRENDE EN LÍNEA Opciones de evaluación **Prueba del capítulo**

4. Tom ve 12 abejas. 7 abejas salen volando. ¿Cuántas abejas ve ahora?

Escribe un enunciado numérico para resolver. Luego escribe un enunciado de suma para comprobar.

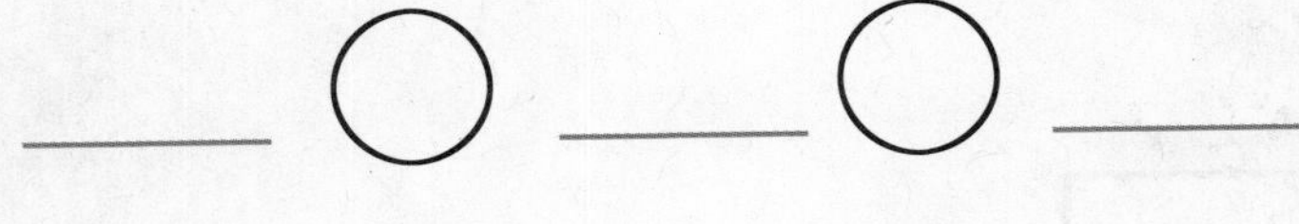

Entrenador personal en matemáticas

5. PIENSA MÁS + Usa ■, ■ para hallar los números desconocidos. Escribe los números.

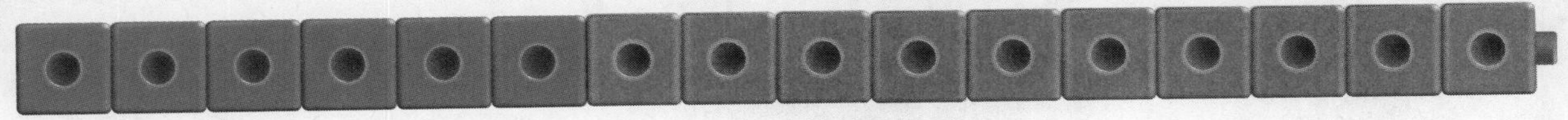

$6 + \_\_\_\_ = 16$

$16 - 6 = \_\_\_\_$

6. ¿Cuál es el número desconocido en estas operaciones relacionadas?

$\square + 4 = 13$ $13 - 4 = \square$

$4 + \square = 13$ $13 - \square = 4$

- ○ 5
- ○ 7
- ○ 8
- ○ 9

© Houghton Mifflin Harcourt Publishing Company

Nombre ___________________________

7. Joe tiene 7 canicas azules. Un amigo le da 6 canicas rojas. ¿Cuántas canicas tiene Joe ahora? Haz un dibujo que muestre tu trabajo.

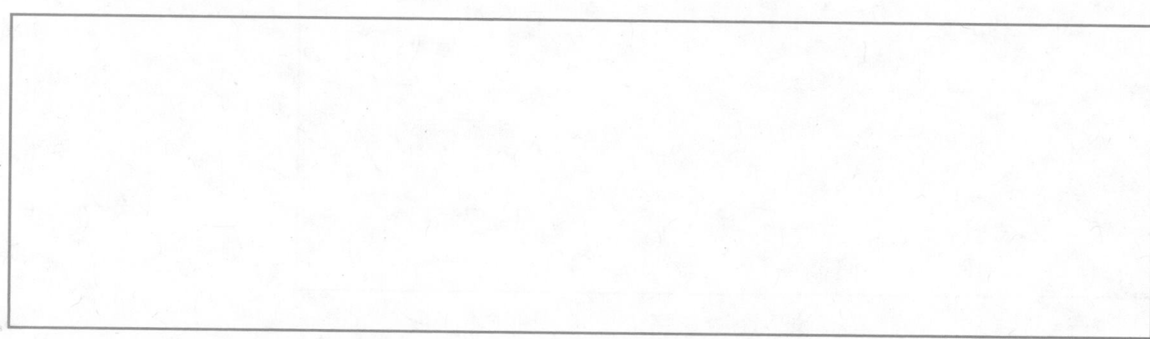

Joe tiene ______ canicas.

8. Marca todas las maneras de formar 12.

○ $4 + 8$

○ $6 + 5$

○ $5 + 5 + 2$

9. ¿Es correcto el enunciado matemático? Elige Sí o No.

$7 + 2 = 9 - 2$	○ Sí	○ No
$9 = 6 + 3$	○ Sí	○ No
$5 + 4 = 4 + 5$	○ Sí	○ No

© Houghton Mifflin Harcourt Publishing Company

10. Ann tiene 14 medias blancas. Bill tiene 6 medias blancas. ¿Cuántas medias blancas más que Bill tiene Ann? Escribe o haz un dibujo que muestre tu trabajo.

_____ medias blancas más

11. MÁS AL DETALLE Alma tiene 5 crayones. Su papá le regala 7 crayones más. ¿Cuántos crayones tiene ahora? Usa una operación relacionada para comprobar tu respuesta.

Alma tiene _____ crayones.

Escribe una operación relacionada para comprobar.

_____ − _____ = 5

12. Julia compra 12 libros. Regala 9 libros. ¿Cuántos libros le quedan?

9	_____
12	

_____ libros quedan

© Houghton Mifflin Harcourt Publishing Company

Glosario ilustrado

centena hundred

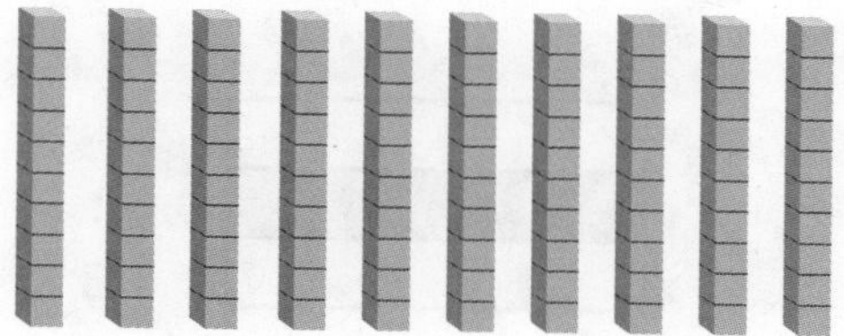

10 decenas es igual a
1 **centena**.

cero 0 zero

Cuando sumas **cero** a cualquier número, el total es el mismo número.

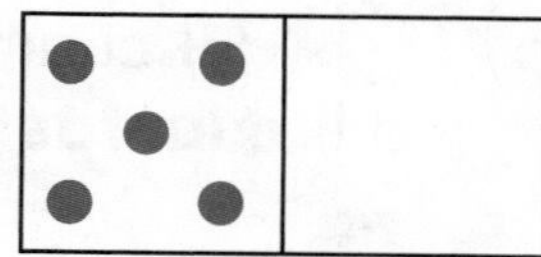

5 + **0** = 5

cilindro cylinder

círculo circle

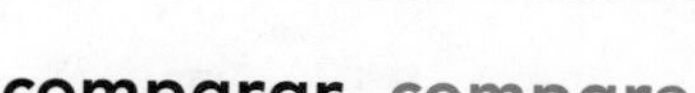

comparar compare

Resta para **comparar** los grupos.

5 − 1 = 4

Hay más ●.

cono cone

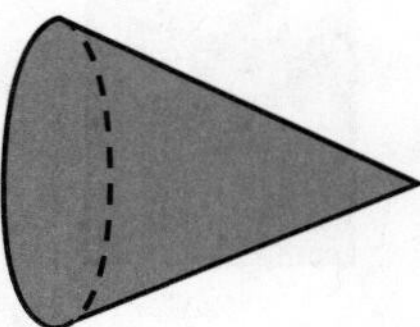

© Houghton Mifflin Harcourt Publishing Company

contar hacia adelante count on

4 + 2 = 6

Di 4.

Cuenta hacia adelante 2.

5, 6

contar hacia atrás count back

8 − 1 = 7

Comienza en 8.

Cuenta hacia atrás 1.

Estás en 7.

cuadrado square

cuarta parte de quarter of

Una **cuarta parte de** esta figura está sombreada.

cuartas partes quarters

1 entero

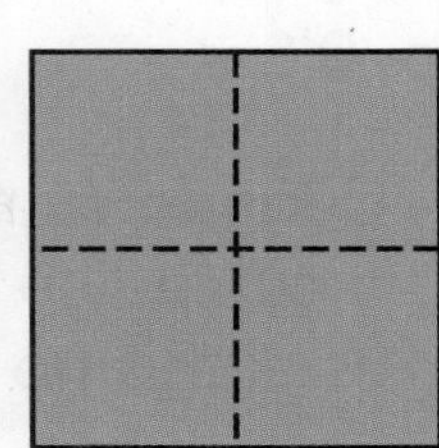

4 cuartos
o 4 **cuartas partes**

cuarto de fourth of

Un **cuarto de** esta figura está sombreado.

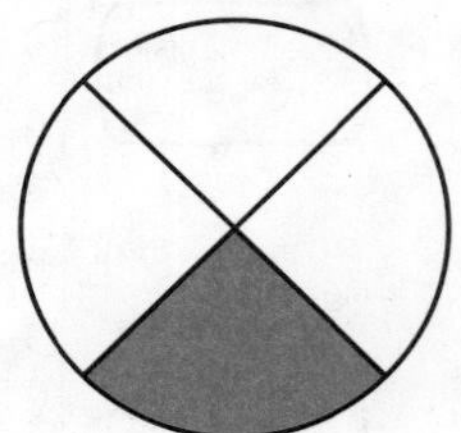

© Houghton Mifflin Harcourt Publishing Company

cuartos fourths

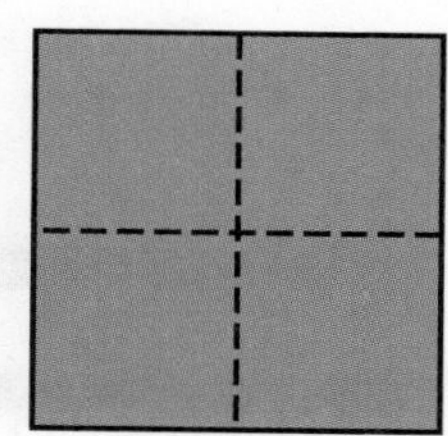

1 entero

4 **cuartos** o
4 cuartas partes

cubo cube

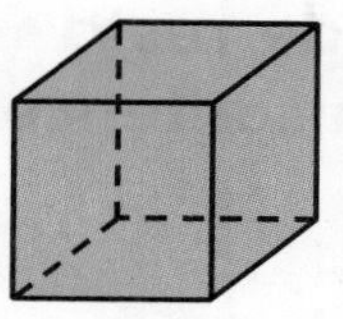

decena ten

10 unidades = 1 **decena**

diferencia difference

$4 - 3 = 1$

La **diferencia** es 1.

dígito digit

El 13 es un número de dos **dígitos**.

El 1 en el 13 significa 1 decena.
El 3 en el 13 significa 3 unidades.

dobles doubles

$5 + 5 = 10$

© Houghton Mifflin Harcourt Publishing Company

dobles más uno
doubles plus one

5 + 5 = 10, por lo tanto
5 + 6 = 11

dobles menos uno
doubles minus one

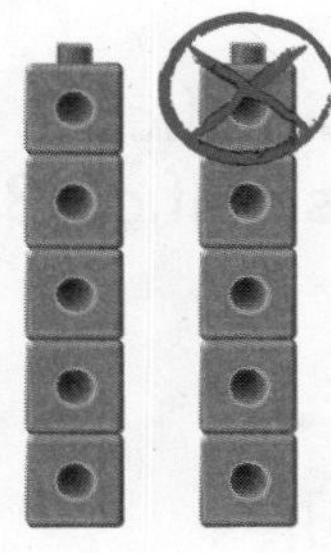

5 + 5 = 10, por lo tanto 5 + 4 = 9

el más corto shortest

el más largo longest

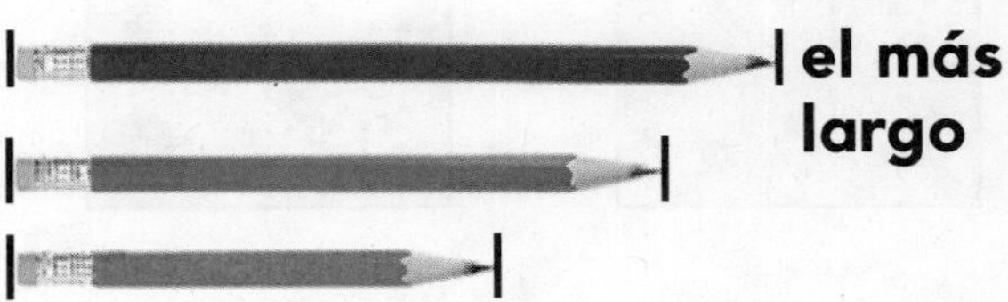

enunciado de resta
subtraction sentence

4 − 3 = 1 es un
enunciado de resta.

enunciado de suma
addition sentence

2 + 1 = 3 es un
enunciado de suma.

© Houghton Mifflin Harcourt Publishing Company

es igual a (=) is equal to

2 más 1 **es igual a** 3.

$2 + 1 = 3$

es mayor que is greater than

35 **es mayor que** 27.

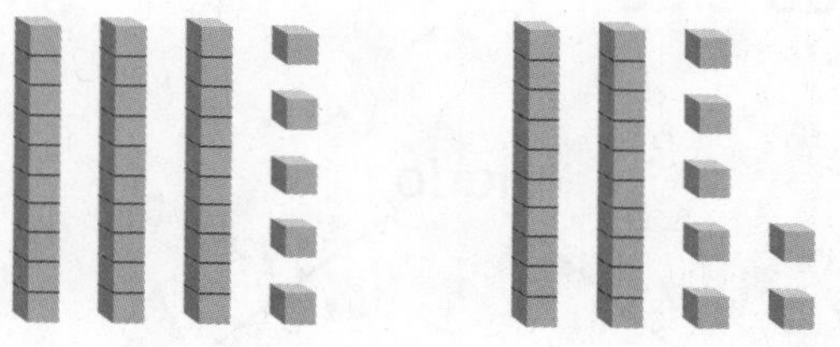

$35 > 27$

es menor que is less than

43 **es menor que** 49.

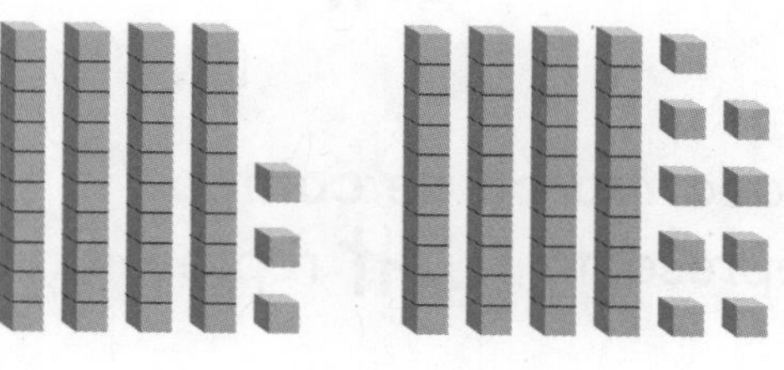

$43 < 49$

esfera sphere

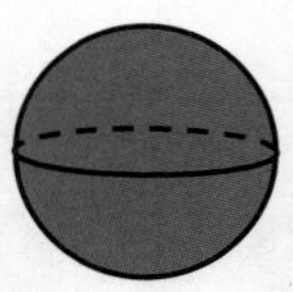

formar una decena make a ten

Pon 2 fichas dentro
del cuadro de diez.
Forma una decena.

$$\begin{array}{r} 8 \\ +\ 4 \\ \hline 12 \end{array}$$

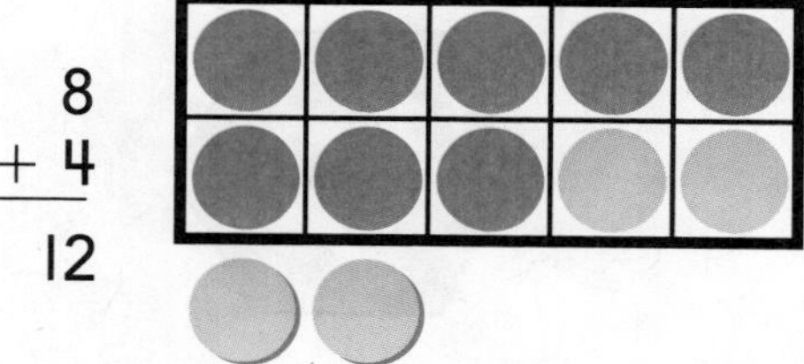

pictografía picture graph

Nuestra actividad favorita de la feria							
animales	🧍	🧍	🧍	🧍	🧍		
juegos	🧍	🧍	🧍	🧍	🧍	🧍	🧍

Cada 🧍 representa 1 niño.

© Houghton Mifflin Harcourt Publishing Company

gráfica de barras bar graph

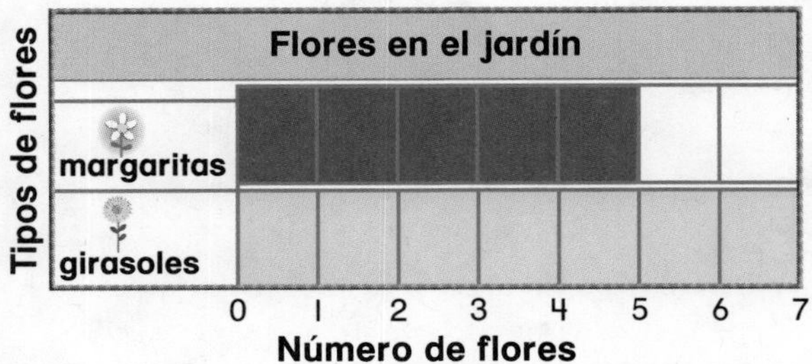

hexágono hexagon

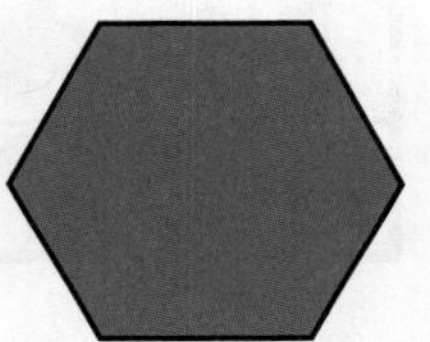

hora hour

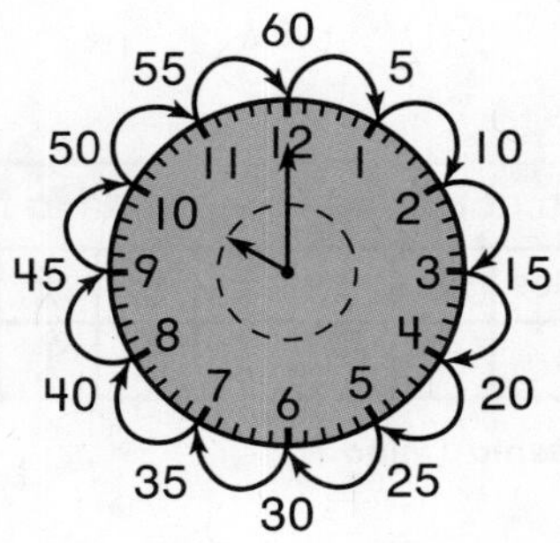

En una **hora** hay 60 minutos.

horario hour hand

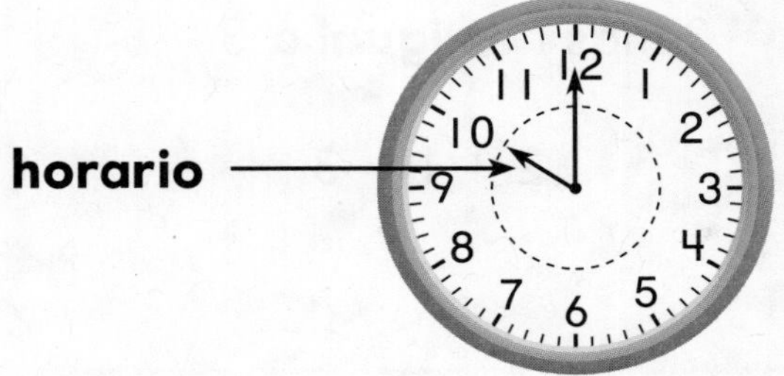

lado side

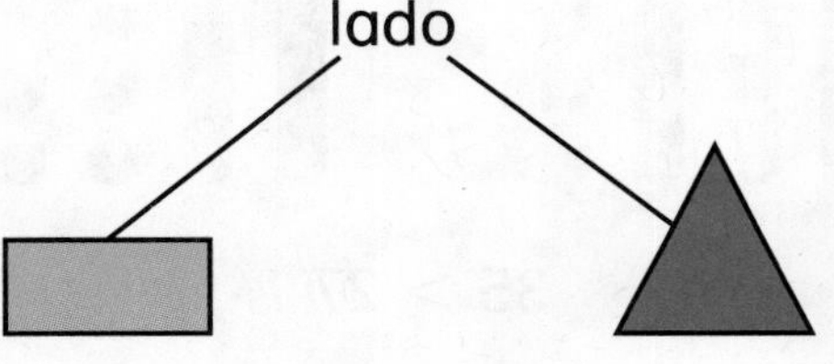

marca de conteo tally mark

𝍸

Cada **marca de conteo** | representa 1. 𝍸 representa 5.

© Houghton Mifflin Harcourt Publishing Company

más more

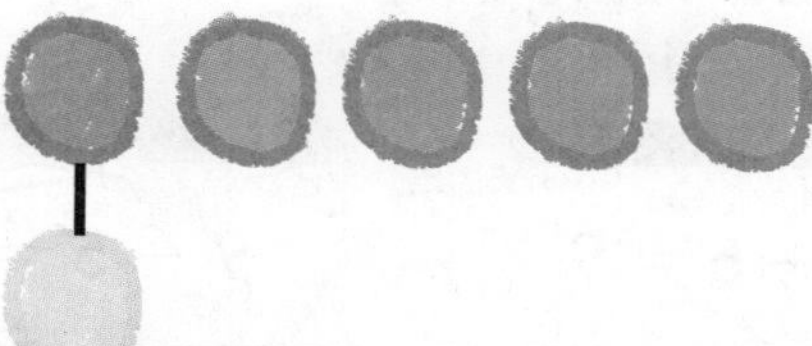

5 − 1 = 4

Hay **más** ●.

menos fewer

Hay 3 🐦 **menos**.

más (+) plus

2 **más** 1 es igual a 3.

2 + 1 = 3

menos (−) minus

4 **menos** 3 es igual a 1.

4 − 3 = 1

media hora half hour

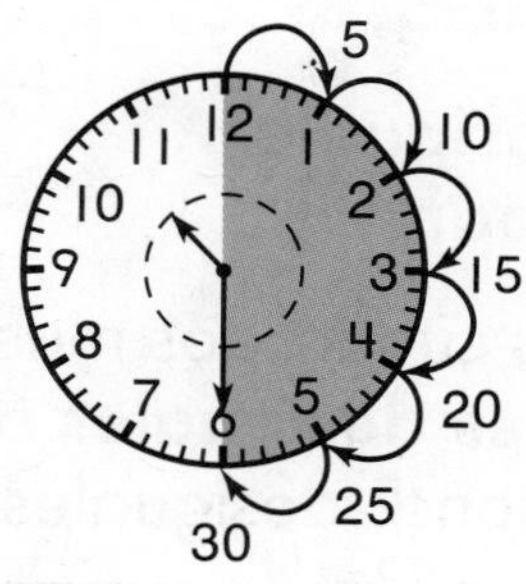

En **media hora** hay 30 minutos.

minutero minute hand

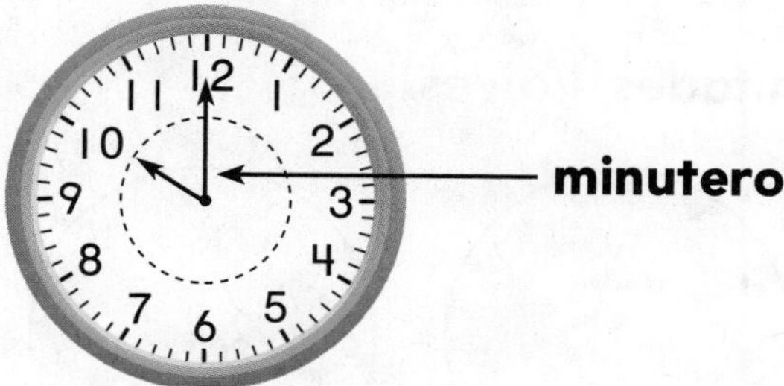

© Houghton Mifflin Harcourt Publishing Company

minutos minutes

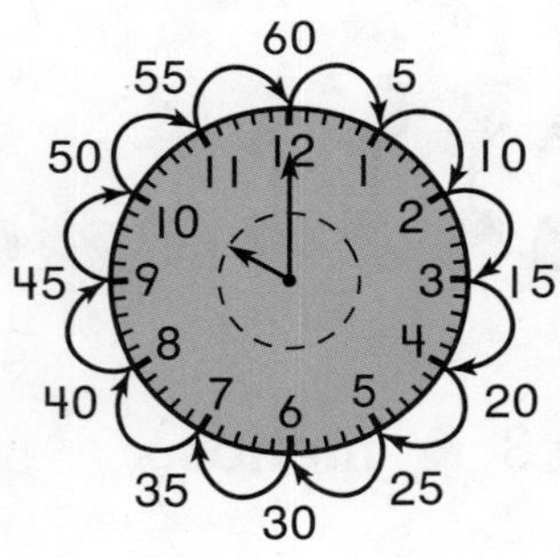

En una hora hay
60 **minutos.**

mitad de half of

La **mitad de** esta figura está sombreada.

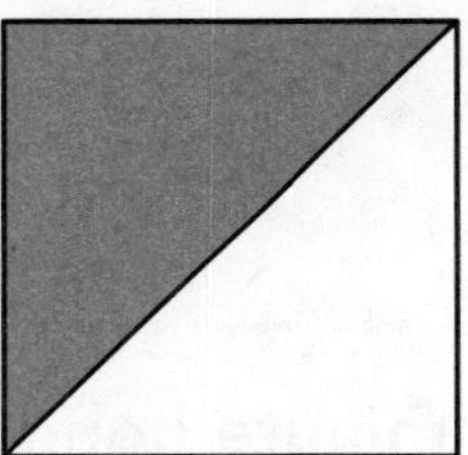

mitades halves

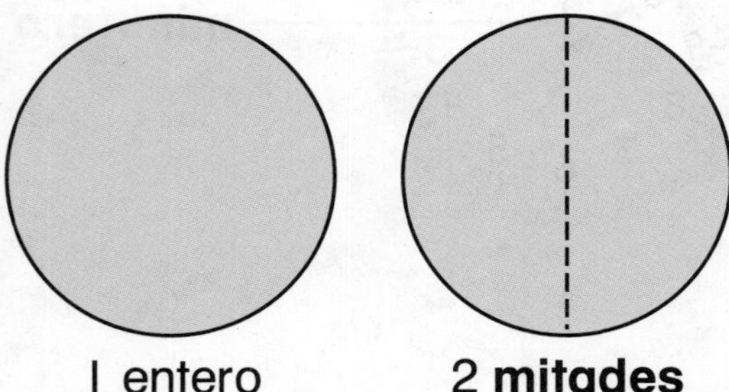

1 entero

2 **mitades**

operaciones relacionadas
related facts

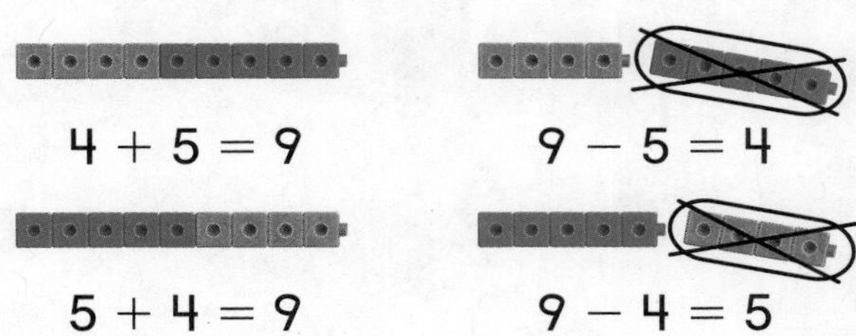

orden order

Puedes cambiar el **orden** de los sumandos.

partes desiguales
unequal parts

Estos cuadrados muestran **partes desiguales** o porciones desiguales.

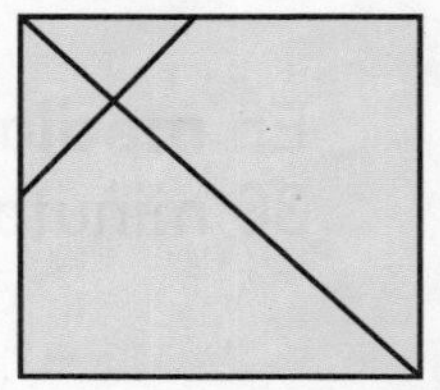

© Houghton Mifflin Harcourt Publishing Company

partes iguales equal parts

Estos cuadrados muestran **partes iguales** o porciones iguales.

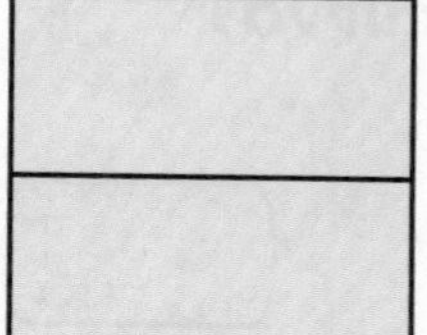
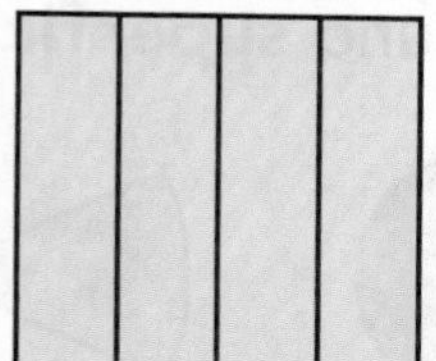

porciones desiguales
unequal shares

Estos cuadrados muestran partes desiguales o **porciones desiguales**.

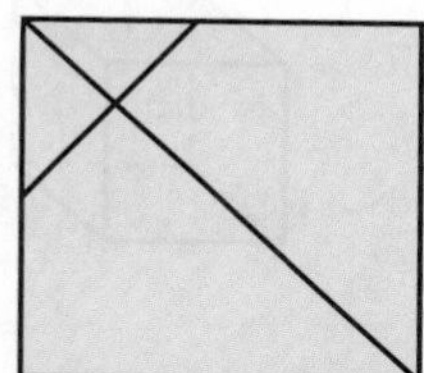

porciones iguales
equal shares

Estos cuadrados muestran partes iguales o **porciones iguales.**

prisma rectangular
rectangular prism

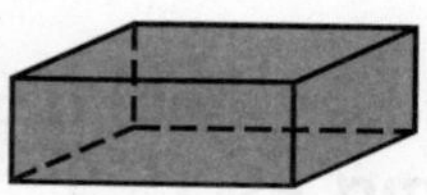

Un cubo es un tipo especial de prisma rectangular.

rectángulo rectangle

Un cuadrado es un tipo especial de rectángulo.

restar subtract

Resta para descubrir cuántos hay.

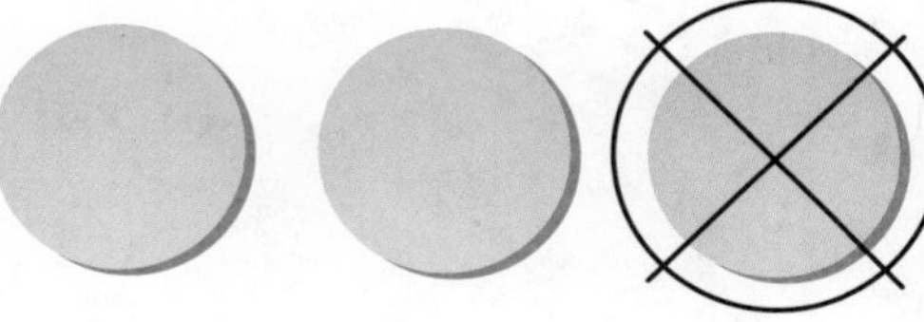

© Houghton Mifflin Harcourt Publishing Company

suma sum

2 más 1 es igual a 3.
La **suma** es 3.

sumando addend

1 + 3 = 4

sumando

sumar add

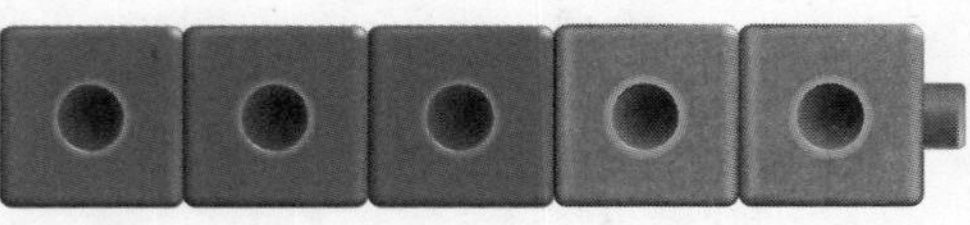

3 + 2 = 5

superficie curva
curved surface

Ciertas figuras tridimensionales tienen una **superficie curva**.

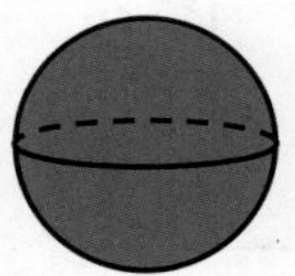

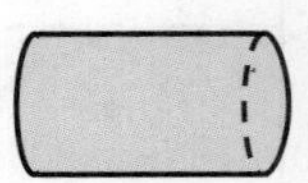

superficie plana flat surface

Algunas figuras tridimensionales tienen solo **superficies planas**.

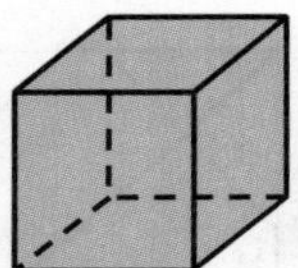
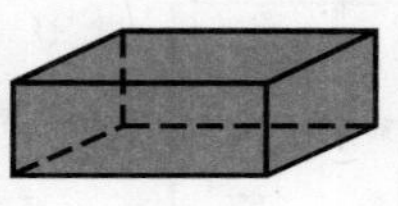

tabla de conteo tally chart

Niños y niñas de nuestra clase		Total
niños	卌 IIII	9
niñas	卌 I	6

© Houghton Mifflin Harcourt Publishing Company

trapecio trapezoid

triángulo triangle

unidades ones

10 **unidades** = 1 decena

vértice vertex

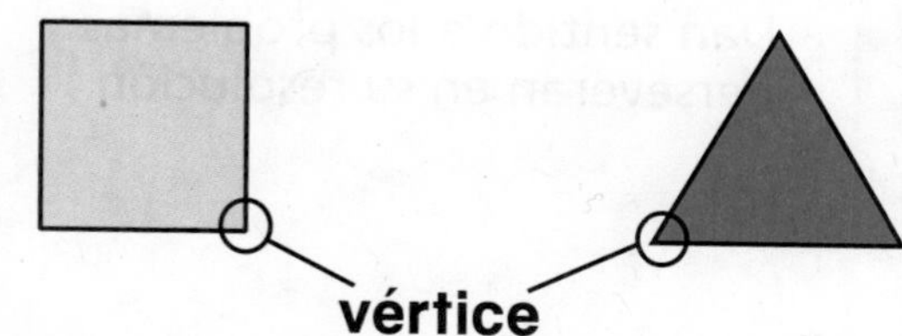

© Houghton Mifflin Harcourt Publishing Company

ESTÁNDARES ESTATALES COMUNES

Estándares que aprenderás

Prácticas matemáticas		Ejemplos:
MP1	Dan sentido a los problemas y perseveran en su resolución.	Lecciones 1.1, 1.2, 1.3, 1.4, 2.1, 2.2, 2.3, 2.4 2.5, 2.6, 3.2, 3.4, 3.12, 4.3, 4.6, 5.1, 5.2, 5.5, 6.8, 7.3, 7.5, 8.1, 8.7, 8.8, 8.10, 9.1, 9.2, 9.3, 9.5, 9.7, 9.9, 10.6, 11.2, 11.3, 11.4, 11.5, 12.4, 12.5, 12.7, 12.8, 12.9, 12.10
MP2	Razonan de forma abstracta y cuantitativa.	Lecciones 1.5, 2.1, 2.2, 2.5, 3.7, 3.8, 3.9, 3.10, 3.12, 4.1, 4.4, 4.5, 4.6, 5.1, 5.6, 5.9, 5.10, 6.2, 6.4, 6.7, 6.10, 7.4, 7.5, 8.2, 8.6, 8.7, 8.8, 8.9, 8.10, 9.3, 9.4, 9.7, 9.8, 10.5, 11.2, 11.3
MP3	Construyen argumentos viables y critican el razonamiento de otros.	Lecciones 2.5, 2.7, 2.8, 3.10, 3.11, 4.2, 4.6, 5.7, 6.3, 6.4, 7.2, 7.5, 8.1, 8.3, 8.9, 8.10, 9.1, 9.2, 9.4, 9.5, 10.1, 10.2, 10.3, 10.4, 10.5, 10.6, 10.7, 11.2, 11.3, 12.8
MP4	Representación a través de las matemáticas.	Lecciones 1.1, 1.2, 1.3, 1.4, 1.5, 1.7, 2.1, 2.2, 2.3, 2.4, 2.5, 2.6, 2.7, 2.8, 2.9, 3.1, 3.9, 3.12, 4.1, 4.2, 4.3, 4.4, 4.5, 4.6, 5.1, 5.3, 5.4, 5.6, 5.7, 6.4, 6.5, 6.6, 6.7, 6.8, 6.9, 6.10, 7.3, 7.4, 8.3, 8.4, 8.5, 9.2, 9.9, 10.1, 10.2, 10.3, 10.4, 10.5, 10.6, 11.1, 11.5, 12.4, 12.5, 12.6, 12.9, 12.10
MP5	Utilizan las herramientas apropiadas estratégicamente.	Lecciones 1.1, 1.2, 1.3, 1.4, 2.3, 2.4, 3.2, 3.3, 3.4, 3.6, 3.7, 3.8, 4.3, 4.4, 4.5, 5.2, 5.8, 6.1, 6.2, 6.3, 6.6, 6.9, 7.1, 7.2, 8.4, 8.6, 9.4, 9.6, 9.8, 10.3, 10.7, 11.3, 12.3, 12.6
MP6	Ponen atención a la precisión.	Lecciones 1.2, 1.7, 1.8, 2.6, 2.9, 3.1, 3.2, 3.5, 3.11, 4.1, 4.3, 5.7, 5.9, 5.10, 6.3, 6.4, 6.6, 6.7, 6.8, 6.10, 7.4, 7.5, 8.1, 8.3, 8.4, 8.5, 8.7, 8.8, 9.1, 9.3, 9.6, 9.8, 10.2, 10.7, 11.1, 11.2, 11.4, 11.5, 12.1, 12.2, 12.3, 12.8, 12.9, 12.10

© Houghton Mifflin Harcourt Publishing Company

Estándares que aprenderás

Prácticas matemáticas		Ejemplos:
MP7	Reconocen y utilizan estructuras.	Lecciones 1.5, 1.6, 1.7, 1.8, 2.8, 3.3, 3.4, 3.5, 3.6, 4.2, 5.2, 5.3, 5.4, 5.5, 5.6, 5.8, 5.9, 6.1, 6.5, 6.8, 6.9, 7.1, 7.2, 8.2, 8.7, 8.9, 9.6, 11.4, 12.1, 12.2, 12.7
MP8	Reconocen y expresan regularidad en el razonamiento repetitivo.	Lecciones 1.5, 1.6, 1.7, 2.7, 2.9, 3.2, 3.3, 3.11, 5.2, 5.3, 5.4, 5.5, 6.1, 6.2, 6.5, 7.3, 8.3, 8.8, 8.10, 9.3, 9.7, 9.9, 10.4, 11.1, 11.4, 12.1, 12.2
Dominio: Operaciones y pensamiento algebraico		**Lecciones de la edición del estudiante**
Representan y resuelven problemas relacionados a la de suma y a la resta.		
1.OA.A.1	Utilizan la suma y la resta hasta el número 20 para resolver problemas verbales relacionados a situaciones en las cuales tienen que sumar, restar, unir, separar,y comparar, con valores desconocidos en todas las posiciones, por ejemplo, al representar el problema a través del uso de objetos, dibujos, y ecuaciones con un símbolo para el número desconocido.	Lecciones 1.1, 1.2, 1.3, 1.4, 1.7, 2.1, 2.2, 2.3, 2.4, 2.5, 2.6, 2.8, 4.6, 5.1, 5.7
1.OA.A.2	Resuelven problemas verbales que requieren la suma de tres números enteros cuya suma es menor o igual a 20, por ejemplo, al representar el problema a través del uso de objetos, dibujos, y ecuaciones con un símbolo para el número desconocido.	Leccion 3.12
Comprenden y aplican las propiedades de operaciones, así como la relación entre la suma y la resta.		
1.OA.B.3	Aplican las propiedades de las operaciones como estrategias para sumar y restar. Ejemplos: Si saben que $8 + 3 = 11$, entonces, saben también que $3 + 8 = 11$ (Propiedad conmutativa de la suma). Para sumar $2 + 6 + 4$, los últimos dos números se pueden sumar para obtener el número 10, por lo tanto $2 + 6 + 4 = 2 + 10 = 12$ (Propiedad asociativa de la suma).	Lecciones 1.5, 1.6, 3.1, 3.10, 3.11

© Houghton Mifflin Harcourt Publishing Company

Estándares que aprenderás

Lecciones de la edición del estudiante

Dominio: Operaciones y pensamiento algebraico		
Comprenden y aplican las propiedades de operaciones, así como la relación entre la suma y la resta.		
1.OA.B.4	Comprenden la resta como un problema de un sumando desconocido.	Lecciones 4.2, 4.3
Suman y restan hasta el número 20.		
1.OA.C.5	Relacionan el conteo con la suma y la resta (por ejemplo, al contar de 2 en 2 para sumar 2).	Lecciones 3.2, 4.1
1.OA.C.6	Suman y restan hasta el número 20, demostrando fluidez al sumar y al restar hasta 10. Utilizan estrategias tales como el contar hacia adelante; el formar diez (por ejemplo, 8 + 6 = 8 + 2 + 4 = 10 + 4 = 14); el descomponer un número para obtener el diez (por ejemplo, 13 – 4 = 13 – 3 – 1 = 10 – 1 = 9); el utilizar la relación entre la suma y la resta (por ejemplo, al saber que 8 + 4 = 12, se sabe que 12 – 8 = 4); y el crear sumas equivalentes pero más sencillas o conocidas (por ejemplo, al sumar 6 + 7 crean el equivalente conocido 6 + 6 + 1 = 12 + 1 = 13).	Lecciones 1.8, 2.9, 3.3, 3.4, 3.5, 3.6, 3.7, 3.8, 3.9, 4.4, 4.5, 5.2, 5.3, 5.4, 5.8, 5.10, 8.1
Trabajan con ecuaciones de suma y resta.		
1.OA.D.7	Entienden el significado del signo igual, y determinan si las ecuaciones de suma y resta son verdaderas o falsas.	Lección 5.9

© Houghton Mifflin Harcourt Publishing Company

Estándares que aprenderás

Lecciones de la edición del estudiante

Dominio: Operaciones y pensamiento algebraico		
Trabajan con ecuaciones de suma y resta.		
1.OA.D.8	Determinan el número entero desconocido en una ecuación de suma o resta que relaciona tres números enteros.	Lecciones 2.5, 2.7, 5.5, 5.6
Dominio: Números y operaciones en base diez		
Extienden la secuencia de conteo.		
1.NBT.A.1	Cuentan hasta 120, comenzando con cualquier número menor que 120. Dentro de este rango, leen y escriben numerales que representan una cantidad de objetos con un numeral escrito.	Lecciones 6.1, 6.2, 6.9, 6.10
Comprenden el valor posicional.		
1.NBT.B.2	Entienden que los dos dígitos de un número de dos dígitos representan cantidades de decenas y unidades. Entienden lo siguiente como casos especiales.	Lecciones 6.6, 6.7
	a. 10 puede considerarse como un conjunto de 10 unidades llamado una "decena."	Lecciones 6.5, 6.8
	b. Los números entre 11 y 19 se componen por una decena y una, dos, tres, cuatro, cinco, seis, siete, ocho o nueve unidades.	Lecciones 6.3, 6.4
	c. Los números 10, 20, 30, 40, 50, 60, 70, 80 y 90 se referieren a una, dos, tres, cuatro, cinco, seis, siete, ocho o nueve decenas (y 0 unidades).	Lección 6.5
1.NBT.B.3	Comparan dos números de dos dígitos basándose en el significado de los dígitos en las unidades y decenas, anotando los resultados de las comparaciones con el uso de los símbolos >, = y <.	Lecciones 6.8, 7.1, 7.2, 7.3, 7.4

© Houghton Mifflin Harcourt Publishing Company

Estándares que aprenderás

Lecciones de la edición del estudiante

Números y operaciones en base diez		
Utilizan la comprensión del valor posicional y las propiedades de las operaciones para sumar y restar.		
1.NBT.C.4	Suman hasta el 100, incluyendo el sumar un número de dos dígitos y un número de un dígito, así como el sumar un número de dos dígitos y un múltiplo de 10, utilizan modelos concretos o dibujos y estrategias basadas en el valor posicional, las propiedades de las operaciones, y/o la relación entre la suma y la resta; relacionan la estrategia con un método escrito, y explican el razonamiento aplicado. Entienden que al sumar números de dos dígitos, se suman decenas con decenas, unidades con unidades; y a veces es necesario el componer una decena.	Lecciones 8.2, 8.4, 8.5, 8.6, 8.7, 8.8, 8.9, 8.10
1.NBT.C.5	Dado un número de dos dígitos, hallan mentalmente 10 más o 10 menos que un número, sin la necesidad de contar; explican el razonamiento que utilizaron.	Lección 7.5
1.NBT.C.6	Restan múltiplos de 10 en el rango de 10 a 90 (con diferencias positivas o de cero), utilizando ejemplos concretos o dibujos, y estrategias basadas en el valor posicional, las propiedades de operaciones, y/o la relación entre la suma y la resta; relacionan la estrategia con un método escrito y explican el razonamiento utilizado.	Lecciones 8.3, 8.10
Dominio: Medición y datos		
Miden longitudes indirectamente y repitiendo (iterando) unidades de longitud.		
1.MD.A.1	Ordenan tres objetos según su longitud; comparan las longitudes de dos objetos indirectamente utilizando un tercer objeto.	Lecciones 9.1, 9.2

© Houghton Mifflin Harcourt Publishing Company

Estándares que aprenderás

		Lecciones de la edición del estudiante
Dominio: Medición y datos		
Miden longitudes indirectamente y repitiendo (iterando) unidades de longitud.		
1.MD.A.2	Expresan la longitud de un objeto como un número entero de unidades de longitud, colocando copias de un objeto más corto (la unidad de longitud) de punta a punta; comprenden que la medida de la longitud de un objeto es la cantidad de unidades de una misma longitud que cubre al objeto sin espacios ni superposiciones. *Se limita a contextos en los que el objeto que se está midiendo quede abarcado por un número entero de unidades de longitud sin espacios ni superposiciones.*	Lecciones 9.3, 9.4, 9.5
Dicen y escriben la hora.		
1.MD.B.3	Dicen y escriben la hora en medias horas utilizando relojes análogos y digitales.	Lecciones 9.6, 9.7, 9.8, 9.9
Representan e interpretan datos.		
1.MD.C.4	Organizan, representan e interpretan datos que tienen hasta tres categorías; preguntan y responden a preguntas sobre la cantidad total de datos, cuántos hay en cada categoría, y si hay una cantidad mayor o menor entre las categorías.	Lecciones 10.1, 10.2, 10.3, 10.4, 10.5, 10.6, 10.7
Dominio: Geometría		
Razonan usando las figuras geométricas y sus atributos.		
1.G.A.1	Distinguen entre los atributos que definen las figuras geométricas (por ejemplo, los triángulos son cerrados con tres lados) y los atributos que no las definen (por ejemplo, color, orientación, o tamaño general); construyen y dibujan figuras geométricas que tienen atributos definidos.	Lecciones 11.1, 11.5, 12.1, 12.2

© Houghton Mifflin Harcourt Publishing Company

Estándares que aprenderás

Lecciones de la edición del estudiante

Dominio: Geometría		
Razonan usando las figuras geométricas y sus atributos.		
1.G.A.2	Componen figuras de dos dimensiones (rectángulos, cuadrados, trapezoides, triángulos, semicírculos y cuartos de círculos) o figuras geométricas de tres dimensiones (cubos, prismas rectos rectangulares, conos circulares rectos, y cilindros circulares rectos) para crear formas compuestas, y componer figuras nuevas de las compuestas.	Lecciones 11.2, 11.3, 11.4, 12.3, 12.4, 12.5, 12.6, 12.7
1.G.A.3	Parten círculos y rectángulos en dos y cuatro partes iguales, describen las partes utilizando las palabras mitades, cuartos y cuartas partes, y usan las frases: la mitad de, cuarto de y una cuarta parte de. Describen un entero como un compuesto de dos o cuatro partes. Comprenden con estos ejemplos que la descomposición en varias partes iguales generan partes de menor tamaño.	Lecciones 12.8, 12.9, 12.10

Common Core State Standards © Copyright 2010. National Governors Association Center for Best Practices and Council of Chief State School Officers. All rights reserved. This product is not sponsored or endorsed by the Common Core State Standards Initiative of the National Governors Association Center for Best Practices and the Council of Chief State School Officers.

© Houghton Mifflin Harcourt Publishing Company

Índice

© Houghton Mifflin Harcourt Publishing Company

© Houghton Mifflin Harcourt Publishing Company

E

© Houghton Mifflin Harcourt Publishing Company

© Houghton Mifflin Harcourt Publishing Company

© Houghton Mifflin Harcourt Publishing Company

© Houghton Mifflin Harcourt Publishing Company

© Houghton Mifflin Harcourt Publishing Company

© Houghton Mifflin Harcourt Publishing Company

S

© Houghton Mifflin Harcourt Publishing Company

© Houghton Mifflin Harcourt Publishing Company

© Houghton Mifflin Harcourt Publishing Company

© Houghton Mifflin Harcourt Publishing Company